Wissenschaftliche Taschenbücher WTB

Mathematik · Physik

I. S. Sheludew

Elektrische Kristalle

THEORIA CUM PRAXI

Akademie-Verlag Berlin

WTB Wissenschaftliche Taschenbücher

Lieferbare Bände:

GÜNTHER WAGNER / HANS KÜHMSTEDT
Pharmazeutische Chemie

ROLF SCHÖLLNER
Die Oxydation organischer Verbindungen mit Sauerstoff

ULRICH BEHRENS / MANFRED RINGPFEIL
Mikrobielle Polysaccharide

MARTIN FINKE / WALTER LEIPNITZ
Moderne Methoden der Erdölanalyse

ERICH GUNDERMANN
Chemie und Technologie des Braunkohlenteers

GERHARD KEMPTER
Struktur und Synthese von Vitaminen

FRIEDRICH JACOB
Bewegungsphysiologie der Pflanzen

HELLMUTH GÄBLER
Forstschutz

ALFRED PALISSA
Bodenzoologie in Wissenschaft, Naturhaushalt und Wirtschaft

LUDWIG SPANNHOF
Zellen und Gewebe der Tiere

JOACHIM RIEMER
Quantitative organische Mikroanalyse

ALFRED FRIESER
Mikrowellenmeßtechnik

HANS-WERNER NOLTE
Pflanzenschutz in der Landwirtschaft

WERNER HABERDITZL
Magnetochemie

HARRY PAUL
Lasertheorie
Teil I und II

D. TER HAAR
Quantentheorie

J. H. SANDERS
Die Lichtgeschwindigkeit

JEAN KUNTZMANN
Unendliche Reihen

JEAN KUNTZMANN
Systeme von Differentialgleichungen

JEAN KUNTZMANN
Komplexe Veränderliche

FERDINAND CAP
Einführung in die Plasmaphysik
I. Theoretische Grundlagen

FERDINAND CAP
Einführung in die Plasmaphysik
II. Wellen und Instabilitäten

FERDINAND CAP
Einführung in die Plasmaphysik
III. Magnetohydrodynamik

J. A. ROSANOW
Wahrscheinlichkeitstheorie

HARRY PFEIFER
Theorie linearer Bauelemente
Elektronik für den Physiker I

HARRY PFEIFER
Die Elektronenröhre
Elektronik für den Physiker II

HARRY PFEIFER
Schaltungen mit Elektronenröhren
Elektronik für den Physiker III

HARRY PFEIFER
Leitungen und Antennen
Elektronik für den Physiker IV

HARRY PFEIFER
Mikrowellenelektronik
Elektronik für den Physiker V

HARRY PFEIFER
Halbleiterelektronik
Elektronik für den Physiker VI

STEPHEN G. BRUSH
Kinetische Theorie
Teil I und II

EBERHARD HOFMANN
Eiweiße und Nucleinsäuren als biologische Makromoleküle
Dynamische Biochemie, Teil I

EBERHARD HOFMANN
Enzyme und energieliefernde Stoffwechselreaktionen
Dynamische Biochemie, Teil II

EBERHARD HOFMANN
Intermediärstoffwechsel
Dynamische Biochemie, Teil III

EBERHARD HOFMANN
Grundlagen der Molekularbiologie
und Regulation des Zellstoffwechsels
Dynamische Biochemie, Teil IV

HERBERT GOERING
Elementare Methoden zur Lösung von Differentialgleichungsproblemen

PETER KRUMBIEGEL
Isotopieeffekte

D. M. BRINK
Kernkräfte

DIETER ONKEN
Steroide

DIETER KLAUA
Elementare Axiome der Mengenlehre
Einführung in die Allgemeine Mengenlehre I

GÜNTER TEMBROCK
Grundlagen der Tierpsychologie

J. P. VINSON
Optische Kohärenz in der klassischen Theorie und in der Quantentheorie

W. R. HINDMARSH
Atomspektren

GÜNTER TEMBROCK
Biokommunikation
Informationsübertragung im biologischen Bereich
Teil I und II

DIETER MERKEL
Riechstoffe

JOHN CUNNINGHAM
Vektoren

ERNST SCHMUTZER
Symmetrien und Erhaltungssätze der Physik

GERHARD LERCH
Pflanzenökologie

MICHAEL GÖSSEL
Angewandte Automatentheorie
Band I

MICHAEL GÖSSEL
Angewandte Automatentheorie
Band II

HEINRICH KINDLER
Der Regelkreis

A. R. KESSEL
Akustische Kernresonanz

WOLFRAM BRAUER / HANS-WALDEMAR STREITWOLF
Theoretische Grundlagen der Halbleiterphysik

HARRY PAUL
Nichtlineare Optik
Teil I und II

DIETER KLAUA
Grundbegriffe der axiomatischen Mengenlehre
Teil 1 und 2
Einführung in die Allgemeine Mengenlehre II

E. G. GOLSTEIN
Konvexe Optimierung

EBERHARD TEUSCHER
Pharmakognosie
Teil I und II

SIEGFRIED HAUPTMANN
Über den Ablauf organisch-chemischer Reaktionen

A. S. SONIN / B. A. STRUKOW
Ferroelektrizität

L. A. SKORNJAKOW
Elemente der Verbandstheorie

HANS-MARTIN BARCHET
Chemie photographischer Prozesse

R. A. R. TRICKER
Frühe Elektrodynamik

N. D. SHEWANDROW
Polarisation des Lichtes

A. A. SMIRNOW
Metallphysik

VOLKER KEMPE
Theorie stochastischer Systeme

ROLF BORSDORF / MANFRED SCHOLZ
Spektroskopische Methoden in der organischen Chemie

KLAUS ODENING
Parasitismus

WOLFGANG PAULI
Vierpoltheorie
und ihre Anwendung auf elektrische Schaltungen

DIETER KLAUA
Kardinal- und Ordinalzahlen
Teil 1 und 2
Einführung in die Allgemeine Mengenlehre III

R. A. R. TRICKER
Die Beiträge von Faraday und Maxwell zur Elektrodynamik

HANS DAWCZYNSKI
Temperaturbeständige Faserstoffe aus organischen Polymeren

HANS DAWCZYNSKI
Temperaturbeständige Faserstoffe aus anorganischen Polymeren

HELMUT FRIEMEL / JOSEF BROCK
Grundlagen der Immunologie

HORST KEHLEN / FRANK KUSCHEL / HORST SACKMANN
Grundlagen der chemischen Kinetik

HANS BERGNER
Tierernährung

MARTIN SCHMIDT
Pflanzenschutz im Gartenbau

GERALD WOLF
Neurobiologie

ULRICH SEDLAG
Biologische Schädlingsbekämpfung

WOLFGANG WAGNER
Chemische Thermodynamik

HANNELORE FISCHER / JOACHIM PIEHLER
Modellsysteme der Operationsforschung

ALBERT EINSTEIN
Grundzüge der Relativitätstheorie

ALBERT EINSTEIN
Über die spezielle und die allgemeine Relativitätstheorie

MICHAEL GÖSSEL
Wahrscheinlichkeitsautomaten und Zufallsfolgen

HANS-JÜRGEN TREDER
Elementare Kosmologie

P. PAUFLER / D. LEUSCHNER
Kristallographische Grundbegriffe der Festkörperphysik

I. SHELUDEW
Elektrische Kristalle

Vorschau auf die nächsten Bände:

PAUL HOFFMANN
Photosynthese

WOLFGANG MEILING
Kernphysikalische Elektronik

WERNER DÖPKE
Stereochemie organischer Verbindungen

ULRICH RÖSEBERG
Determinismus und Physik

WTB

BAND 163

I. S. Sheludew

Elektrische Kristalle

Mit 82 Abbildungen und 11 Tabellen

AKADEMIE-VERLAG · BERLIN

Reihe MATHEMATIK UND PHYSIK

Herausgeber:
Prof. Dr. phil. habil. W. Holzmüller, Leipzig
Prof. Dr. phil. habil. A. Lösche, Leipzig
Prof. Dr. phil. habil. H. Reichardt, Berlin
Prof. Dr. phil. habil. K. Schröder, Berlin
Prof. Dr. phil. habil. K. Schröter, Berlin
Prof. Dr. rer. nat. habil. H.-J. Treder, Potsdam

Übersetzer und Herausgeber der deutschen Ausgabe:

Dr. K. Handrich
Sektion Physik
der Technischen Universität Dresden

Dr. S. Roth
Zentralinstitut für Festkörperphysik und Werkstofforschung
der AdW der DDR, Dresden

Titel der Originalausgabe:
И. С. Желудев
Электрические кристаллы

Verlag Наука

1975

Gesamtherstellung:
VEB Druckhaus „Maxim Gorki", 74 Altenburg
Lizenznummer: 202 · 100/434/75
Bestellnummer: 761 851 0 (7163) · LSV 1174
Printed in GDR
EVP 12,50

Vorwort zur deutschen Ausgabe

Das vorliegende Buch „Elektrische Kristalle“ von dem bekannten sowjetischen Physiker I. S. SHELUDEW enthält eine sehr gute Darstellung der physikalischen Grundlagen der elektrischen Kristalle und umfaßt eine große Zahl z. T. sehr origineller Anwendungen bzw. Anwendungsmöglichkeiten dieser interessanten Substanzen.

Dabei verliert sich der Autor in keinem Fall in aufwendigen formalen Ausführungen.

Das Wesen der physikalischen Effekte ist durchweg klar, gut verständlich und in knapper Form dargestellt. Besondere Aufmerksamkeit wird den ferroelektrischen und piezoelektrischen Eigenschaften gewidmet.

Sehr nützlich ist die kurze und gut verständliche Einführung in die Kristallographie im ersten Abschnitt.

Bemerkenswert ist, daß neben den kristallinen Substanzen auch keramische und amorphe Stoffe behandelt werden.

Dank der gewählten Darstellungsform vermittelt das Buch sowohl dem Fachmann als auch interessierten Lesern ohne besondere Vorkenntnisse wertvolle Einsichten und Anregungen.

Es ist in einer leichtverständlichen Form geschrieben, ohne daß darunter die Exaktheit der Darstellung leidet.

Die Abschnitte 1, 4 und 6 der deutschen Ausgabe wurden von Dr. rer. nat. S. ROTH übersetzt und bearbeitet, die Abschnitte 2, 3 und 5 von Dr. sc. nat. K. HANDRICH.

K. HANDRICH

Inhaltsverzeichnis

Vorwort zur russischen Auflage

Gegenwärtig werden die dielektrischen Kristalle in ständig wachsendem Umfang untersucht und angewendet. Viele Teilgebiete der Kristallphysik, die mit den sogenannten elektrischen Kristallen (pyroelektrischen, ferroelektrischen, piezoelektrischen und elektrooptischen) in Beziehung stehen, erfuhren in den letzten Jahren eine bedeutende Entwicklung. Ungeachtet dessen gibt es nach wie vor viele wissenschaftliche und praktische Probleme.

Ein wissenschaftliches Problem beim Verständnis der elektrischen Kristalle besteht in der Aufklärung der Natur der spontanen elektrischen Polarisation dieser Kristalle. Die Situation ist hier sogar noch schwieriger als beim Magnetismus, wo die spontane Magnetisierung durch die elementaren magnetischen Momente der Elektronen erklärt wird. Bekanntlich gibt es in der Natur keine elementaren elektrischen Dipole — jedoch ist das Auftreten einer spontanen elektrischen Polarisation in Kristallen keine Seltenheit.

Die moderne Technik benötigt viele elektrische Kristalle guter Qualität mit vielfältigen Eigenschaften. So gibt es Kristalle, die eine Umwandlung von Wärme in Elektrizität — und umgekehrt — gestatten. Sie werden pyroelektrische Kristalle genannt. Beispiele für pyroelektrische Kristalle sind Turmalin und Zucker. Piezoelektrische Kristalle werden bei Einwirken eines elektrischen Feldes deformiert. Umgekehrt verursacht eine mechanische Belastung in ihnen eine elektrische Polarisation. Der bekannteste piezoelektrische Kristall ist der Quarz. Mit Hilfe von piezoelektrischen Kristallen können

Schall und Ultraschall erzeugt und empfangen werden. Man kann mit ihnen außerdem Sendefrequenzen von Rundfunkstationen stabilisieren und in der Hochfrequenz-Nachrichtentechnik Frequenzintervalle begrenzen. Sie werden auch als aktive Bauelemente in Meßgeräten und für viele andere Zwecke verwendet.

Auch die Quantenelektronik kommt heutzutage nicht mehr ohne elektrische Kristalle aus. Mit diesen Kristallen werden Laserstrahlen gesteuert (Richtungsänderung, Amplitudenmodulation, Erzeugung sehr hoher Impulse und Frequenzvervielfachung).

Unter den elektrischen Kristallen nehmen die Ferroelektrika eine zentrale Stellung ein. Beispiele für solche Kristalle sind Seignettesalz, Bariumtitanat und Kaliumdihydrogenphosphat. Ferroelektrika sind das elektrische Analogon zu den Ferromagnetika. Sie sind spontan polarisiert und besitzen eine Domänenstruktur. Die Ferroelektrika haben eine hohe Dielektrizitätskonstante. Man kann sie daher zur Herstellung von Kondensatoren sehr kleiner Abmessungen und hoher Kapazität verwenden.

Im Temperaturbereich des Phasenüberganges, in dem die spontane Polarisation entsteht bzw. verschwindet, besitzen praktisch alle physikalischen Eigenschaften (thermische, mechanische, elektrische und optische) der Ferroelektrika Anomalien. Die Natur dieser Anomalien ist noch nicht vollständig geklärt, jedoch kann die schroffe Änderung der Eigenschaften der Ferroelektrika in Meßapparaturen und elektronischen Geräten vorteilhaft genutzt werden.

Dieses Buch ist hauptsächlich den elektrischen Kristallen gewidmet. Es gibt jedoch auch einige anisotrope dielektrische Substanzen, die ganz ähnliche Eigenschaften besitzen, nämlich Elektrete und piezoelektrische Texturen. Die Grundlagen für das Verständnis dieser Stoffe und ihrer Eigenschaften werden in dem vorliegenden Buch ebenfalls kurz dargestellt.

Die Beschreibung der Eigenschaften der elektrischen

Kristalle ist in vielerlei Hinsicht mit der Kristallographie verknüpft. Das ist der Grund für die Aufnahme des ersten Abschnitts in dieses Buch, das den Charakter einer Einführung in die Kristallographie trägt. Die Kristallographie wird an den Schulen gar nicht und auf den Hochschulen nur in beschränktem Umfang geboten. Hinzu kommt, daß die Kristalle erst seit verhältnismäßig kurzer Zeit in großem Umfange angewendet werden, und über sie noch wenig Bücher geschrieben worden sind. All das führt zu Schwierigkeiten beim Verständnis der Kristalleigenschaften und damit auch bei ihrer Anwendung. Das vorliegende Buch ist so aufgebaut, daß wenigstens teilweise die Lücken geschlossen werden, die in den Kenntnissen der Kristalle bei vielen Technikern, Studenten und Amateurtechnikern bestehen.

1. Dielektrische Kristalle

1.1. Kristalle und ihre Symmetrien

Dielektrika nennt man jene Stoffe, die den elektrischen Strom nicht leiten. Streng genommen, gibt es eigentlich keine Substanzen, die ideale Nichtleiter sind. Sogar in schwachen Feldern findet man praktisch in allen Dielektrika zumindest eine geringe elektrische Leitfähigkeit, die ihre Ursache in geladenen Verunreinigungen, Strukturdefekten u. a. hat. Der spezifische elektrische Widerstand ist sehr groß und beträgt 10^{10} bis $10^{15}\,\Omega$ cm, entsprechend ist die elektrische Leitfähigkeit sehr klein (10^{-10} bis $10^{-15}\,\Omega^{-1}\,\text{cm}^{-1}$). Wird die elektrische Feldstärke auf die Größenordnung 10 bis 100 Kilovolt pro Zentimeter erhöht, so wächst die elektrische Leitfähigkeit auch in guten Dielektrika an und es kommt schließlich zum elektrischen Durchschlag.

Dielektrika gibt es im festen, flüssigen und gasförmigen Aggregatzustand. Spricht man von festen Dielektrika, so meint man in erster Linie amorphe Substanzen, d. h. Stoffe, die keine Kristallstruktur besitzen. Dazu gehören zum Beispiel viele Plaste, Gläser, Paraffin, Bernstein u. a. Heute jedoch sind in den Begriff Dielektrika auch Kristalle eingeschlossen, zumal diese eine sehr breite Anwendung in der modernen Technik finden.

In einer Reihe von Eigenschaften gibt es zwischen den kristallinen und den nichtkristallinen Dielektrika keinen Unterschied. Die kristallinen Dielektrika besitzen im elektrischen Feld ebenfalls eine gewisse Leitfähigkeit, werden polarisiert und haben dielektrische Verluste. Für eine ganze Reihe von Eigenschaften gibt es aber auch Unterschiede zwischen den kristallinen und den amorphen Dielektrika. Diese Unterschiede kommen vor allem in der Isotropie beziehungsweise Anisotropie physikalischer Größen zum Ausdruck. Amorphe Stoffe sind isotrop[1]), was besagt, daß deren Eigenschaften (z. B. die elektrische Leitfähigkeit) richtungsunabhängig sind. Alle kristallinen Dielektrika sind, wenn auch nicht bezüglich aller physikalischer Eigenschaften, so doch wenigstens bezüglich einiger anisotrop. So haben die Kristalle von Zucker und Quarz unterschiedliche Leitfähigkeit und verschiedene optische Eigenschaften für verschiedene Richtungen; Steinsalzkristalle haben von der Richtung abhängige elastische Eigenschaften usw.. Ein spezielles aber wichtiges Beispiel für die Anisotropie ist die Unipolarität, eine charakteristische Eigenschaft vieler Kristalle. Das anschaulichste Beispiel dafür ist die Änderung der elektrischen Leitfähigkeit für ein und dieselbe Richtung beim Ändern der Richtung des elektrischen Feldes (d. h. beim Vertauschen der Pole).

Die Anisotropie der Kristalle ist eine Folge der periodischen Gitterstruktur. Das ist letztlich die Ursache für das Vorhandensein solcher elektrischer und optischer Eigenschaften der Kristalle, die amorphen Körpern (zumindest wenn sich diese im Normalzustand befinden) wesensfremd sind. Mit anderen Worten, in einigen in der Natur vorkommenden Kristallen treten von selbst pyroelektrische, piezoelektrische, elektrooptische und andere Erscheinungen auf, während in amorphen Dielektrika diese Effekte überhaupt nicht auftreten können oder nur als Folge äußerer Einwirkungen beobachtet werden können. Dazu ist noch zu sagen, daß die genannten physikalischen Eigenschaften, die für den natürlichen Zustand typisch sind, in den Kristallen stärker ausgeprägt sind. Daher ist es erfolgversprechender in der Praxis Kristalle anzuwenden als amorphe Körper, denen diese Eigenschaften erst künstlich aufgeprägt werden müssen. Man verwendet deshalb meistens natürliche Kristalle,

---

[1]) Man kann aber amorphen Substanzen durch äußere Einflüsse oder spezielle Herstellungsbedingungen eine Anisotropie aufprägen (s. Abschn. 5).

die pyroelektrische, piezoelektrische, elektrooptische und andere gewünschte Eigenschaften besitzen.

Einige Eigenschaften kristalliner Körper kann man ohne Kenntnis der Kristallsymmetrie nicht verstehen.

Warum in vielen Fällen die Atome im kondensierten Zustand ein Kristallgitter bilden, kann man in vereinfachter Form mit Hilfe allgemeiner energetischer Überlegungen verstehen. Beim Kondensieren ist jedes Atom bestrebt, die Lage mit der geringsten Energie einzunehmen, so wie auch eine Kugel, die sich in einer sphärischen Schale befindet, zum tiefsten Punkt rollt. In einigen (wenn nicht gar in allen) Fällen entspricht die kristalline Anordnung der Atome dem Zustand minimaler Energie. Es gibt Bedingungen, unter denen die Atome ein kristallines Gitter bilden, sie sind jedoch bei weitem nicht immer vorhanden (z. B. wegen zu hoher Viskosität des Mediums).

In Abhängigkeit von den jeweiligen Atomsorten, aus denen das kristallisierende System besteht und unter welchen Bedingungen die Kristallisation abläuft, entsteht das eine oder andere Kristallgitter, beziehungsweise die eine oder die andere Kristallstruktur. Selbstverständlich bestimmt die atomare Zusammensetzung und die Struktur des Kristalls dessen physikalische Eigenschaften.

Bei einer makroskopischen Beschreibung einiger physikalischer Eigenschaften des Kristalls ist es nicht nötig, die Besonderheiten der Kristallstruktur zu berücksichtigen. In diesen Fällen kann man den Kristall als homogenes Kontinuum betrachten und so wichtige Eigenschaften der Kristalle wie zum Beispiel die elektrische Leitfähigkeit, die elektrische Polarisation, den Piezoeffekt und die elastischen Eigenschaften untersuchen. Einige wenige Fälle ausgenommen, werden auch wir den Kristall als ein homogenes Kontinuum betrachten.

Vom Typ des kristallinen Gitters hängen die Grenzflächen, die äußere Form und die Symmetrie des Kristalls oder — wie man manchmal sagt — des Kristallpolyeders des betrachteten Kristalls ab. Aus der Kenntnis der Kristallsymmetrie kann man auch ohne besondere Untersuchungen allgemeine Besonderheiten praktisch aller physikalischen Größen des Kristalls vorhersagen. Insbesondere ergeben sich aus der Symmetrie des Kristalls alle Besonderheiten seiner Anisotropie.

Der Begriff der Symmetrie wird meistens (aber nicht ausschließlich) bei geometrischen Objekten (Figuren) verwendet. Man bezeichnet eine Figur als symmetrisch, wenn sie in gleichartige Teile zerlegt werden kann, die in bestimmter Weise zueinander angeordnet sind. Die konkrete Beschreibung der Symmetrie ist abhängig von der Zahl solcher Teile und deren Anordnung. Beispiele symmetrischer Figuren sind in Abb. 1 wiedergegeben.

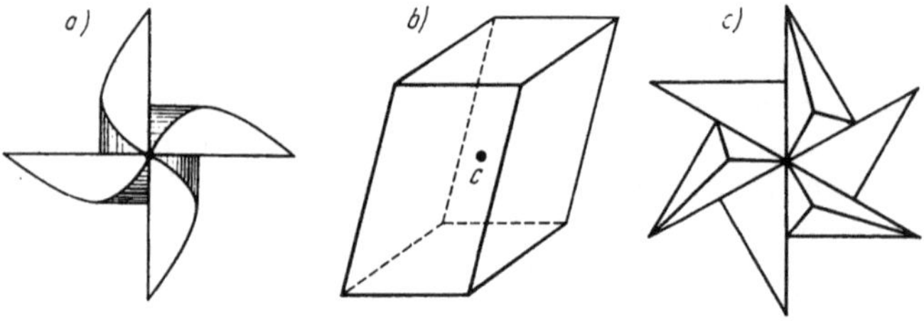

Abb. 1. Symmetrische Figuren
a — Figur mit einer Symmetrieachse vierter Ordnung; *b* — Figur mit einem Symmetriezentrum; *c* — Figur mit einer Drehspiegelungsachse sechster Ordnung

Zur Beschreibung der Symmetrie von Figuren (Kristallen) werden die Begriffe Achse, Ebene, Zentrum u. a. Symmetrieelemente verwendet. Eine Figur besitzt eine Symmetrieachse, wenn sie sich nach einer Drehung um einen bestimmten Winkel in dieser neuen Lage nicht von ihrer ursprünglichen Lage unterscheidet. Beispielsweise besitzt die in Abb. 1a wiedergegebene Figur eine Symmetrieachse vierter Ordnung senkrecht zur Zeichenebene. Die Ordnung der Achse wird durch den kleinsten Winkel definiert, um den die Figur gedreht werden muß, um sie mit sich selbst zur Deckung zu bringen. Für Figuren mit einer Achse vierter Ordnung ist dieser kleinste Drehwinkel gleich 1/4 einer vollen Umdrehung. Hat die Figur eine Achse sechster Ordnung, ist er 1/6 einer vollen Umdrehung u. s. w. Eine Figur besitzt ein Symmetriezentrum, wenn es zu jedem Punkt dieser Figur einen gleichartigen gibt, der auf der Geraden liegt, die durch den ursprünglichen Punkt und das Symmetriezentrum geht, und den gleichen Abstand vom Zentrum hat (Abb. 1b).

Einige Figuren (Kristalle) können Teile enthalten, die nur durch kompliziertere Transformationen so ineinander übergeführt werden können, daß das Aussehen der ursprünglichen Figur nicht verändert wird. Solche Transformationen sind zum Beispiel Drehspiegelungen, die aus zwei Operationen zusammengesetzt sind: Drehung um eine Achse mit anschließender Spiegelung an einer zu dieser Achse senkrechten Ebene. Die Figur in Abb. 1*c* hat eine Drehspiegelungsachse sechster Ordnung. (Die Ordnung der Achse wird durch den kleinstmöglichen Drehwinkel bestimmt, wie auch bei den gewöhnlichen Drehungen.) Besitzt die Figur eine Symmetrieebene, werden gleiche Teile der Figur durch eine Spiegelung ineinander übergeführt. Die gespiegelte Figur unterscheidet sich durch nichts von der ursprünglichen. Es ist leicht zu sehen, daß das Gebäude (Abb. 2) eine Symmetrieebene besitzt, die senkrecht auf der Zeichenebene steht.

Die Symmetrie einer beliebigen, aber endlichen Figur (dazu gehört auch die Symmetrie der Kristallpolyeder) kann man mit nur zwei Arten von Symmetrieelementen beschreiben, den Drehachsen und den Drehspiegelungsachsen. Es ist nicht schwer zu sehen, daß die Operation Symmetriezentrum einer Drehspiegelungsachse zweiter Ordnung äquivalent ist. Das Symmetrieelement — Achse erster Ordnung — ist die Einheitsoperation, denn dabei bleibt die Figur unverändert, d. h. sie bleibt an ihrer Stelle (oder dreht sich um 360°, was aber letzten Endes

Abb. 2. Gebäude mit einer Symmetrieebene senkrecht zur Bildebene

das gleiche ist). Eine Symmetrieebene kann man so als Drehspiegelungsachse erster Ordnung ansehen. Wir wollen noch bemerken, daß bei den Drehspiegelungen rechte Teile der Figur in linke umgewandelt werden und umgekehrt. Speziell führt eine Symmetrieebene (Spiegel) zum Beispiel die rechte Hand in die linke über.

Der Gitteraufbau der Kristalle begrenzt die Zahl der Kristallpolyeder verschiedener Symmetrie. In Kristallen sind nur Drehachsen und Drehspiegelungsachsen erster bis vierter und sechster Ordnung möglich. Die verschiedenen Kombinationen dieser Symmetrieelemente (genauer Symmetrieoperationen) bilden die Symmetriegruppen, in denen nur bestimmte solcher Kombinationen zugelassen sind. Für die Kristallpolyeder sind 32 Symmetriegruppen möglich. Kristalle, die in ihrer Zusammensetzung unterschiedlich sind aber zu ein und derselben Symmetriegruppe gehören, bilden eine Kristallklasse.

Die Gesamtheit der Teilchen, aus denen der Kristall besteht, bilden ein räumliches Gitter. Zu jedem Gittertyp kann man ein Basis-Parallelepiped (Elementarzelle) auswählen, dessen Kanten gleich den kleinsten möglichen Translationen sind. Ein beliebiges räumliches Gitter (das heißt auch sein Basis-Parallelepiped) wird durch sechs Parameter charakterisiert: Drei Basis-Translationen entlang der Achsen a, b und c, die mit den gleichen Buchstaben bezeichnet werden, und die drei Winkel α, β und γ zwischen den Achsen b und c, c und a und a und b in dieser Reihenfolge. Dementsprechend können für beliebige Kristalle sechs verschiedene Koordinatensysteme, die sogenannten Syngonien oder kristallographischen Systeme existieren. Eine dieser Syngonien, die hexagonale, wird in die eigentliche hexagonale und die rhomboedrische unterteilt, denn die hexagonalen und die rhomboedrischen Kristalle besitzen unterschiedliche primitive Bravais-Gitter. (Diese enthalten in ihrem Innern keine weiteren Gitterpunkte.)[1]) Die Klassifikation der Kristalle nach den verschiedenen Bravais-Gittern führt zu ihrer Einteilung in die sieben kristallographischen Systeme.

Die Einteilung der Kristalle nach den Syngonien und Systemen mit Angabe der Parameter des Basis-Parallelepipeds, d. h. die Einteilung in die sogenannten Kristallklassen, ist in Tab. 1 gegeben. Außerdem enthält Tab. 1 eine Auswahl der jeweiligen Symmetrieelemente und die Bezeichnung der entsprechenden Symmetriegruppe. In den Formeln für die Symmetrien sind nur die wichtigsten Symmetrieelemente der verschiedenen Kristallklassen angegeben. So ist das Symmetrieelement 1, das in allen Klassen vorkommt, (außer in der Klasse 1) nicht angegeben. In den Fällen, in denen eine Achse höherer Ordnung angegeben ist, wurde eine dieser Achse untergeordnete Achse niedrigerer Ordnung (die in der gleichen Richtung liegt) weggelassen. Die Anzahl der Achsen und Ebenen in den Symmetrieformeln steht in Klammern. In der Tabelle ist die Gruppenbezeichnung

---

[1]) Insgesamt gibt es 14 translationsinvariante Bravais-Gitter.

Tabelle 1. Kristallographische Systeme und Syngonien

Syngonie und die Konstanten des zugehörigen Basis-Parallelepipeds	System	Klasse	Bezeichnung der Klasse	Formel der Symmetrie-elemente	Bezeichnung nach Schoenflies	Bezeichnung nach den internationalen Tabellen
Trikline $a \neq b \neq c$, $\alpha \neq \beta \neq \gamma$	Triklines	1	Pediale	1	C_1	1
		2	Pinakoidale	$\bar{2}$	$C_i = S_2$	$\bar{1}$
Monokline $a \neq b \neq c$, $\alpha = \gamma = 90°$, $\beta \neq 90°$	Monoklines	3	Sphenoidische	2	C_2	2
		4	Domatische	m	$C_{1h} = C_3$	m
		5	Prismatische	2, m, C	C_{3h}	$2/m$
Rhombische $a \neq b \neq c$, $\alpha = \beta = \gamma = 90°$	Rhombisches	6	Rhombisch-disphenoidische	(3)2	$D_2 = V$	222
		7	Rhombisch-pyramidale	2, (2)m	C_{2v}	$mm2$
		8	Rhombisch-dipyramidale	(3)2, (3)m, C	$D_{2h} = V_h$	mmm
Tetragonale $a = b \neq c$ $\alpha = \beta = \gamma = 90°$	Tetragonales	9	Tetragonal-pyramidale	4	C_4	4
		10	Tetragonal-disphenoidische	$\bar{4}$	S_4	$\bar{4}$

Tetragonale	Tetragonales	11	Tetragonal-trapezoidische	4, (4)2	D_4	422
$a = b \neq c$,		12	Ditetragonal-pyramidale	4, (4)m	C_{4v}	4mm
$\alpha = \beta = \gamma = 90°$		13	Tetragonal-dipyramidale	4, m, C	C_{4h}	4/m
		14	Tetragonal-skalenoedrische	4, 2(2), (2)m	$D_{2d} = V_d$	$\bar{4}2m$
		15	Ditetragonal-dipyramidale	4, (4)2, (5)m, C	D_{4h}	4/mmm
Hexagonale	Rhomboedrisches	16	Trigonal-pyramidale	3	C_3	3
$a = b \neq c$,		17	Rhomboedrische	$\bar{6}$, C	$C_{3i} = S_6$	$\bar{3}$
$\alpha = \beta = 90°$,		18	Trigonal-trapezoedrische	3, (3)2	D_3	3/2
$\gamma = 120°$		19	Ditrigonal-pyramidale	3, (3)m	C_{3v}	3m
		20	Ditrigonal-skalenoedrische	$\bar{6}$, (3)2, (3)m, C	D_{3d}	$\bar{3}m$
Hexagonale	Hexagonales	21	Hexagonal-pyramidale	6	C_6	6
$a = b \neq c$,		22	Trigonal-dipyramidale	3, m	C_{3h}	$\bar{6}$
$\alpha = \beta = 90°$,		23	Hexagonal-trapezoedrische	6, (6)2	D_6	622
$\gamma = 120°$		24	Dihexagonal-pyramidale	6, (6)m	C_{6v}	6mm
		25	Hexagonal-dipyramidale	6, m, C	C_{6h}	6/m
		26	Ditrigonal-pyramidale	3, (3)2, (4)m	D_{3h}	$\bar{6}m2$
		27	Dihexagonal-dipyramidale	6, (6)2, (7)m, C	D_{6h}	6/mmm
Kubische	Kubisches	28	Tetraedrisch-pentagondodekaedrische	(3)2, (4)3	T	23
$a = b = c$,		29	Pentagonikositetraedrische	(3)4m (4)3, (6)2	O	432
$\alpha = \beta = \gamma = 90°$		30	Hexakistetraedrische	(3)$\bar{4}$, (4)3, (6)m	T_d	$\bar{4}3m$
		31	Disdodekaedrische	(3)2, (4)$\bar{6}$, (3)m, C	T_h	$m3$
		32	Hexakisoktaedrische	(3)4, (4)$\bar{6}$, (6)2, (9)m, C	O_h	$m3m$

nach SCHOENFLIES, die noch häufig verwendet wird, und die Bezeichnung nach den internationalen kristallographischen Tabellen angegeben.

Durch die Wahl des kristallographischen Koordinatensystems wird auch die sogenannte Einheitsgrenzfläche bestimmt. Das ist diejenige Grenzfläche, die der Diagonalfläche des Basis-Parallelepipeds entspricht. Wichtige Größen sind in der Kristallographie die Verhältnisse der Einheits-Achsenabschnitte a, b, c zueinander, durch die die Einheitsgrenzflächen bestimmt sind. Die Lage (Orientierung) einer beliebigen Grenzfläche des Kristalls kann man dadurch finden, daß man zum Beispiel das Verhältnis der Einheits-Achsenabschnitte a, b, c zu den Achsenabschnitten A, B, C der gegebenen Ebene betrachtet (Abb. 3):

$$\frac{a}{A} : \frac{b}{B} : \frac{c}{C} .$$

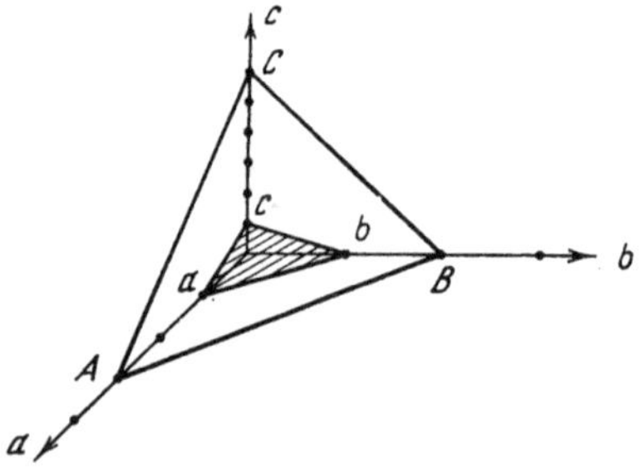

Abb. 3. Kristallfläche mit den Indizes [231]

In diesen Brüchen sind die Zähler gleich den Einheitsintervallen auf den Achsen. Die Nenner aber müssen ganzzahlige Vielfache der Achseneinheiten sein. Denn entweder schneidet die betrachtete Ebene die Koordinatenachsen in Gitterpunkten, oder sie kann durch eine Parallelverschiebung in eine solche Lage gebracht werden, daß sie durch drei Gitterpunkte geht. Daraus folgt, daß das angegebene Verhältnis stets als Verhältnis ganzer Zahlen dargestellt werden kann:

$$\frac{a}{A} : \frac{b}{B} : \frac{c}{C} = h : k : l.$$

Auf diese Weise kann man durch drei Zahlen h, k, l die Lage einer beliebigen Grenzfläche des Kristalls bestimmen. Für die Flächen nennt man diese Zahlen gewöhnlich MILLERsche Indizes, die man in runden Klammern schreibt (111). Die MILLERschen Indizes können sowohl positiv als auch negativ sein. Im letzteren Fall schreibt man das Minuszeichen über dem Index. Aus der Definition der MILLERschen Indizes folgt, daß bei Parallelität einer Kristallfläche zu irgendeiner kristallographischen Achse der zugehörige Index gleich Null ist.

Eine analoge Bezeichnung mittels der MILLERschen Indizes kann man auch für die Kanten und anderen Richtungen im Kristall einführen. Die Indexziffern werden in diesem Fall in eckige Klammern gesetzt.[1])

Einige große Bedeutung für die Beschreibung der physikalischen Eigenschaften der Kristalle hat die Symmetrie der Rotationskörper, die durch die sogenannten unendlichen Symmetriegruppen beschrieben wird. „Unendlich" bedeutet hier, daß durch diese Gruppen Figuren beschrieben werden, die Symmetrieachsen beliebig hoher Ordnung haben, die im Grenzfall unendlich wird. Je höher die Ordnung der Symmetrieachse ist, desto kleiner ist der Winkel, um den man die Figur drehen muß,

---

[1]) Für Kristalle des hexagonalen Systems verwendet man 4 Koordinatenachsen. Drei davon, a, b und u, schließen einen Winkel von 120° (60°) ein und stehen senkrecht auf der Achse sechster (dritter) Ordnung. Die vierte Koordinatenachse fällt mit der Symmetrieachse sechster (dritter) Ordnung zusammen. Ein solches Koordinatensystem nennt man *Bravaissches Koordinatensystem* Darüber hinaus verwendet man für Kristalle des rhomboedrischen Systems manchmal ein *Millersches Koordinatensystem.* Die Koordinatenachsen fallen mit den Kanten des Rhomboeders zusammen und bilden alle gleiche Winkel zu der Achse dritter Ordnung.

damit sich die Figur nach der Drehung durch nichts von der ursprünglichen Figur unterscheidet. Rotationskörper und -figuren haben eine Symmetrieachse der Ordnung ∞. Sie können durch eine Drehung um einen beliebig kleinen Winkel mit sich selbst zur Deckung gebracht werden.

Es gibt insgesamt sieben unendliche Symmetriegruppen (Abb. 4). Sie beschreiben die Symmetrie einer Kugel, eines Zylinders und eines Kegels. Ein gewöhnlicher Zylinder hat eine Symmetrieachse der Ordnung ∞ und unendlich viele Symmetrieachsen zweiter Ordnung, die

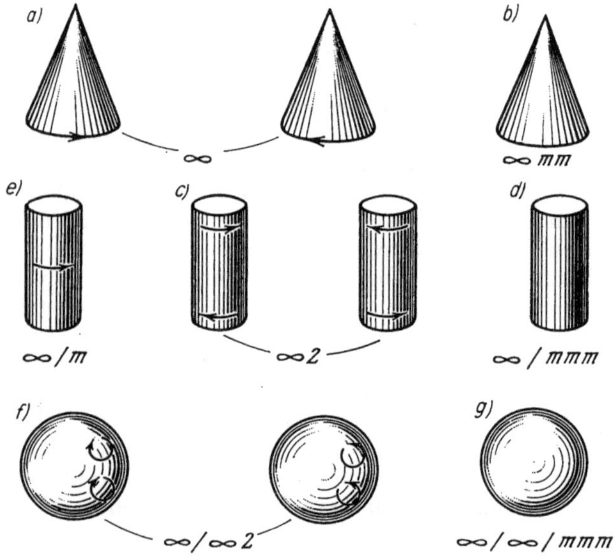

Abb. 4. Veranschaulichung der unendlichen Symmetriegruppen
a – sich drehender Kegel, Symmetriegruppe ∞; *b* – ruhender Kegel, Symmetriegruppe ∞mm (Symmetriegruppe des polaren Vektors); *c* – verdrillter Zylinder, Symmetriegruppe ∞2; *d* – ruhender Zylinder, Symmetriegruppe ∞/mmm; *e* – sich drehender Zylinder, Symmetriegruppe ∞/m (Symmetriegruppe des axialen Vektors); *f* – Kugel ohne Symmetrieebenen, Symmetriegruppe ∞/∞2; *g* – Kugel mit Symmetrieebenen, Symmetriegruppe ∞/∞/mmm

senkrecht auf der Achse der Ordnung ∞ stehen. Außerdem hat der Zylinder eine Symmetrieebene m senkrecht zur Achse ∞ und unendlich viele Symmetrieebenen, die durch die Achse ∞ gehen. Die Symmetriegruppe eines solchen Zylinders bezeichnet man mit ∞/mmm. Die gleiche Symmetriegruppe hat ein Rotationsellipsoid.

Ist der Zylinder jedoch längs der Achse ∞ verdrillt, fallen alle seine Symmetrieebenen zusammen. In diesem Falle wird die Symmetriegruppe mit $\infty 2$ bezeichnet. Ein sich drehender Zylinder hat keine Symmetrieebenen durch die Zylinderachse (Gruppe ∞/m). Ein sich nicht bewegender Kegel hat eine Symmetrieachse der Ordnung ∞ und Symmetrieebenen durch diese Achse (Gruppe ∞mm). Ein sich drehender Kegel hat dagegen nur die Symmetrieachse der Ordnung ∞ (Gruppe ∞).

Die Kugeln als geometrische Figuren können zu zwei Symmetriegruppen gehören. Im ersten Falle ist für die Kugeln charakteristisch, daß alle ihre Durchmesser die Symmetrie eines gewöhnlichen Zylinders haben. Die Symmetriegruppe der Kugel wird in diesem Falle mit $\infty/\infty/mmm$ bezeichnet, wodurch unterstrichen wird, daß die Anzahl dieser Durchmesser unendlich ist. Im zweiten Falle besitzt die Kugel einen Durchmesser mit der Symmetrie des verdrillten Zylinders. Die Symmetriegruppe einer solchen Kugel wird mit $\infty/\infty 2$ bezeichnet. Ein physikalisches Beispiel für eine solche Kugel ist eine Kugel, die aus einem Medium herausgeschnitten ist, das die Polarisationsebene von polarisiertem Licht dreht (zum Beispiel aus einer Lösung von Zucker in Wasser).

Es ist nützlich festzuhalten, daß eine Größe, die die Symmetrie der ersten Kugel besitzt, im mathematischen Sinne ein Skalar ist; die der zweiten Kugel entsprechende Größe heißt Pseudoskalar. Die „pseudoskalare" Kugel ist offensichtlich entweder eine rechte oder linke Figur (je nachdem wie ihre Durchmesser gegeneinander verdrillt sind). Sie besitzt ihr „Zeichen des Rechtssinnes (Linkssinnes)", das manchmal Vorzeichen der Enantiomorphie genannt wird. Dieses Zeichen ändert sich beim Übergang zum Spiegelbild. Ein sich nicht bewegender Kegel besitzt die Symmetrie eines polaren Vektors (Abb. 5a) und ein sich drehender Zylinder die Symmetrie eines axialen Vektors (Abb. 5b). Durch polare Vektoren beschreibt man übrigens die Stärke eines elektrischen Feldes E, ein elektrisches Dipolmoment p und die elektrische Polarisation P. Durch axiale Vektoren dagegen wird das

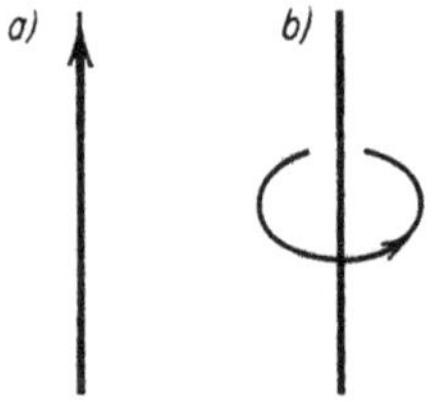

Abb. 5. Graphische Darstellung eines polaren (*a*) und eines axialen Vektors (*b*) entsprechend ihrer Symmetrie

magnetische Feld, die Magnetisierung, das magnetische Moment u. a. beschrieben.[1]) Für einen polaren Vektor sind die unterschiedlichen Vorzeichen seiner Enden charakteristisch (zum Beispiel die Vorzeichen der elektrischen Ladungen). Für einen axialen Vektor dagegen ist das Vorzeichen der Enantiomorphie charakteristisch (zum Beispiel die Beziehung zwischen der Richtung des elektrischen Stromes in der Spule und der Lage des Nord- und Südpoles).

Für die Beschreibung vieler physikalischer Eigenschaften der Kristalle besitzt die Symmetrie bestimmter Richtungen eine große Bedeutung. Hier wollen wir uns auf die Untersuchung der polaren Richtungen beschränken. Das heißt, wir betrachten nur solche Richtungen, bei denen die einander gegenüberliegenden Enden physikalisch verschieden sind. Am einfachsten läßt sich dieser Unterschied am Beispiel der in Abb. 6a wiedergegebenen Atomkette verstehen. Die Richtung MN in der Kette ist von der Richtung NM verschieden. Tatsächlich ist

---

[1]) In der Literatur wird das magnetische Feld oft durch einen polaren Vektor dargestellt. Diese Darstellung entspricht aber nicht der eigentlichen Symmetrie des magnetischen Feldes.

in der ersten Richtung die Entfernung von Atom *A* zu Atom *B* kleiner als in der entgegengesetzten. Die Polarität dieser Kette sieht man noch deutlicher, wenn man zum Beispiel den Atomen *A* eine positive Ladung und den Atomen *B* eine negative Ladung zuschreibt. Die Kette in Abb. 6b ist nicht polar.

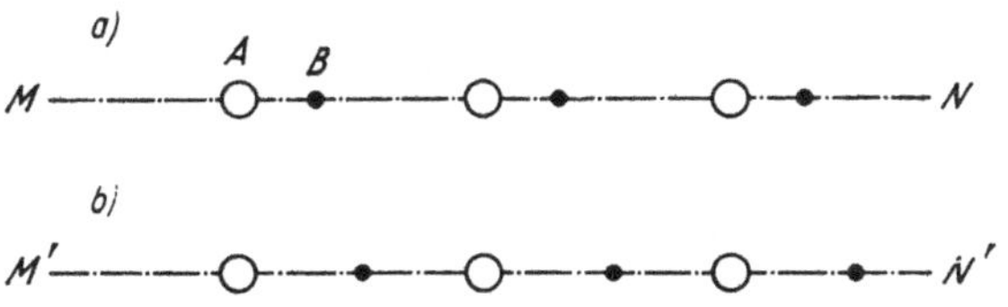

Abb. 6. Darstellung der Atomlagen in einem Kristall für eine polare Richtung (*a*) und für eine nichtpolare Richtung (*b*)

In einem Kristall kann man polare Richtungen finden, wenn man die Symmetrie und das Symmetrieelement des Kristalles kennt. Wählt man im Kristall eine Richtung aus, deren einander gegenüberliegenden Enden nicht miteinander zur Deckung gebracht werden können, so ist diese Richtung polar. In einigen Kristallen gibt es polare Richtungen, die nicht ihresgleichen haben, wenn man das so ausdrücken kann; sie sind in ihrer Art einmalig. Solche Richtungen nennt man singulär-polare Richtungen. Polare und singuläre polare Richtungen haben die Symmetrie eines polaren Vektors oder eine niedrigere, die jedoch der ersteren untergeordnet ist (siehe unten).

In Abb. 7a ist ein Turmalinkristall dargestellt. Er gehört zur Symmetriegruppe $3m$ des rhomboedrischen Systems (eine Symmetrieachse dritter Ordnung und drei Symmetrieebenen, die durch diese Achse gehen). Die mit der Achse dritter Ordnung zusammenfallende Richtung ist eine polare Richtung in diesem Kristall, denn es gibt keine Symmetrieoperation, die die gegenüberliegenden Enden der Achse ineinander überführt. Außerdem gibt es keine andere solche Richtung. Deshalb ist sie eine

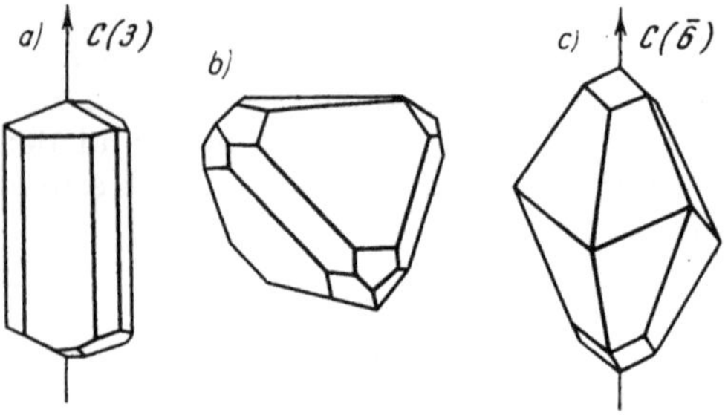

Abb. 7. Idealformen der Kristallpolyeder
a — Turmalin; *b* — Sphalerit; *c* — Calcit

singuläre polare Richtung. In Abb. 7b wird ein Zinkblendekristall gezeigt (in der Modifikation des Sphalerit). Es ist ein kubischer Kristall. Er gehört zur Symmetriegruppe $\bar{4}3m$. Man sieht leicht, daß die Raumdiagonalen dieses Kristalles polare Richtungen sind. Es gibt in diesem Kristall vier solche Richtungen. Deshalb sind sie einfache polare Richtungen (und keine singulären polaren Richtungen). Der Calcitkristall (Abb. 6c) gehört zum rhomboedrischen System und hat die Symmetriegruppe $\bar{3}m$. Unter den Symmetrieelementen dieses Kristalls befindet sich ein Symmetriezentrum, das die gegenüberliegenden Enden jeder beliebigen Richtungen ineinander überführt. Das bedeutet, daß es im Calcitkristall keine polaren Richtungen gibt, und erst recht keine singulär polaren Richtungen.

Man teilt die 32 Kristallklassen zweckmäßigerweise in drei Teile ein, je nachdem, ob sie polare oder singuläre polare Richtungen enthalten. Zum ersten Teil zählen wir die Kristalle, die singuläre polare Richtungen haben und nur solche Symmetrieelemente, die in der Gruppe des polaren Vektors enthalten sind. Dieser Gruppe untergeordnet sind die zehn Gruppen: 1, 2, 3, 4, 6, m, $mm2$, $3m$, $4mm$, $6mm$. Die Kristalle, die zu diesen Gruppen gehören, werden wir polare Kristalle nennen. Ein Beispiel für einen polaren Kristall ist der Turmalinkristall. Von den sieben unendlichen Gruppen beschreiben zwei — ∞ und $\infty\, mm$ — die Symmetrie polarer Figuren (zum Beispiel Kegel).

Zu dem zweiten Teil der Kristallklassen gehören die Kristalle, die weder polare noch singuläre polare Richtungen haben. Das sind die Klassen der nichtpolaren Kristalle, die ein Symmetriezentrum haben. Es gibt elf solcher Kristallklassen: $\bar{1}$, $2/m$, mmm, $4/m$, $4/mmm$, $\bar{3}$, $\bar{3}m$, $6/m$, $6/mmm$, $m3$, $m3m$. Figuren, die durch die unendlichen Gruppen ∞/mm, $\infty/\infty mmm$ und ∞/m beschrieben werden, haben ein Symmetriezentrum und sind nicht polar. Auch die Figuren mit der Symmetrie $\infty/\infty\, 2$ und $\infty\, 2$ haben keine polaren Richtungen, obwohl sie kein Symmetriezentrum haben.

Die restlichen elf Kristallklassen — 222, $\bar{4}$, 422, $\bar{4}2m$, 3/2, $\bar{6}$, 622, $\bar{6}2$, 23, 432, $\bar{4}3m$ — beschreiben die Symmetrie der sogenannten polar-neutralen Kristalle. In solchen Kristallen gibt es polare Richtungen, aber keine singulären polaren Richtungen. Die gleichwertigen polaren Richtungen bilden eine Gesamtheit von polaren Vektoren, die in der Summe Null ergibt. Zum Beispiel gibt es im Quarzkristall drei gleichwertige polare Richtungen, die mit den Achsen zweiter Ordnung zusammenfallen. Sie bilden ein System, dessen resultierender Vektor gleich Null ist (Abb. 8). Die in Richtung der vier Raumdiagonalen zeigenden polaren Vektoren im Sphalerit (s. Abb. 7b) bilden ebenfalls eine Gesamtheit, deren Resultierende gleich Null ist.

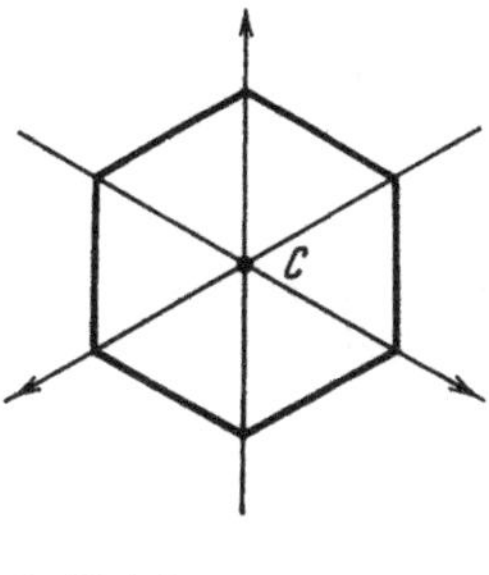

Abb. 8. Polare Richtungen in der Basisebene von Quarz (senkrecht zur Achse dritter Ordnung)

Das sind die Besonderheiten der Makrostruktur (äußere Formen und Anisotropie) der Kristalle. Für die Beschreibung einer Reihe ihrer Eigenschaften reicht es jedoch nicht, sich darauf zu beschränken. Man muß dazu ihre Mikrostruktur kennen. Die Mikrostruktur der Kristalle beschreibt man mit Hilfe der sogenannten Raumgruppen. Diese Gruppen enthalten (im Vergleich zu den Symmetrieelementen der endlichen Figuren) zusätzliche Symmetrieelemente: Translationen, Gleitspiegelebenen und Schraubenachsen. Es gibt insgesamt 230 Raumgruppen. Da, wie schon gesagt, weiter unten die makroskopischen Eigenschaften der Kristalle beschrieben werden sollen, ist eine genauere Untersuchung der Raumgruppen hier nicht erforderlich.

1.2. Elektrische Polarisation

Die Dielektrika sind polarisierbar. Das ist eine ihrer fundamentalen Eigenschaften. Unter Polarisation verstehen wir hier den Vorgang, der mit der Bildung von elektrischen Dipolen in einem Dielektrikum unter der Einwirkung eines elektrischen Feldes verbunden ist. Der einfachste elektrische Dipol besteht aus zwei gleich großen Ladungen entgegengesetzten Vorzeichens q, die voneinander um die Strecke l entfernt sind (Abb. 9).

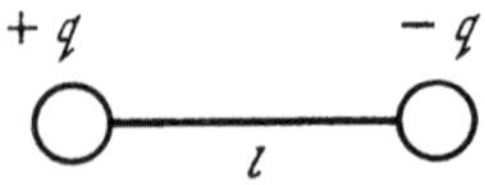

Abb. 9. Elektrischer Dipol

Das wichtigste Charakteristikum eines Dipols ist sein elektrisches Moment $\boldsymbol{p}$, das durch die Beziehung

$$\boldsymbol{p} = q\boldsymbol{l} \tag{1.1}$$

definiert ist. Das elektrische Dipolmoment ist ein polarer Vektor. Dieser Vektor ist von der negativen Ladung zur positiven hin gerichtet. Sein Betrag ist gleich ql.

Die Polarisation der Dielektrika kann im allgemeinen viele Vorgänge als Ursache haben. Der wichtigste ist jedoch die Polarisation auf Grund von Verschiebung (Verlagerung) von Ladungen. Hier wollen wir die gerichtete Verschiebung betrachten. Die geladenen Teilchen der Atome und Moleküle gehören sowohl im Feld als auch nach Abschalten des Feldes weiterhin zu den gleichen Atomen und Molekülen. Eine solche Ladungsverschiebung heißt elastisch.

Im einfachsten Falle werden in den Dielektrika nur die Atome polarisiert.[1]) Ihre Elektronen verschieben sich relativ zu dem positiv geladenen Kern. Dieser Vorgang heißt Polarisation durch Verschiebung von Elektronen. Besteht das Dielektrikum aus positiven und negativen Ionen (zum Beispiel ein NaCl-Kristall), so wird die Polarisation (abgesehen von der Elektronenpolarisation) durch eine Verschiebung der Ionen bezüglich ihrer Gleichgewichtslagen verursacht. Dieser Vorgang heißt Polarisation durch Verschiebung von Ionen. In allen genannten Fällen wird die Polarisation auf die Entstehung von elementaren (einfachsten) Dipolen zurückgeführt. Das Dielektrikum als ganzes erweist sich makroskopisch als polarisiert und seine Gesamtpolarisation[2]) pro Einheitsvolumen P ist durch die Beziehung

$$P = Np \tag{1.2}$$

gegeben, wobei N die Anzahl von Elementardipolen im

---

[1]) Normalerweise nimmt man an, daß ein Dielektrikum neutral ist (die Gesamtzahl der positiven Ladungen und die der negativen Ladungen der Teilchen, aus denen das Dielektrikum besteht, sind gleich) und keine freie Ladungen (Ladungen, die nicht fest in das Dielektrikum eingebaut sind) enthält.

[2]) Hier und im weiteren bezeichnen wir mit diesem Wort häufig eine physikalische Größe, den Grad der Polarisation, und nicht den Vorgang des Polarisierens.

Einheitsvolumen ist und p das elektrische Moment eines dieser Elementardipole.

In Abb. 10a ist der Vorgang der Polarisation graphisch dargestellt. Wenn die Platten irgendeines Kondensators aufgeladen sind und die Oberflächenladungsdichte σ_0

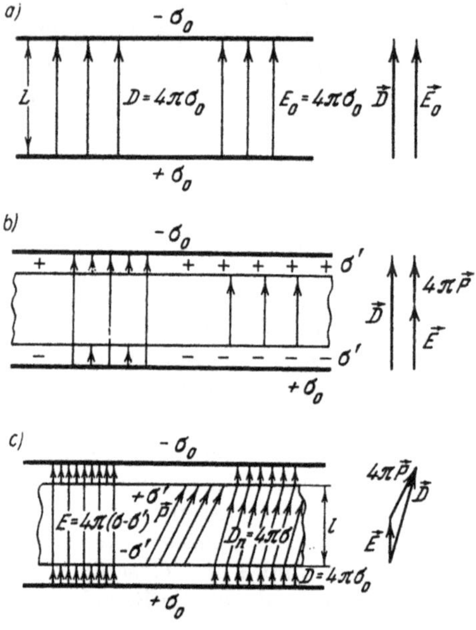

Abb. 10. Kondensator ohne Dielektrikum (*a*), mit einem isotropen Dielektrikum (*b*) und mit einem anisotropen Dielektrikum (*c*)

tragen, dann herrscht zwischen den Platten im Vakuum, wie aus der Elektrostatik bekannt ist, ein elektrisches Feld mit der Feldstärke E_0, die durch die Beziehung

$$E_0 = 4\pi\sigma_0 \tag{1.3}$$

gegeben ist. Das Feld E_0 heißt induziertes Feld und wird oft mit dem Buchstaben D bezeichnet. Es ist wichtig, darauf hinzuweisen, daß das Feld D (die dielektrische Verschiebung) nur durch äußere, freie Ladungen erzeugt und bestimmt ist.

Das gleiche Feld D polarisiert ein Dielektrikum, das in den Kondensator hineingebracht wurde. Die positiven Ladungen werden zur negativen Seite hin verschoben und die negativen auf die andere Seite. Im Innern des Dielektrikums kompensieren sich die verschobenen Ladungen der elementaren Dipole und das Ergebnis der Polarisation wird nur an der Oberfläche beobachtet, an der sich eine Oberflächenladungsdichte σ' ausbildet.

Aus Abb. 10b ist ersichtlich, daß das gesamte Dielektrikum das Dipolmoment

$$qL = \sigma_0 SL \tag{1.4}$$

hat. Dabei ist L der Abstand der Elektroden und S die Fläche der Platten. Selbstverständlich ergibt sich das Dipolmoment der Gesamtprobe aus dem Dipolmoment des Einheitsvolumens P aus der Beziehung

$$PV = PSL, \tag{1.5}$$

wobei V das Volumen der Probe ist. Durch Vergleich von (1.4) mit (1.5) erhalten wir

$$P = \sigma'. \tag{1.6}$$

Daraus folgt, daß das Dipolmoment pro Volumeneinheit eines Dielektrikums zahlenmäßig gleich der Flächendichte der induzierten Ladungen ist. Die induzierte Ladung σ' neutralisiert also einen Teil der freien Ladungen σ_0. Die Differenz zwischen diesen beiden Ladungen bestimmt die Stärke des elektrischen Feldes E im Dielektrikum:

$$E = 4\pi(\sigma_0 - \sigma') = D - 4\pi P. \tag{1.7}$$

Die Größe der induzierten Ladung σ' hängt davon ab, wie leicht sich das Dielektrikum polarisieren läßt, d. h.

von seiner Polarisierbarkeit, die gewöhnlich mit α bezeichnet wird. Außerdem hängt sie noch davon ab, wie stark das elektrische Feld E im Innern des Dielektrikums ist.

$$\sigma' = P = \alpha E. \tag{1.8}$$

Vergleichen wir (1.7) und (1.8) miteinander, erhalten wir

$$D = (1 + 4\pi\alpha)\, E. \tag{1.9}$$

Wenn wir den in Klammern gesetzten Ausdruck mit ε bezeichnen, erhalten wir schließlich

$$D = \varepsilon E. \tag{1.10}$$

Die Größe ε heißt Dielektrizitätskonstante. Sie charakterisiert ebenso wie α die Fähigkeit des Dielektrikums, polarisiert zu werden. Sie gibt an, wievielmal die Feldstärke im Vakuum größer ist als die Feldstärke im Innern des Dielektrikums, wenn beide Felder durch die gleichen Ladungen σ_0 erzeugt werden. Je größer α und ε sind, desto stärker wird das Dielektrikum polarisiert, und desto kleiner ist die elektrische Feldstärke im Innern des Dielektrikums.

Die Grenzfälle sind das Vakuum und die Metalle. Im Vakuum ist $\alpha = 0$ ($\varepsilon = 1$). In Metallen aber kann ein äußeres Feld wegen der freien Elektronen vollständig kompensiert werden (formal sind für die Metalle α und ε unendlich groß).

Die dielektrische Verschiebung D, die Feldstärke E und die Polarisation P sind polare Vektoren. Deshalb kann man die oben angegebenen Beziehungen auch in der Form

$$\boldsymbol{D} = \boldsymbol{E} + 4\pi\boldsymbol{P}, \qquad \boldsymbol{P} = \alpha\boldsymbol{E}, \qquad \boldsymbol{D} = \varepsilon\boldsymbol{E} \tag{1.11}$$

schreiben. Es ist wichtig zu betonen, daß alle diese Felder in einem isotropen Dielektrikum auf ein und derselben

Geraden liegen, wenn auch die Polarisation $\boldsymbol{P}$ den Feldern $\boldsymbol{D}$ und $\boldsymbol{E}$ entgegengerichtet ist (siehe Abb. 10)[1]).

Die einfachen zahlenmäßigen und vektoriellen Beziehungen, die die Felder D, E und $4\pi P$ miteinander verknüpfen, werden beim Übergang zum Kristall, zum anisotropen Dielektrikum, wesentlich komplizierter. Dieses Kompliziertwerden hängt damit zusammen, daß im Gegensatz zu den isotropen Körpern im allgemeinen Fall die Richtung, in die die Teilchen unter der Wirkung des äußeren, induzierenden Feldes verschoben werden, nicht mit der Richtung dieses Feldes zusammenfällt. In einem anisotropen Dielektrikum fällt die Richtung, in die die geladenen Teilchen verschoben werden, nicht mit der des äußeren Feldes D zusammen, sondern mit der Richtung des Feldes E (Abb. 11). Das bedeutet, daß

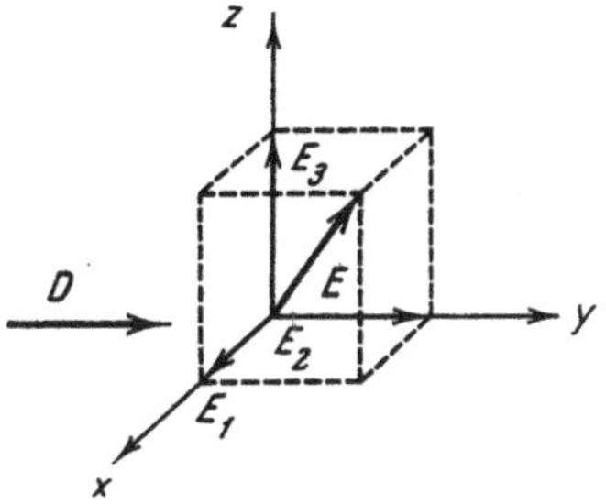

Abb. 11. Ladungsverschiebung in einem anisotropen Dielektrikum unter der Wirkung des Verschiebungsfeldes D

das Feld D nicht nur in der Richtung, in der es selber liegt, eine elektrische Feldstärke (E_2) erzeugt, sondern auch in den dazu senkrechten Richtungen E_1 und E_3. Die Resultierende dieser drei Felder ergibt dann das Feld E, in dessen Richtung die Ladungen verschoben werden. Eine solche Beziehung zwischen Vektoren (Vektorfeldern) heißt tensorielle Beziehung. Die Größen α und ε

[1]) Nimmt man an, daß das Polarisationsfeld $\boldsymbol{P}$ von den negativen gebundenen Ladungen zu den positiven zeigt (wie wir hier angenommen haben), fallen die Richtungen der Felder $\boldsymbol{D}$, $\boldsymbol{E}$ und $4\pi\boldsymbol{P}$ zusammen.

sind in einem anisotropen Dielektrikum keine gewöhnlichen Zahlen (Skalare) mehr, sondern sie sind Tensoren.

Der Tensor $[\alpha]$ beschreibt die Beziehung zwischen den Vektoren $\boldsymbol{P}$ und $\boldsymbol{E}$ und hat die Gestalt

$$\begin{array}{cccc} & E_1 & E_2 & E_3 \\ P_1 & \alpha_{11} & \alpha_{12} & \alpha_{13} \\ P_2 & \alpha_{21} & \alpha_{22} & \alpha_{23} \\ P_3 & \alpha_{31} & \alpha_{32} & \alpha_{33}. \end{array} \tag{1.12}$$

In dieser Beziehung sind α_{ij} die Komponenten des Tensors, aber P_i und E_i die Komponenten der Vektoren $\boldsymbol{P}$ und $\boldsymbol{E}$ (ihre Projektionen auf die X-, Y- und Z-Achse).

In ausführlicher Form schreibt man die Beziehung (1.12) als drei Gleichungen:

$$\begin{aligned} P_1 &= \alpha_{11}E_1 + \alpha_{12}E_2 + \alpha_{13}E_3, \\ P_2 &= \alpha_{21}E_1 + \alpha_{22}E_2 + \alpha_{23}E_3, \\ P_3 &= \alpha_{31}E_3 + \alpha_{32}E_2 + \alpha_{33}E_3. \end{aligned} \tag{1.13}$$

Der Tensor $[\varepsilon]$ beschreibt den Zusammenhang zwischen den Vektoren $\boldsymbol{D}$ und $\boldsymbol{E}$:

$$\begin{array}{cccc} & E_1 & E_2 & E_3 \\ D_1 & \varepsilon_{11} & \varepsilon_{12} & \varepsilon_{13} \\ D_2 & \varepsilon_{21} & \varepsilon_{22} & \varepsilon_{23} \\ D_3 & \varepsilon_{31} & \varepsilon_{32} & \varepsilon_{33}. \end{array} \tag{1.14}$$

In ausführlicher Form können wir analog zum Tensor $[\alpha]$ schreiben

$$\begin{aligned} D_1 &= \varepsilon_{11}E_1 + \varepsilon_{12}E_2 + \varepsilon_{13}E_3, \\ D_2 &= \varepsilon_{21}E_1 + \varepsilon_{22}E_2 + \varepsilon_{23}E_3, \\ D_3 &= \varepsilon_{31}E_1 + \varepsilon_{32}E_2 + \varepsilon_{33}E_3. \end{aligned} \qquad (1.15).$$

Aus den Gleichungen (1.13) und (1.15) ist klar ersichtlich, wie sich jede der Komponenten der Vektoren $\boldsymbol{D}$ und $\boldsymbol{P}$ aus allen Komponenten des Vektors $\boldsymbol{E}$ ergibt.

Die verhältnismäßig unhandlichen Tensorgleichungen (1.12—1.15) kann man beträchtlich vereinfachen, wenn man nicht eine beliebige Richtung der Felder im Kristall betrachtet, sondern einige besondere Richtungen. Es zeigt sich, daß man in einem beliebigen Kristall die sogenannten Hauptrichtungen auswählen kann. Wählt man im Kristall ein rechtwinkliges Koordinatensystem so aus, daß seine Achsen mit den Hauptrichtungen zusammenfallen (ein solches Koordinatensystem nennt man Hauptachsensystem) vereinfachen sich die Gleichungen (1.12—1.15) und haben die Form[1])

$$\begin{array}{cccc} & E_1 & E_2 & E_3 \\ P_1 & \alpha_1 & 0 & 0 \\ P_2 & 0 & \alpha_2 & 0 \\ P_3 & 0 & 0 & \alpha_3 , \end{array} \tag{1.12a}$$

$$\begin{aligned} P_1 &= \alpha_1 E_1 \\ P_2 &= \alpha_2 E_2 \\ P_3 &= \alpha_3 E_3 , \end{aligned} \tag{1.13a}$$

$$\begin{array}{ccc} E_1 & E_2 & E_3 \\ \varepsilon_1 & 0 & 0 \\ 0 & \varepsilon_2 & 0 \\ 0 & 0 & \varepsilon_3 , \end{array} \tag{1.14a}$$

$$\begin{aligned} D_1 &= \varepsilon_1 E_1 \\ D_2 &= \varepsilon_2 E_2 \\ D_3 &= \varepsilon_3 E_3 . \end{aligned} \tag{1.15a}$$

Die Größen α_1, α_2, α_3 nennt man die Hauptwerte der Polarisierbarkeit und ε_1, ε_2, ε_3 Hauptwerte der Dielektrizitätskonstanten.

In den Fällen, in denen das elektrische Feld E in Richtung einer Hauptachse zeigt, liegen also auch die Vektoren $\boldsymbol{P}$ und $\boldsymbol{D}$ in der Richtung dieser Hauptachse.

---

[1]) Anstelle der beiden Indizes bei den Tensorkomponenten von α und ε schreibt man in diesem Fall der Einfachheit halber nur einen der beiden gleichen Indizes.

In dieser Beziehung verhält sich ein beliebiger Kristall bezüglich dreier Richtungen so ähnlich wie ein isotropes Dielektrikum. Obwohl im Unterschied zu letzterem ein Kristall in allen drei Hauptrichtungen verschiedene Polarisierbarkeiten α_1, α_2, α_3 und verschiedene Dielektrizitätskonstanten ε_1, ε_2, ε_3 haben kann.

Wegen der Symmetrie der Kristalle unterliegen die Beziehungen zwischen den Koeffizienten ε_1, ε_2, ε_3 (und auch α_1, α_2, α_3) ganz bestimmten Bedingungen. Am einfachsten ist das im Fall der kubischen Kristalle (s. Tab. 1). Für diese Kristalle ist $\varepsilon_1 = \varepsilon_2 = \varepsilon_3 = \varepsilon$. Das bedeutet, daß sich ein kubischer Kristall bezüglich der Polarisation durch ein äußeres elektrisches Feld durch nichts von einem isotropen Dielektrikum unterscheidet.[1]) Die Beziehung $\varepsilon_1 = \varepsilon_2 = \varepsilon_3$ gilt bei kubischen Kristallen für beliebig gerichtete Felder.

Die Dielektrizitätskonstante von Kristallen der mittleren Kristallsysteme (d. h. von Kristallen, die zum tetragonalen, zum hexagonalen oder zum rhombischen System gehören; s. Tab. 1) genügen der Beziehung $\varepsilon_1 = \varepsilon_2 \neq \varepsilon_3$. Damit haben diese Kristalle zwei verschiedene Dielektrizitätskonstanten. In einer Richtung, der Hauptrichtung, hat sie den Wert ε_3, und in zwei Richtungen (senkrecht zur Hauptrichtung) hat sie jeweils den gleichen Wert $\varepsilon_1(\varepsilon_2)$. In diesen Kristallen fällt die Hauptachse mit dem Wert $\varepsilon = \varepsilon_3$ mit der Symmetrieachse höchster Ordnung (mit der Achse 3, 4, $\bar{4}$, 6 oder $\bar{6}$) zusammen, die es in den Kristallen der mittleren Kristallsysteme nur einmal gibt. In den Kristallen der niederen Kristallsysteme (rhombischen, monoklinen und triklinen) ist die Dielektrizitätskonstante für alle drei Hauptachsen verschieden $\varepsilon_1 \neq \varepsilon_2 \neq \varepsilon_3$.

Die Orientierung der Felder $\boldsymbol{D}$, $\boldsymbol{E}$ und $4\pi\boldsymbol{P}$ in einem ansisotropen Dielektrikum ist für den allgemeinen Fall in Abb. 10c dargestellt. Dabei ist zu bemerken, daß im

---

[1]) Bezüglich anderer Eigenschaften (zum Beispiel der elastischen) und der Polarisation mit anderen Mitteln (und nicht durch ein äußeres Feld) unterscheiden sich die kubischen Kristalle prinzipiell von isotropen Dielektrika.

Innern des Dielektrikums nicht das induzierende Feld D, dafür aber die elektrische Feldstärke E senkrecht auf den Kondensatorplatten steht. Dieses Ergebnis ist eine Folgerung aus der Theorie der elektrostatischen Felder und kann im Rahmen der hier dargelegten Betrachtungen nicht hergeleitet werden. Alle oben angegebenen Beziehungen zwischen den Feldern für den Fall anisotroper Dielektrika gelten auch in der Vektorform (s. (1.11)). Die Beziehungen zwischen den Feldern sind in Abb. 10 graphisch dargestellt.

Reale dielektrische Kristalle enthalten immer Fehler im Kristallaufbau, Verunreinigungen u. ä. Dadurch wird es möglich, auf Grund bestimmter Prozesse eine elektrische Polarisation zu erzeugen. Diese Prozesse heißen Relaxationsprozesse und sind mit dem schrittweisen Einstellen einer bestimmten Anordnung der Fehler und Verunreinigungen unter der Wirkung eines äußeren elektrischen Feldes verknüpft. Bei einer Reihe von Dielektrika (Glas, keramische Dielektrika u. a.) ist die Polarisation durch Relaxationsprozesse sogar wesentlicher als die Polarisation durch eine Ladungsverschiebung. Dadurch ist es möglich, interessante und nützliche Erscheinungen zu beobachten, zum Beispiel die Formierung von Elektreten (s. Abschn. 5). Für nicht sehr reine Kristalle ist die Polarisation durch Relaxationsprozesse auch wesentlich. Ihre absolute Größe kann die der Polarisation durch Verschiebung beträchtlich übersteigen.

Verunreinigungen und Defekte schaffen günstige Bedingungen für eine Vergrößerung der elektrischen Leitfähigkeit der Kristalle. Selbstverständlich wird durch die elektrische Leitfähigkeit (besonders bei Wechselfeldern) die Energiedissipation im Dielektrikum (die dielektrischen Verluste) ermöglicht. Aber diese Erscheinung hängt häufig nicht mit den Prozessen zusammen, die die grundlegenden Eigenschaften der kristallinen Dielektrika direkt bestimmen. Deshalb werden wir sie nicht betrachten.

1.3. Kristall als elektrische Batterie. Spontane Polarisation

Einen Dauermagneten kennt jeder. Im besonderen kann der Dauermagnet aus Kristallen von Eisen, Nickel, Kobalt u. a. bestehen. Dieser Magnetismus (Ferromagnetismus) wird durch eine geordnete Verteilung der magnetischen Momente der Elektronen hervorgerufen. Sie bilden einen magnetischen Zustand im Kristall, seine spontane (freiwillige) Magnetisierung. Das Wort „spontan" bringt hier zum Ausdruck, daß der Kristall magnetisiert sein kann, ohne daß ein äußeres magnetisches Feld vorhanden ist. Die Teilchen, aus denen ein Dielektrikum besteht (Elektronen, Protonen und Neutronen), tragen bekanntlich keine elementaren elektrischen Momente (Dipole). Deshalb darf man auf Grund einer Analogiebetrachtung eigentlich nicht erwarten, daß in der Natur Substanzen vorkommen, die eine spontane elektrische Polarisation haben. In der Natur existieren jedoch solche Substanzen, obwohl sie weniger bekannt sind und weniger untersucht wurden als die Ferromagnetika.

Die Teilchen, aus denen die Materie aufgebaut ist (speziell auch die Dielektrika), tragen elektrische Ladungen. Diese Ladungen können zwei verschiedene (entgegengesetzte) Vorzeichen haben, plus und minus. Ein Elektron zum Beispiel trägt die Ladung $-e = 4{,}8 \cdot 10^{-10}$ elektrostatische Ladungseinheiten. Die Ladung eines Protons hat den gleichen Betrag, ist aber positiv. Es ist nicht schwer zu sehen, daß man durch eine geordnete Verteilung geladener Teilchen mit entgegengesetzten Vorzeichen eine elektrische Polarisation erhalten kann. Den einfachsten Fall, den elektrischen Dipol, haben wir schon betrachtet. In der Struktur einiger Dielektrika existieren tatsächlich solche elektrische Dipole, und wenn sie in einer Richtung orientiert sind, ist der Kristall spontan polarisiert. Wie im Fall des Magnetismus, bedeutet das Wort „spontan" (freiwillig), daß der Kristall (im gegebenen Fall) ohne äußeres elektrisches Feld polarisiert ist.

Damit bewahrt auch hier die Natur formal die Analogie zwischen den magnetischen und den elektrischen Erscheinungen. Neben dem Dauermagneten kann auch ein Dauer-„elektrikum“ existieren, d. h. eine Substanz, die die Eigenschaften einer elektrischen Batterie oder eines künstlich geladenen Kondensators hat. Die mit der spontanen Polarisation verbundenen Ladungen erzeugen dabei ein äußeres elektrisches Feld (Abb. 12a). Der Unterschied

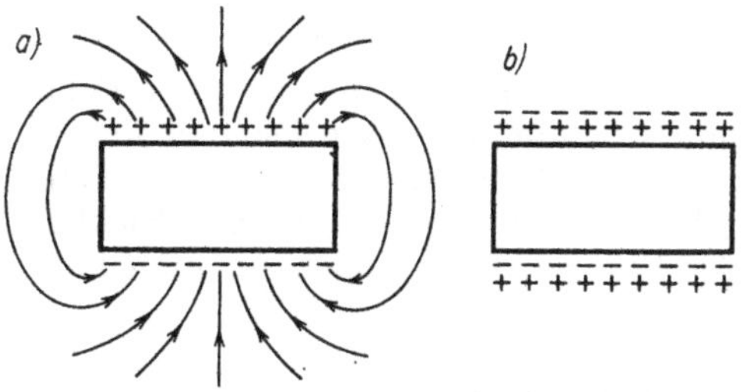

Abb. 12. Spontan polarisiertes Dielektrikum

a — Feld der spontanen Polarisation beim Fehlen neutralisierender Ladungen; *b* — die spontane Polarisation ist durch äußere freie Ladungen neutralisiert

zwischen den Substanzen, die eine spontane Magnetisierung zeigen, und denen, die eine spontane Polarisation haben, besteht jedoch nicht nur in der unterschiedlichen Natur (Ursprung) dieser Zustände. Ist die spontane Magnetisierung einmal entstanden, bleibt sie (im allgemeinen unter bestimmten aber durchaus normalen Bedingungen) beliebig lange bestehen, während sich der polarisierte Zustand, auch unter normalen Bedingungen, ziemlich schnell verliert (wenigstens nach außen hin). Das geht folgendermaßen vor sich: Wegen der inneren (endlichen) Leitfähigkeit eines beliebigen Dielektrikums können die Ladungen zu der Oberfläche vordringen, auf der sich die mit der spontanen Polarisation zusammenhängenden Ladungen entgegengesetzten Vorzeichens befinden, und letztere neutralisieren. Noch schneller können die Ladungen der spontanen Polarisation durch freie Ladungen kompensiert werden, die in der Atmosphäre praktisch immer vorhanden sind. Dadurch wird die oben erwähnte elektrische Batterie, mit der wir den polarisierten Kristall verglichen haben, schnell entladen (Abb. 12b). Die spontane Polarisation des Dielektrikums geht dabei natürlich nicht verloren, sondern sie wird durch das entgegengesetzt gerichtete Feld der freien Ladungen kompensiert. Entfernt man diese Ladungen, kann man wieder die spontane Polarisation beobachten.[1])

Zwei Typen von Dielektrika, die eine spontane Polarisation zeigen, sind bekannt, die Pyroelektrika und die Ferroelektrika. In den Pyroelektrika zeigen die elektrischen Dipole aller Elementarzellen[2]) in eine Richtung (Abb. 13a). In der Ferroelektrika finden wir die einheit-

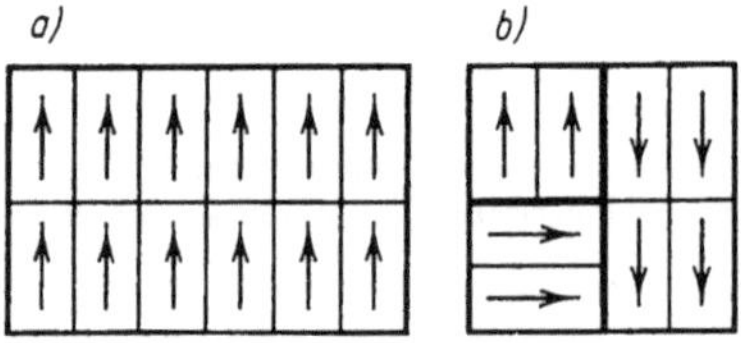

Abb. 13. Schematische Orientierung der Dipole in den Elementarzellen
a — lineares Pyroelektrikum; *b* — Ferroelektrikum

liche Ausrichtung der Dipole der Elementarzellen nur innerhalb einer Domäne vor, während die Dipole der Domänen in verschiedene Richtungen zeigen (Abb. 13b). Folglich ist der Begriff „Pyroelektrikum" umfassender,

---

[1]) Magnetische Erscheinungen beruhen bekanntlich auf der Bewegung elektrischer Ladungen. Magnetische Ladungen gibt es in der Natur nicht, und deshalb kann eine spontane Magnetisierung nicht „neutralisiert" werden.

[2]) Der Einfachheit halber werden wir nur einen resultierenden Dipol betrachten und nicht alle elementaren Dipole der Elementarzellen.

und die Ferroelektrika sind Pyroelektrika, die in Domänen zerfallen sind.

Unter Pyroelektrika im eigentlichen Sinne dieses Wortes, versteht man lineare Dielektrika, die eine spontane Polarisation haben. Das Wort „linear“ bedeutet hier, daß in diesen Dielektrika die Polarisation linear (direkt proportional) vom Feld abhängt:

$$P = \alpha E. \tag{1.16}$$

Für die nichtlinearen Dielektrika (zum Beispiel die Ferroelektrika) ist diese Abhängigkeit nicht linear, und die Polarisierbarkeit α hängt von der Größe des Feldes E ab:

$$P = \alpha(E)\, E. \tag{1.17}$$

Die pyroelektrischen Kristallklassen kann man mit Hilfe von Symmetriebetrachtungen finden. Hat nämlich ein Kristall eine spontane Polarisation, so ist deren Richtung vollständig bestimmt (das heißt, sie ist einmalig) und polar. Folglich entspricht die Polarisation im Kristall einer singulär-polaren Richtung. Das bedeutet selbstverständlich, daß Kristalle, die eine spontane Polarisation haben, der Symmetrie nach zu einer der zehn polaren Klassen gehören muß. Diese Klassen sind folgende: 1, 2, 3, 4, 6, *m*, *mm*2, 3*m*, 4*mm* 6*mm*.

Daß der Kristall der Symmetrie nach zu einer der zehn genannten Klassen gehört, sagt noch nicht, daß er unbedingt eine spontane Polarisation hat. Nicht nur die spontane Polarisation wird durch einen polaren Vektor beschrieben, und es kann passieren, daß irgendeine andere Eigenschaft des Kristalls dafür verantwortlich ist, daß in ihm eine singulär-polare Richtung entstand. Schließlich sei noch bemerkt, daß in der Praxis alle dielektrischen Kristalle, die zu einer der polaren Klassen gehören, stets eine spontane Polarisation haben.

Die typischsten linearen Pyroelektrika sind Turmalin (ein Aluminiumborosilikat, $NaMg[Al_3B_3 \cdot Si_6(OOH)_{30}]$),

Zucker ($C_{12}H_{22}O_{11}$), Lithiumsulfat ($Li_2SO_4 \cdot H_2O$) und weinsaures Kalium ($K_2C_4H_4O_6 \cdot {}^1/_2 H_2O$). Der bereits kurz betrachtete Turmalinkristall (Seite 25) gehört zum rhomboedrischen System (Klasse $3m$). Die Richtung der spontanen Polarisation fällt hier mit der Achse dritter, Ordnung zusammen. Die Kristalle vom Lithiumsulfat, von Zucker und vom weinsauren Kalium gehören zum monoklinen System (Klasse 2). Die Achse zweiter Ordnung in diesen Kristallen bestimmt als singulär-polare Achse die Richtung der spontanen Polarisation.

Den absoluten Betrag der spontanen Polarisation der Kristalle kann man mit Hilfe folgender Überlegungen abschätzen. Wie bereits bewiesen wurde, ist die Polarisation eines Kristalls (also auch die spontane Polarisation) der Ladungsdichte an der Oberfläche zahlenmäßig gleich. Im Grenzfall ist sie der Gesamtladung aller Elektronen (oder Protonen) gleich, wenn sich diese auf der Oberfläche der Elementarzellen des Kristalls befinden. Somit genügt es in dem sehr einfachen Fall der Alkalihalogenidkristalle, die Anzahl N von Gitterpunkten pro cm^2 zu zählen[1]) (Abb. 14):

$$N = 1/a^2, \tag{1.18}$$

wobei a der Gitterparameter ist. Für die Alkalihalogenidkristalle ist $a = 6 \cdot 10^{-8}$ cm. Demnach ist $N \cong 3 \cdot 10^{14}$ cm^{-2}. Die Dichte der Oberflächenladung, die den Grenzwert der (spontanen) Polarisation bestimmt, ist in diesem Fall gleich $\sigma = P_{sp} = N \cdot e = 3 \cdot 10^{14} \cdot 4{,}8 \cdot 10^{-10} \cong 1{,}2 \times 10^5$ el. stat. Einh./cm^2. Normalerweise gibt man die spontane Polarisation in Mikrocoulomb (Millionstel Coulomb pro cm^2 ($\mu C/cm^2$) an, $1\,\mu C = 3 \cdot 10^3$ ESE (1 ESE = (1 elektrostatische Ladungseinheit $= {}^1/_3\, 10^{-3}\,\mu C$) und folglich ist $\sigma = 40\,\mu C/cm^2$.

---

[1]) Jeder dieser Gitterpunkte trägt eine Ladung, die gleich der Elektronenladung ($e = 4{,}8 \cdot 10^{-10}$ ESE) ist. Es sei bemerkt, daß die Alkalihalogenidkristalle eine kubische Struktur haben und keine Pyroelektrika sein können. Hier werden sie ihrer sehr einfachen Struktur wegen betrachtet.

In Abschn. 2 wird die Größe von P_{sp} für Bariumtitanat ($BaTiO_3$) angegeben. Bariumtitanat ist ein Kristall, dessen Struktur in vielen Beziehungn der des NaCl ähnlich ist. Die Messung der spontanen Polarisation der linearen Dielektrika ist ziemlich schwierig, da die Ladungen von P_{sp} unter normalen Bedingungen schnell

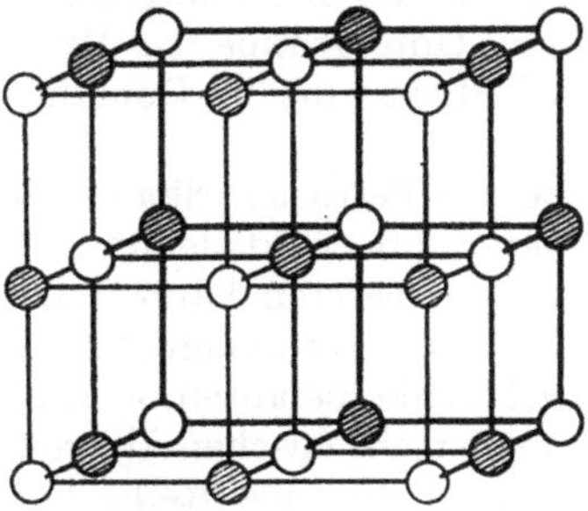

Abb. 14. Kristallgitter des NaCl

neutralisiert werden. Um das zu umgehen, wurde zum Beispiel versucht, die Oberflächenladung auf einem Turmalinkristall zu messen, der kurz vorher senkrecht zur Achse dritter Ordnung gespalten wurde. Dabei erhielt man jedoch viel zu kleine Werte für P_{sp} (wegen Ladungsverlusten, Unebenheiten der Spaltflächen usw.). Die Größe der spontanen Polarisation von linearen Pyroelektrika kann man auch mittelbar über den piezoelektrischen Effekt (s. Abschn. 4) bestimmen. Solche Messungen ergeben folgende Werte für P_{sp} bei Zimmertemperatur[1] (in $\mu C/cm^2$): Turmalin — 17; Lithiumsulfat — 6; weinsaures Kalium — 86. Diese Werte liegen in der Nähe der oben für P_{sp} abgeschätzten Größe.

[1] Die spontane Polarisation der Kristalle hängt von ihrer Temperatur ab (s. Abschn. 3, pyroelektrischer Effekt).

2. Ferroelektrika

2.1. Allgemeine Daten

Ferroelektrika sind spontan polarisierte Dielektrika, die aus Domänen bestehen. Formal gesehen, sind die Ferroelektrika das elektrische Analogon der Ferromagnetika, stellen aber in Wirklichkeit eine Untergruppe der Pyroelektrika dar: Sie sind Pyroelektrika, die in Domänen zerfallen.

Noch bis vor kurzem war über die Ferroelektrika nichts bekannt, ja es war sogar unklar, ob ein dielektrisches Analogon des Ferromagnetismus existieren kann.[1]) Die ersten Arbeiten, die sich mit den zum Ferromagnetismus analogen Eigenschaften der Dielektrika befaßten, wurden offenbar im Jahre 1921 von dem tschechischen Wissenschaftler VALASCHEK durchgeführt, der eine Reihe von Anomalien des Seignettesalzes ($KNaC_4H_4O_6 \cdot 4\,H_2O$) untersuchte. In den dreißiger Jahren wurden diese Arbeiten von Physikern des Leningrader Physikalisch-Technischen Institutes (J. W. KURTSCHATOW, P. P. KOBEKO u. a.) erfolgreich fortgesetzt. Von J. W. KURTSCHATOW ist die Bezeichnung Seignetteelektrika bzw. Seignetteelektrizität eingeführt worden.[2]) Wesentlich stimuliert wurden die Arbeiten über Ferroelektrika durch die Untersuchungen von B. M. WUL, der im Jahre 1944 einen neuen Typ von anorganischen Ferroelektrika — das Bariumtitanat ($BaTiO_3$) — entdeckte.

Offensichtlich ist der polarisierte Zustand in den Kristallen dann stabil, wenn er gegenüber dem unpolarisierten Zustand energetisch günstiger ist. Dabei muß man beim polarisierten Zustand nicht nur die Energie des Kristallgitters, sondern auch die Energie des äußeren Feldes,

---

[1]) Starker Magnetismus (Ferromagnetismus) ist bereits viele Jahrhunderte bekannt.

[2]) In der russischsprachigen Literatur wird auch heute für die Ferroelektrika die Bezeichnung Seignetteelektrika verwendet. (Anm. d. dtsch. Herausgebers).

das durch die Polarisationsladungen erzeugt wird, berücksichtigen (vgl. Abb. 12a).

Bei den linearen Pyroelektrika ist der spontan polarisierte Zustand immer stabil, d. h. bei allen Temperaturen (bis zur Zerstörung des Kristalles infolge Erwärmung). Bei den Ferroelektrika existiert der spontan polarisierte Zustand nur in einem bestimmten Temperaturintervall. In diesem Temperaturintervall besitzen die ferroelektrischen Kristalle in der Regel verschiedene kristalline (strukturelle) Modifikationen, von denen nicht alle eine spontane Polarisation aufweisen. Die Strukturänderung eines solchen Kristalles, die von dem Entstehen (Verschwinden) einer spontanen Polarisation begleitet wird, bezeichnet man als Phasenübergang und die entsprechende Temperatur als kritische Temperatur, Umwandlungstemperatur oder CURIE-Temperatur. In dem Gebiet des Phasenüberganges zeigen fast alle Kristalleigenschaften (elektrische, optische, mechanische u. a.) ein anomales Verhalten und ändern sich stark.

Wie bereits bemerkt wurde, zerfällt das spontan polarisierte Ferroelektrikum in Domänen. Allgemein gesprochen, besteht die Ursache dieser Erscheinung darin, daß die freie Energie infolge der Domänenbildung verringert wird, da die Energie des elektrostatischen Feldes der spontanen Polarisationsladungen abnimmt. Die Aufteilung in Domänen kann jedoch nicht unbegrenzt fortgesetzt werden, weil für die Bildung der Grenzen zwischen den Domänen eine bestimmte Energie erforderlich ist. Offenbar bricht die Aufteilung in weitere Domänen dann ab, wenn der Energiegewinn durch die Verringerung der Energie des elektrostatisches Feldes gleich der Energie ist, die für die Bildung weiterer Domänenwände notwendig ist. Diese Überlegungen sind für einen offenen Kristall richtig. Jedoch muß auch ein in sich geschlossener Kristall allein deswegen in Domänen zerfallen, weil in verschiedenen Teilen des Kristalles die Keime der spontan polarisierten Gebiete unterschiedliche Orientierungen besitzen.

Die Aufteilung der Ferroelektrika in Domänen bedingt eine Reihe ihrer nichtlinearen Eigenschaften, in erster Linie die nichtlineare Abhängigkeit der von einem äußeren Feld erzeugten elektrischen Polarisation von der Stärke dieses Feldes. Die Ursache besteht darin, daß die Polarisationsrichtung in den Domänen der Ferroelektrika durch das äußere Feld umgekehrt werden kann (die Domänen werden umorientiert). Diese Umorientierung geht für verschiedene Domänen bei unterschiedlichen äußeren Feldern vor sich. Beim Vergleich der linearen Pyroelektrika mit den Ferroelektrika wird mitunter besonders betont, daß bei den letzteren eine Umorientierung der Domänen möglich und bei ersteren unmöglich sei. Solch eine Gegenüberstellung ist nur bedingt sinnvoll, weil lineare Pyroelektrika nur aus einer „Domäne“ bestehen, und ihre Polarisation tatsächlich durch ein äußeres Feld nicht umorientiert werden kann.

Von der hier beschriebenen Position aus betrachtet, gibt es keinen prinzipiellen Unterschied in der Natur (in den Entstehungsursachen) der spontanen Polarisation in den linearen Pyroelektrika und den Ferroelektrika. Einen Unterschied kann man jedoch erkennen, wenn man von der Kristallstruktur und Kristallsymmetrie ausgeht. In den Ferroelektrika ist es möglich, die Polarisation aus der ursprünglichen in die entgegengesetzte Richtung zu drehen. Das bedeutet, daß in dem ferroelektrischen Kristall diese beiden Richtungen gleichwertig sind und bereits vor der Entstehung einer spontanen Polarisation vorhanden sind. Demgegenüber folgt aus der Nichtumkehrbarkeit von P_{sp} in den linearen Pyroelektrika, daß diese Richtungen bereits vor der Entstehung einer spontanen Polarisation nicht äquivalent waren. Somit erzeugt die spontane Polarisation in ferroelektrischen Kristallen eine singuläre polare Richtung, während sie in den Pyroelektrika lediglich bestätigt, daß diese Richtung bereits im Kristall (ohne Polarisation) eine singuläre polare Richtung ist. Nicht unbedingt entsteht in linearen Pyroelektrika erst eine spontane Polarisation, nachdem eine bestimmte polare Richtung entstanden ist. Diese Vorgänge können gleichzeitig ablaufen. Offensichtlich ist aber in den linearen Pyroelektrika die Entstehung einer spontanen Polarisation nicht die Ursache für das Auftreten einer polaren Richtung. Die spontane Polarisation ist umgekehrt in diesem Fall die Folge anderer Erscheinungen, die zur Entstehung einer polaren Richtung führen.

In den fünfziger Jahren wurden Substanzen entdeckt, die einerseits eine Reihe von Eigenschaften ähnlich den Ferroelektrika, andererseits aber auch viele wesentliche Besonderheiten besaßen. Es handelt sich um die Antiferroelektrika.[1]) Sie sind ebenfalls nichtlineare Dielektrika, obgleich ihre Nichtlinearität von der der Ferroelektrika stark verschieden ist. In struktureller Hinsicht besteht die Besonderheit der Antiferroelektrika darin, daß bei ihnen bereits in benachbarten Elementarzellen die Dipole antiparallel orientiert sind. Bei den Ferroelektrika kann solch eine antiparallele Orientierung für die Domänen auftreten (vgl. Abb. 13b). Anschaulich gesprochen sind die Ausdehnungen der „Domänen"[2]) bis zur Größe der Elementarzellen reduziert. Die Gesamtheit der Zellen mit antiparallel orientierten „Domänen" bilden in den Antiferroelektrika eine Überstruktur-Elementarzelle.

Somit kann der polare Zustand in Kristallen vom ferroelektrischen und antiferroelektrischen Typ sein.[3]) Ein und derselbe Stoff kann bei einer bestimmten Temperatur ferroelektrisch und bei einer anderen antiferroelektrisch sein. Auf diese Phasen (Modifikationen) kann der sogenannte paraelektrische Zustand folgen. Dabei handelt es sich um einen nichtpolaren Zustand. Er wird (unglück-

---

[1]) Diesen Stoffen sind die Antiferromagnetika formal analog.

[2]) Antiferroelektrika besitzen ebenfalls Domänen (ohne Anführungsstriche). Zu ihnen kommen wir weiter unten.

[3]) Es sind auch Stoffe bekannt, die differenzierte strukturelle Besonderheiten besitzen. Speziell findet man in einigen Dielektrika ferroelektrische Eigenschaften in der einen Richtung und antiferroelektrische in der anderen. Im weiteren verstehen wir unter dem Begriff *Ferroelektrika* sowohl Ferroelektrika als auch Antiferroelektrika.

lich) als paralelektrisch bezeichnet in Analogie zum paramagnetischen Zustand einiger Magnetika, die durch die Ausrichtung der magnetischen Momente magnetisiert werden können. Die magnetischen Momente existieren dabei jedoch unabhängig von der Ausrichtung. In den Paraelektrika sind dagegen keine elektrischen Dipole vorhanden. Sie werden aber beim Anlegen eines äußeren Feldes polarisiert.

Noch vor kurzem war der ferroelektrische Zustand nur bei einigen wenigen Kristallen bekannt und wurde als eigenartige Kuriosität betrachtet. Gegenwärtig kennt man mehr als hundert Substanzen, die ferroelektrische Eigenschaften besitzen, und die Zahl der ferroelektrischen festen Lösungen ist noch wesentlich größer. Die Ferroelektrika finden in den verschiedensten Gebieten der Wissenschaft und Technik eine breite Anwendung. Im folgenden werden anhand der wichtigsten und am besten untersuchten Ferroelektrika ihre Struktur und Eigenschaften beschrieben.

2.2. Struktur der Ferroelektrika

Die spontane Polarisation ist eng mit der atomaren Struktur der Kristalle verbunden und wird letztlich durch diese Struktur und den Bindungscharakter zwischen den Teilchen bestimmt.

Die Teilchen, aus denen die Ferroelektrika aufgebaut sind, besitzen keine elementaren Dipole. Daher muß man zwangsläufig die Anwesenheit einer spontanen Polarisation in einem Kristall mit der konkreten Kristallstruktur in Verbindung bringen.

Die zuerst gefundenen Ferroelektrika wie das Seignettesalz und andere Tartrate (Salze der Weinsäure), Kaliumdihydrogenorthophosphat (KH_2PO_4) und zu ihm isomorphe Verbindungen besitzen eine recht komplizierte Struktur. Es ist zu beachten, daß man nicht nur die allgemeinen Strukturdaten über die Lage der Atome im

Gitter kennen muß, sondern auch (und das ist wichtiger) die Art und die Ursachen der Strukturänderung, die zur Entstehung einer spontanen Polarisation führen. Es genügt zu bemerken, daß die Struktur des Seignettesalzes (des ersten bekannten Ferroelektrikums) und der Mechanismus, der zur Entstehung der spontanen Polarisation führt, erst in allerjüngster Zeit mit Hilfe von Röntgen- und Neutronenstreuung aufgeklärt werden konnte.

Die Zugehörigkeit der ersten Ferroelektrika zu den organischen Verbindungen war der Grund, warum man die Wasserstoffbindungen als Ursache für die spontane Polarisation betrachtete. Die Wasserstoffbindung ist eine der Strukturbesonderheiten einiger Verbindungen (meist organischer) und entspricht dem Fall, in dem sich einzelne Struktureinheiten mit Hilfe der Wasserstoffatome „stabilisieren". In den Ferroelektrika mit Wasserstoffbindungen geht das einzige Elektron des Wasserstoffs zum Sauerstoffatom über.[1]) Das Proton befindet sich dabei nicht in der Mitte zwischen den Sauerstoffatomen (Sauerstoff, Stickstoff u. a.), sondern verschiebt sich etwas in Richtung eines dieser Atome. Offensichtlich bildet sich bei solch einer Anordnung der Struktureinheiten ein elektrischer Dipol.

Die spontane Polarisation in Verbindungen mit Wasserstoffbindungen resultiert nicht durch eine einfache Summation der obigen Dipole. Die spontane Polarisation entsteht, wie sich zeigt, im Ergebnis einer bestimmten Ordnung der Wasserstoffbindungen (d. h. einer Ordnung der Protonenlagen.) Durch sie entsteht eine spontane Polarisation P_{sp}. Die Richtung von P_{sp} fällt dabei nicht mit der Verschiebungsrichtung der Protonen (Ordnungsrichtung) zusammen, sondern liegt senkrecht zu ihr.

Wir betrachten jetzt die Struktur eines Ferroelektrikums mit Wasserstoffbindungen und ihre Änderung beim

---

[1]) Anstelle des Sauerstoffes in den Wasserstoffbindungen können auch Stickstoff, Fluor und andere Atome treten (OH...O, NH...O, FH...O).

Phasenübergang, bei dem eine spontane Polarisation auftritt, am Beispiel des KH_2PO_4(KDP). Die Kristalle des KDP (Kaliumdihydrogenorthophosphat) gehören zur Klasse $\bar{4}2m$ des tetragonalen Systems. Der Kristall besitzt eine Drehspiegelachse vierter Ordnung (die *c*-Achse des Grundparallelepipedes und der Elementarzelle), zwei Symmetrieebenen, die durch die Achse gehen, und zwei Symmetrieachsen zweiter Ordnung (die Achsen *a* und *b* des Grundparallelepipedes) senkrecht zur Achse $\bar{4}$. Bei Zimmertemperatur und darüber (bis zur Zerstörung) ist der Kristall nicht ferroelektrisch, sondern paraelektrisch. Die ferroelektrische Modifikation entsteht im Kristall erst bei $-150\,°C$ und existiert unterhalb dieser Temperatur.

Bei der Modifikation des KDP, die bei Zimmertemperatur vorliegt, ist jedes Phosphoratom von vier Sauerstoffatomen umgeben, die sich in den Ecken eines nahezu regulären Tetraeders befinden, das leicht in Richtung der $c(\bar{4})$-Achse gestaucht ist. Diese PO_4-Gruppen und die Kaliumatome sind so angeordnet, daß die K- und P-Atome um eine halbe Gitterperiode entlang der *c*-Achse (d. h. um $^c/_2$) voneinander entfernt sind. Jede PO_4-Gruppe ist mit Wasserstoffbrücken verbunden, die relativ zu jenen um den Abstand $^c/_4$ entlang der *c*-Achse verschoben sind. Diese Brücke bildet sich zwischen dem „oberen" Sauerstoffatom der einen PO_4-Gruppe und dem „anderen" Sauerstoffatom der benachbarten PO_4-Gruppe. Die Wasserstoffbrücken liegen nahezu genau senkrecht zur *c*-Achse. In der Nachbarschaft jeder PO_4-Gruppe befinden sich (von vier) nur zwei Wasserstoffatome. In der paraelektrischen Modifikation (insbesondere bei Zimmertemperatur) sind die Wasserstoffatome ungeordnet und springen stochastisch zwischen zwei Gleichgewichtslagen hin und her, die 0,5 Å voneinander entfernt sind. Für einen bestimmten Zeitpunkt erhält man dann eine analoge Struktur wie in Abb. 15a dargestellt. Ein Dipolmoment entlang der *c*-Achse kann in diesem Fall nicht entstehen.

Beim Phasenübergang (—150 °C) ändert sich die Struktur des KH_2PO_4 nicht wesentlich. Es tritt lediglich eine bestimmte Ordnung der Wasserstoffatome in den oben beschriebenen Wasserstoffbrücken ein. Diese Ordnung besteht darin, daß sich unterhalb dieser Temperatur

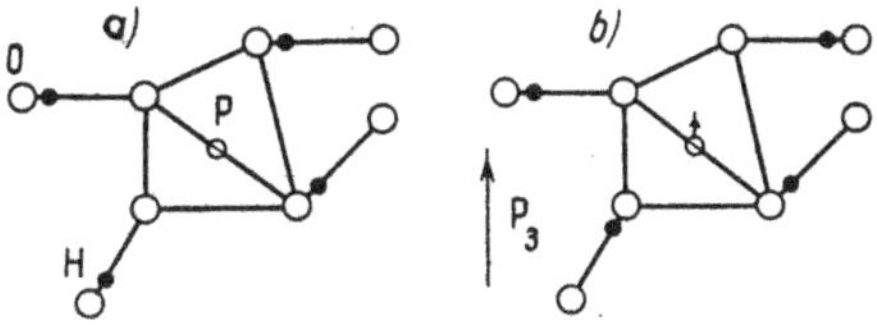

Abb. 15. Die Struktur des Kaliumhydrogenphosphates (KH_2PO_4).
a) Konfiguration der Gruppe (H_2PO_4) (kein Dipolmoment in *c*-Richtung) b) Konfiguration der Gruppe (H_2PO_4), bei der ein in *c*-Richtung orientiertes Dipolmoment auftritt (der Pfeil beim Phosphoratom zeigt die Verschiebungsrichtung dieses Atomes an)

beide Wasserstoffatome (Protonen) bei den „oberen" oder „unteren" Sauerstoffatomen entweder in der Nähe oder weiter entfernt befinden. Den zwei verschiedenen möglichen Varianten solch einer Ordnung (eine davon ist in Abb. 15b wiedergegeben) entsprechen die zwei entgegengesetzten Richtungen der spontanen Polarisation („auf" und „ab" zur *c*-Achse). Innerhalb einer Domäne ist die spontane Polarisation aller Elementarzellen einheitlich ausgerichtet und in den Nachbardomänen jeweils entgegengesetzt.

Die Ordnung der Wasserstoffbrücken in der Struktur (sie geschieht, wie bereits angemerkt, senkrecht zur *c*-Achse) spielt die Rolle des „Zündschlüssels". Bei dieser Ausbildung der Ordnung erhalten die PO_4-Tetraeder ein Dipolmoment, das in Richtung der *c*-Achse orientiert ist und durch eine Verschiebung der Phosphoratome aus den Tetraederzentren verursacht wird. Befinden sich die Wasserstoffatome im geordneten Zustand, so erfahren auch die K-Atome eine Verschiebung. Es konnte gezeigt werden, daß die Richtung der spontanen Polarisation mit der Verschiebung des P-Atoms zusammenfällt und entgegengesetzt zur Verschiebung des K-Atomes ist. Die entstehende spontane Polarisation macht die $\bar{4}$-Achse im Kristall zu einer singulären polaren Achse zweiter Ordnung (bei Verlust von zwei Achsen zweiter Ordnung senkrecht zur c-Achse) und ein Eindomänenkristall (bei dem alle Domänen in einer Richtung orientiert sind) erhält die Symmetrieklasse $mm2$ eines rhombischen Systems, d. h. er geht von einer tetragonalen in eine rhombische Symmetrie über. Die quadratische Elementarzelle (senkrecht zur c-Achse) geht dabei von einem Quadrat in ein Rhomboeder über (Abb. 16).

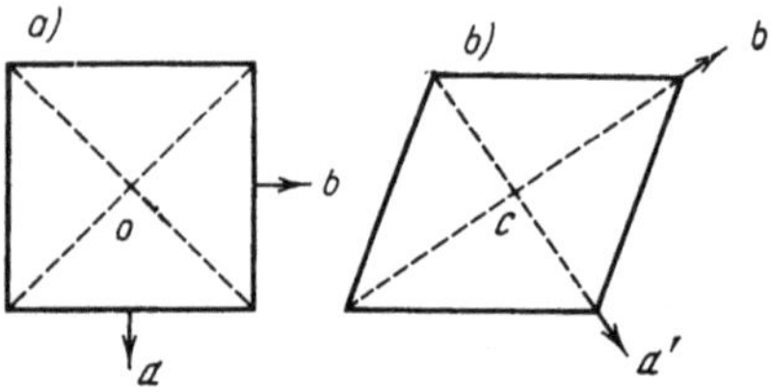

Abb. 16. Blick auf die Elementarzelle der KH_2PO_4-Struktur in Richtung der c-Achse; a — oberhalb der CURIE-Temperatur, b — unterhalb der CURIE-Temperatur

Außer KDP besitzen die Dihydrogenphosphate und Dihydrogenarsenate des Kaliums, Caesiums und Rubidiums (KH_2AsO_4, RbH_2PO, PbH_2AsO_4, CsH_2PO_4, CsH_2AsO_4) und auch Verbindungen, bei denen der Sauerstoff durch Deuterium D ersetzt ist (KD_2PO_4, PbD_2PO_4 usw.), ferroelektrische Eigenschaften. Alle diese Ferroelektrika haben die gleiche Struktur und Symmetrie (mit entsprechender Ersetzung der analogen Atome) wie KH_2PO_4. Die spontane Polarisation entsteht in diesen Verbindungen bei unterschiedlichen Temperaturen (von -180 bis $+50\,°C$) entlang der c-Achse. Der Übergangsmechanismus ist der gleiche — die Ausbildung der Ordnung für die Protonen (Deuteronen) in den Wasserstoffbrücken.

Die betrachtete Ordnung der Protonen in den Wasserstoffbrücken in den KH_2PO_4-Strukturen kann als lineare Ordnung bezeichnet werden. Sie führt zur Entstehung einer spontanen Polarisation bei einer großen Zahl von ferroelektrischen (und antiferroelektrischen) Verbindungen, die unterschiedliche und manchmal sehr komplizierte Strukturen besitzen, so z. B. $(NH_2CH_2COOH)_3 \cdot H_2SO_4$, $C(NH_2)_3 \cdot AlSO_4 \cdot 6H_2O$, $(CH_3NH_3 \cdot AlSO_4)_2 \cdot 12H_2O$ und andere.

Die lineare Ordnung der Protonen in den Wasserstoffbrücken ist ein Fall von Ordnung relativ einfacher Strukturelemente. In einigen Verbindungen entsteht die spontane Polarisation durch Ordnungsbildung der Radikale, die infolge ihrer behinderten Rotation vor sich geht. Dieser Ordnungstyp tritt z. B. im ersten Ferroelektrikum, dem Seignettesalz ($KNaC_4H_4O_6 \cdot 4H_2O$) und anderen Tartraten ($NH_4NaC_4H_4O_6 \cdot H_2O$, $LiTeC_4H_4O_6 \cdot H_2O$) usw. auf. Durch die Ordnung der Radikale entsteht in Kaliumnitrat (KNO_3), Natriumnitrit ($NaNO_2$) und einigen anderen Verbindungen, die überhaupt keine Wasserstoffbindungen besitzen, eine spontane Polarisation.

Es sind auch Antiferroelektrika mit sich ordnenden Strukturelementen bekannt. Eins davon ist das Ammoniumdihydrogenphosphat ($NH_4H_2PO_4$). Dieser Kristall besitzt bei Zimmertemperatur die gleiche Struktur wie KH_2PO_4 (nur das Kalium ist durch Ammoniak ersetzt). Bei einer Temperatur von —123 °C gehen im Kristall die Wasserstoffbrücken in einen geordneten Zustand — analog wie in Abb. 15b — über. Die Antipolarisation (entgegengesetzte Polarisationsrichtungen in benachbarten Elementarzellen) ist in diesem Fall in Richtung der Achse *a* (oder *b*) des Kristalles, d. h. senkrecht zur *c*-Achse orientiert. Die Elementarzelle wird dabei größer und besteht aus mehreren Elementarzellen der paraelektrischen Phase. Ein Verzeichnis einiger Ferroelektrika und Antiferroelektrika mit sich ordnenden Strukturelementen ist in Tab. 2 zusammengestellt.

Ferroelektrika (und Antiferroelektrika) mit sich ord-

Tabelle 2. Ferroelektrika und Antiferroelektrika mit Phasenübergängen, bei denen sich bestimmte Strukturelemente ordnen

Chemische Formel	Verbindung	CURIE-Temperatur in °C	Bemerkungen
KH_2PO_4	Kaliumdihydrogenphosphat	−151	–
KD_2PO_4	Kaliumdeuteriumphosphat	− 60	–
KH_2AsO_4	Kaliumdihydrogenarsenat	−176	–
RbH_2PO_4	Rubidiumdihydrogenphosphat	−127	–
RbH_2AsO_4	Rubidiumdihydrogenarsenat	−162	–
CsH_2AsO_4	Cäsiumdihydrogenarsenat	−130	–
$NH_4H_2PO_4$	Ammoniumdihydrogenphosphat	−125	Antiferroelektrikum
$NaKC_4H_4O_6 \times 4H_2O$	Seignettesalz	+ 24 u. − 18	–
$(CH_2NH_2COOH)_3 \times H_2SO_4$	Triglyzinsulfat (TGS)	49	–
$C(NH_2)Al(SO_4)_2 \times 6H_2O$	Guanidinaluminosulfat (GAS)		Phasenübergang wird nicht beobachtet
$(NH_3CH_3)Al(SO_4)_2 \times 12H_2O$	Aluminiummethylammoniumalaune	− 97	–
$(NH_4)_2SO_4$	Ammoniumsulfat	− 49	–
$LiH_3(SeO_3)_2$	Selensaures Lithium	− 79	–
CSN_2H_4	Thioharnstoff	−104, −97, − 93, −71	–
$NaNO_2$	Natriumnitrit	165	–

nenden Strukturelementen bilden die erste Gruppe. Zur zweiten Gruppe gehören die sogenannten Ferroelektrika (und Antiferroelektrika) mit einer Struktur vom Sauerstoffoktaedertyp. In den Ferroelektrika dieser Gruppe entsteht als Ergebnis einer Strukturänderung eine spontane Polarisation infolge einer Verschiebung bestimmter Ionen, die entlang der Verschiebungsrichtung orientiert ist. Eine strukturelle Besonderheit der Ferroelektrika vom Sauerstoffoktaedertyp besteht in der Anwesenheit von

Sauerstoffoktaedern, in deren Inneren sich eines der Kationen (Ti, Nb, Ta) befindet. Bei einer bestimmten Temperatur wandern diese Kationen aus ihrer zentralen Lage heraus, und es bildet sich eine polare Struktur.[1]) Typische Vertreter der Ferroelektrika vom Sauerstoffoktaedertyp sind solche, die eine Perowskitstruktur ($CaTiO_3$) besitzen: Bariumtitanat $BaTiO_3$, Bleititanat $PbTiO_3$ und Kaliumniobat KNO_3. In der paraelektrischen Modifikation bei hohen Temperaturen haben alle diese Ferroelektrika eine ideale kubische Struktur. Die Punktgruppe dieser Modifikation ist *m3m*. Schreibt man die Formel der Ferroelektrika vom Perowskittyp in der allgemeinen Form ABO_3 (Abb. 17), so befindet sich bei allen

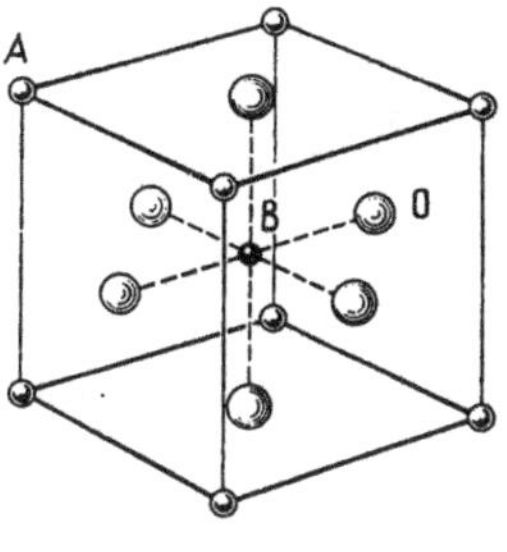

Abb. 17. Kubische Perowskitstruktur der ABO_3-Verbindungen *A* = Ba, Pb, K; *B* = Ti, Nb; *O* = Sauerstoff

das B-Ion im Zentrum von sechs Sauerstoffatomen(Sauerstoffoktaeder). Die Oktaeder sind miteinander an den Ecken verbunden und bilden ein Skelett, das große Hohlräume enthält, die von A-Atomen besetzt sind. Die Größe *a* der Zellen in der kubischen Modifikation beträgt für alle aufgezählten Ferroelektrika etwa 4 Å ($4 \cdot 10^{-8}$ cm).

Das Bariumtitanat ist eines der charakteristischen Ferroelektrika vom Perowskittyp. Oberhalb 120 °C besitzt es eine kubische Struktur. Bei dieser Temperatur findet

---

[1]) Im allgemeinen geht bei den Phasenübergängen eine kompliziertere Strukturänderung vor sich, so daß man nicht immer das Auftreten einer polaren Modifikation mit einer bestimmten Ionenverschiebung in Verbindung bringen kann.

eine Phasenumwandlung statt, bei der eine spontane Polarisation auftritt. Es liegt dann eine tetragonale Struktur vor, die auch bei Zimmertemperatur existiert. Die Temperatur von 120 °C nennt man Curie-Temperatur (oder Curie-Punkt). Unterhalb dieser Temperatur befindet sich das Bariumtitanat im ferroelektrischen Zustand. In dieser Modifikation (die speziell auch bei Zimmertemperatur existiert) gehört das Bariumtitanat zur Symmetriegruppe *4mm*.

Der Charakter der Strukturänderung am Curie-Punkt ist aus Abb. 18 ersichtlich. In einer vereinfachten Be-

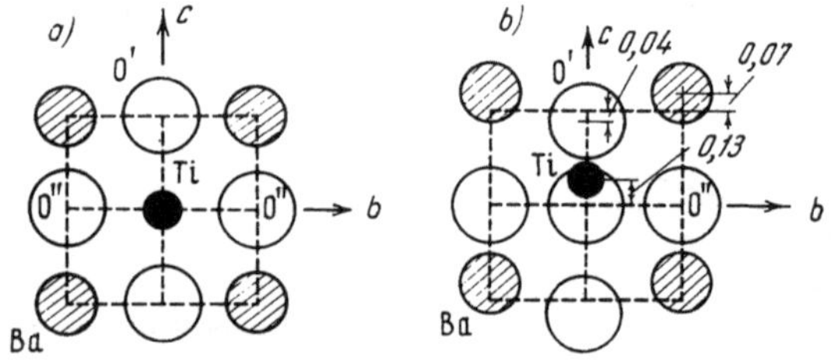

Abb. 18. Strukturänderung des $BaTiO_3$ beim Übergang aus der kubischen Modifikation (*a*) in die tetragonale (*b*)

schreibung reduziert sich diese Änderung auf eine Verschiebung des Titanions um eine kleine Größe ($0{,}13 \times 10^{-8}$ cm) aus dem Zentrum des Sauerstoffoktaeders. Die Tetragonalität der vor dem Übergang kubischen Zelle ist sehr klein. Das Achsenverhältnis c/a, das die Tetragonalität charakterisiert, ist ungefähr 1,01. Obwohl die Verschiebung sehr klein ist, spielt sie doch eine wichtige Rolle, da als Folge in der Zelle ein elektrischer Dipol (eine spontane Polarisation) in Richtung einer der Achsen vierter Ordnung entsteht (Abb. 19a). Im Kristall existieren drei solche Achsen, d. h. es gibt sechs gleichwertige Verschiebungsrichtungen; innerhalb einer Domäne erfolgt die Verschiebung in allen Zellen in gleicher Richtung.

Bei zusätzlicher Abkühlung erfährt das $BaTiO_3$ eine weitere Phasenumwandlung nahe 0 °C und geht von der tetragonalen in eine rhombische Struktur über. Die neue Struktur kann man als eine leicht verzerrte kubische Struktur betrachten, die durch eine Verschiebung des Titanions entlang der Flächendiagonalen der Elementarzelle entsteht. Bei dieser Verschiebung wird die eine Diagonale etwas verlängert und die andere etwas verkürzt (Abb. 19b). Die Punktgruppe des rhombischen $BaTiO_3$ ist $mm2$.

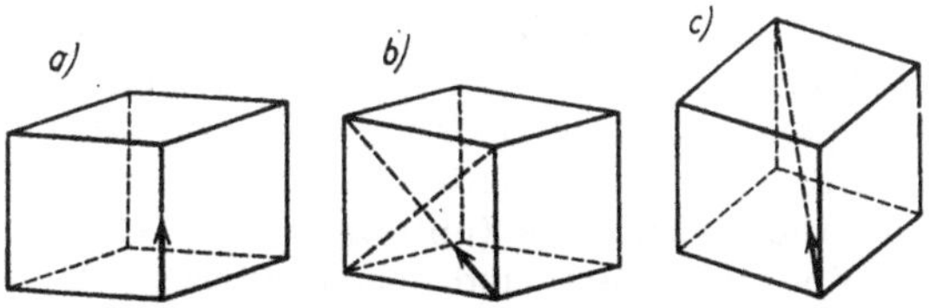

Abb. 19. Richtung der spontanen Polarisation in tetragonalem (*a*), rhombischem (*b*) und rhomboedrischem (*c*) $BaTiO_3$

Nahe −80 °C erfährt das $BaTiO_3$ eine dritte Phasenumwandlung und geht (unterhalb dieser Temperatur) in eine rhomboedrische Struktur über.[1]) Die Verzerrung der Zelle entspricht in diesem Fall formal einer Verschiebung des Titanions entlang der Raumdiagonalen der Zelle und führt zu einer Verzerrung in dieser Richtung (Abb. 19c). Die Punktgruppe dieser Modifikation ist $3m$. Die rhombische und rhomboedrische Modifikation des $BaTiO_3$ sind ebenfalls ferroelektrisch. Die Richtung der spontanen Polarisation fällt in allen drei ferroelektrischen Modifikationen mit der Verschiebungsrichtung des Titanions aus dem Zentrum des Sauerstoffoktaeders zusammen.

Bleititanat ($PbTiO_3$) verhält sich vollkommen analog wie $BaTiO_3$. Bei hohen Temperaturen besitzt es eine

---

[1]) Nach weniger sicheren Untersuchungen besitzt $BaTiO_3$ unterhalb dieser Temperatur eine monokline Struktur.

kubische Struktur und hat eine CURIE-Temperatur von etwa 490 °C. Bei dieser Temperatur folgt auf die paraelektrische die erste ferroelektrische Modifikation. Bei Zimmertemperatur ist $PbTiO_3$ tetragonal; das Achsenverhältnis $^c/_a$ beträgt 1,06 und ist somit bedeutend größer als beim $BaTiO_3$. Die Strukturänderung beim Phasenübergang besteht hauptsächlich in einer vergleichsweise großen Verschiebung der Blei- (0,46 Å) und Titanionen aus den Zentren der Sauerstoffoktaeder. Ein zweiter Phasenübergang wird für $PbTiO_3$ bei 100 °C beobachtet.

Kaliumniobat ($KNbO_3$) besitzt eine Perowskitstruktur und ist dem $BaTiO_3$ in allen vier bekannten Modifikationen analog: paraelektrische (existiert oberhalb 410 °C), tetragonale (210—410 °C), rhombische (von —40 bis +210 °C) und rhomboedrische (unterhalb —40 °C); die letzten drei Modifikationen sind ferroelektrisch; folglich ist dieser Kristall bei Zimmertemperatur rhombisch.

Unter den Ferroelektrika vom Sauerstoffoktaederstrukturtyp nimmt das Lithiumniobat ($LiNbO_3$) einen wichtigen Platz ein. Lithiumniobat besitzt bei Zimmertemperatur eine Pseudoilmenitstruktur, die an eine stark verzerrte Perwoskitstruktur erinnert: die $LiNbO_3$-Zelle stellt einen entlang der Raumdiagonale gestauchten Würfel dar. In dieser rhomboedrischen Modifikation ist der Kristall ferroelektrisch.

Eine Reihe von Verbindungen mit einer Sauerstoffoktaederstruktur zeigt antiferroelektrisches Verhalten. Bei einem Teil von ihnen sind einige Modifikationen ferroelektrisch und einige antiferroelektrisch. Das typischste Antiferroelektrikum dieser Gruppe stellt $PbZrO_3$ (Bleizirkonat) dar.

Oberhalb 230 °C ist $PbZrO_3$ ein kubischer Kristall und erfährt bei dieser Temperatur einen Phasenübergang in den antiferroelektrischen Zustand. Das Auftreten der Antiferroelektrizität ist mit dem Entstehen einer Überstruktur verbunden und wird hauptsächlich von einer

Verschiebung der Pb- und Zr-Ionen in der *ac*-Ebene begleitet. In der antiferroelektrischen Modifikation stellt $PbZrO_3$ einen rhombischen Kristall (der Gruppe *mmm*) dar.

Die Art der Überstruktur des $PbZrO_3$ kann man sich anhand Abb. 20 klar machen. Die Teile a und b dieser

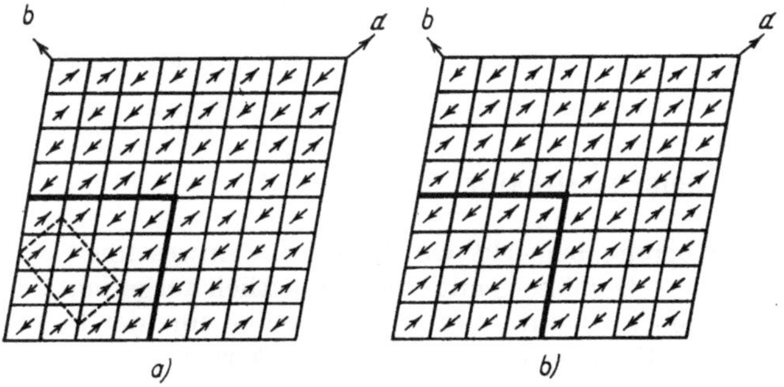

Abb. 20. Dipolanordnung in rhombischem $PbZrO_3$ mit Überstruktur (Symmetrie der Punktgruppe *mmm*)

Die dick ausgezogenen Geraden zeigen die Überstruktur-Elementarzelle. Die punktierten Linien zeigen die richtig gewählte neue rhombische Zelle; *a* bzw. *b* geben die Struktur der ersten bzw. dritten Schicht in Richtung der *c*-Achse wieder.

Abbildung geben die Orientierung der Dipole in zwei Schichten senkrecht zur *c*-Achse wieder. In den Richtungen *a* und *b* der ursprünglichen kubischen Unterzelle wird die antiparallele Orientierung der Dipole benachbarter Zellenpaare realisiert (gewöhnlich in anderen Antiferroelektrika für benachbarte Zellen). Die Überstruktur-Elementarzelle des Bleizirkonats enthält in der rhombischen Modifikation acht Formeleinheiten.

Ein Querschnitt der chemischen Verbindungen von Ferroelektrika und Antiferroelektrika des Sauerstoffoktaederstrukturtyps ist in Tab. 3 wiedergegeben.

Tabelle 3. Ferroelektrika und Antiferroelektrika vom Sauerstoffoktaedertyp

Chemische Formel	Verbindung	CURIE-Temperatur in °C	Bemerkungen
$BaTiO_3$	Bariumtitanat	120, 0, −80	–
$PbTiO_3$	Bleititanat	~500	–
$KNbO_3$	Kaliumniobat	410, 210, −40	–
$LiNbO_3$	Lithiumniobat	450	–
WO_3	Wolframtrioxid	900, 740	Antiferroelektrikum
$Cd_2Nb_2O_7$	Kadmiumniobat	−178	–
$PbZrO_3$	Bleizirkonat	230	Antiferroelektrikum

2.3. Domänenstruktur

Wie bereits bemerkt wurde, ist die Anwesenheit von Bereichen (Domänen) mit einer einheitlich ausgerichteten spontanen Polarisation in jeder Domäne eine der fundamentalen Besonderheiten der Ferroelektrika.

Die Existenz von Domänen in ferroelektrischen Kristallen wurde auf Grund indirekter Überlegungen wesentlich vor ihrer experimentellen Entdeckung vorausgesagt. Die Grundlage für diese Voraussagen bildeten die gemessene Kleinheit der Koerzitivfeldstärke (s. u.), das Auftreten von Sprüngen bei der Umpolarisierung (analog zu den BARKHAUSEN-Sprüngen in Ferromagneten), bestimmte Feinstrukturlinien in den Röntgenbildern der Ferroelektrika u. a. m. Die ersten direkten Beobachtungen der Domänen, d. h. der Bereiche mit unterschiedlicher Polarisationsrichtung, wurden Ende der dreißiger Jahre an Seignettesalz durchgeführt. An X-Schnitten dieser Kristalle wurden mit Hilfe eines elektrisch geladenen Pulvers, das man früher zur Untersuchung der Polarisation in Pyroelektrika verwendete, Streifen gefunden, die entgegengesetzte Polairsationsrichtungen besaßen. Später begann man die Domänen von $BaTiO_3$-Kristallen, Seignettesalz und anderen mit optischen Methoden zu analysieren. In den letzten Jahren sind viele

Methoden zur Untersuchung der Domänenstruktur in ferroelektrischen Kristallen ausgearbeitet worden.

Die experimentellen Arbeiten zur Untersuchung der Domänen in ferroelektrischen und antiferroelektrischen Kristallen befassen sich in erster Linie mit der Geometrie der Domänen (Orientierung, Ausdehnung, Oberflächenform u. a.), mit ihren Veränderungen durch Temperatureinflüsse und ihrer Bewegung infolge äußerer mechanischer und elektrischer Felder.

Die geometrische Struktur der Domänen. Bei ferroelektrischen Phasenübergängen entsteht in den Kristallen eine spontane Polarisation. Die ferroelektrischen Kristalle besitzen bei hohen Temperaturen keine spontane Polarisation. Letztere ist für den Bereich tiefer Temperaturen charakteristisch. Folglich geht die paraelektrische Hochtemperaturphase beim Entstehen einer spontanen Polarisation in eine Phase niederer Symmetrie über.

Die Symmetrie der ferroelektrischen Modifikation kann man finden, wenn man die Symmetrie der Hochtemperaturmodifikation und die spontane Polarisationsrichtung kennt. Durch die Polarisierung kann der Kristall eine Deformation infolge des Piezoeffektes oder durch Elektrostriktion erfahren, woraus die neue Symmetrie bestimmt werden kann. Ein einfaches Beispiel: Beim Entstehen der spontanen Polarisation im kubischen $BaTiO_3$-Kristall bei 120 °C geht die kubische Elementarzelle durch Streckung in Richtung einer der Achsen vierter Ordnung, die ihre Ursache in der Elektrostriktion hat, in eine tetragonale Elementarzelle über.

Die Symmetrieänderungen können mit dem Symmetrieprinzip von Curie gefunden werden. Der wesentliche Inhalt dieses Prinzips besagt, das Symetrieelemente zweier zusammengesetzter Figuren nur diejenigen sind, welche gemeinsam für jede der einzelnen Figuren vorhanden sind. Ein einfaches Beispiel:

Ein übereinandergelegtes Sechseck und Dreieck (Abb. 21) besitzen eine Symmetrieachse dritter Ordnung, die beiden Figuren eigen ist und drei Symmetrieebenen (die ebenfalls beide Figuren gemeinsam haben), die durch diese Achse verlaufen (Gruppe $3m$). Bei ferroelektrischen Phasenübergängen „addieren sich“ die Symmetrieelemente

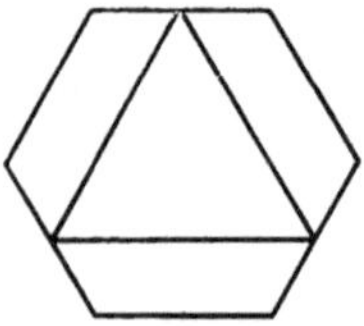

Abb. 21. „Addition“ der Symmetrieelemente eines Sechsecks und eines Dreiecks

des Kristalls und der spontanen Polarisation. Letztere stellt, wie bereits im ersten Abschnitt festgestellt wurde, einen polaren Vektor dar und besitzt die Symmetrie ∞mm. Es ist z. B. leicht zu sehen, daß der polare Vektor für die Klasse $m3m$ (hier handelt es sich wiederum um $BaTiO_3$), wenn er entlang einer Achse vierter Ordnung der kubischen Elementarzelle gerichtet ist, zur Gruppe $4mm$ führt. Zeigt er entlang einer Achse zweiter bzw. dritter Ordnung, so führt er zur Gruppe $mm2$ bzw. $3m$. Diesen Symmetrieänderungen entspricht die tetraedrische rhombische und rhomboedrische Verzerrung der Elementarzelle (s. Abb. 19). Die bei ferroelektrischen Phasenübergängen auftretenden Symmetrieänderungen sind in Tab. 4 für einige kubische Klassen angegeben.

Tabelle 4. Symmetrieänderung bei Entstehung einer spontanen Polarisation entlang der nichtpolaren Richtungen in Kristallen der kubischen Klassen

Richtung P_{sp}	Ausgangsphase				
	$m3m$	432	$\bar{4}3m$	$m3$	23
	mögliche ferroelektrische Phasen				
[100] Achse 4. Ordn.	$4mm(6)$	4(6)	$mm2(6)$	$mm2(6)$	2(6)
[111] Achse 3. Ordn.	$3m(8)$	3(8)		3(8)	
[110] Achse 2. Ordn.	$mm2(12)$	2(12)	$m(12)$	$m(12)$	1(12)
[*hko*]	} $m(24)$		1(24)		1(12)
[*hkk*]		} 1(24)			
[*hhk*]				} 1(24)	
[*hkl*]	1(48)				

Mit Hilfe ähnlicher Tabellen wird die Symmetrie von ferroelektrischen Kristallen, die aus einer Domäne bestehen, bestimmt. In diesem Zustand kann der Kristall zu einer der pyroelektrischen Gruppen gehören. Er ist dann in jedem Fall ein polarer Kristall. Solch eine Symmetrie besitzen auch einzelne Domänen, wenn der Kristall in mehrere Domänen zerfällt.

Erfährt der Kristall einige aufeinanderfolgende ferroelektrische Phasenübergänge, die sich durch Größe und Richtung der spontanen Polarisation unterscheiden, so kann man interessanterweise eine Vorstellung von den Symmetrieänderungen erhalten, wenn man annimmt, daß jeder Übergang von der paraelektrischen Hochtemperaturphase ausgeht. Man könnte daher sagen, daß jedem neuen ferroelektrischen Phasenübergang ein „Besuch" in der paraelektrischen Hochtemperaturmodifikation entspricht.

In Tab. 4 stehen nach dem Gruppensymbol Ziffern in Klammern, die die Zahl der Richtungen angeben und kristallographisch gleich den Richtungen sind, in denen die spontane Polarisation liegen kann.[1]) Es ist leicht zu sehen, daß die Gesamtheit aller Domänen, die gleichmäßig in allen kristallographisch äquivalenten Richtungen orientiert sind, dazu führt, daß der in Domänen zerfallene ferroelektrische Kristall makroskopisch (im ganzen) die gleiche Symmetriegruppe wie vorher in der paraelektrischen Modifikation besitzt. Somit „kehrt" der Kristall vom makroskopischen Standpunkt aus betrachtet nach dem Zerfall in Domänen zu seiner ursprünglichen Symmetrie „zurück" und seine makroskopischen Eigenschaften (elastische, piezoelektrische u. a.) müssen vom Standpunkt dieser „alten" Symmetrie gesehen werden. In Abb. 22 ist die Domänenkonfiguration des $BaTiO_3$ für alle drei ferroelektrischen Modifikationen dargestellt, und

---

[1]) In der Klasse *m3m* z. B. sind alle Achsen 4. Ordnung kristallographisch gleichwertig (drei Achsen, sechs Richtungen), ebenso alle Achsen 3. Ordnung (vier Achsen, acht Richtungen)

es ist zu sehen, daß alle diese Domänengesamtheiten ein und dieselbe Punktsymmetrie — die Symmetrie der paraelektrischen Modifikation des Bariumtitanats — besitzen.

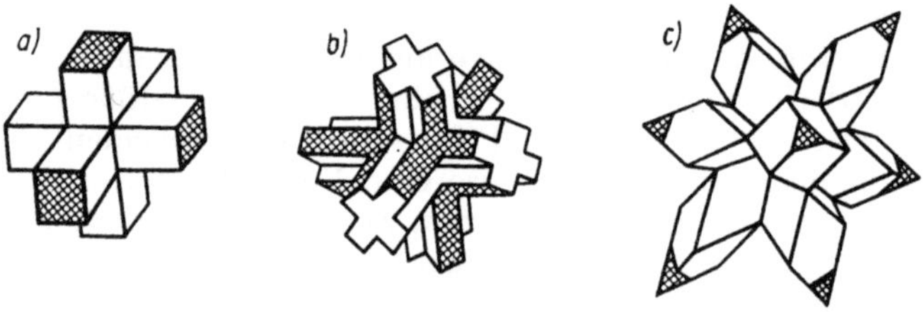

Abb. 22. Die Gesamtheit der Domänen des $BaTiO_3$ in der tetragonalen (*a*), rhombischen (*b*) und rhomboedrischen (*c*) Modifikation

Betrachtet man die ferroelektrischen Domänen als Zwillinge, so sieht man, daß die Elemente der Zwillingsbildung gerade die beim ferroelektrischen Übergang verlorengegangenen Symmetrieelemente des Kristalls im Vergleich mit den Symmetrieelementen der Domäne sind. Speziell wird dieser Sachverhalt durch die Rückkehr des Kristalls zur ursprünglichen Symmetrie nach dem Zerfall in Domänen erklärt.

Die konkrete Betrachtung aller äquivalenten Richtungen gestattet die möglichen Winkel zwischen den Domänen (genauer zwischen den Polarisationsrichtungen) und die Orientierung der Domänengrenzen zu bestimmen. Berücksichtigt man, daß die Komponenten der Zwillingsdomänen im realen Kristall paarweise kombiniert werden, so kann man auch alle ihre möglichen speziellen Kombinationen usw. finden. Mit anderen Worten: Man kann für jeden Kristall alle Fragen beantworten, die mit der Geometrie der Domänenstruktur zusammenhängen.

So sind z. B. in Kristallen der Klasse $m3m$ (Fall der $BaTiO_3$) beim Übergang $m3m \rightarrow 4mm$ Kombinationen mit 180°-Wänden (antiparallele Ausrichtung benachbarter Domänen) und 90°-Wänden (zueinander senkrechte Ausrichtung, wobei die Grenze mit Ebenen vom Typ (110) zusammenfallen) möglich. Beim Übergang $m3m \rightarrow 3m$ können zwischen den Polarisationsrichtungen benachbarter Domänen die Winkel 70° 32′, 109° 28′ und 180° und beim Übergang $m3m \rightarrow mm2$ die Winkel 60°, 90°, 120° und 180° auftreten.

Formal hat eine „Domäne“ in antiferroelektrischen Kristallen die Größe einer Elementarzelle. Folglich stimmen die allgemeinen Gesetzmäßigkeiten über die Orientierung der Polarsation P_{sp} in den Überstruktur-Elementarzellen der Antiferroelektrika mit denen der Domänenorientierung in den Ferroelektrika überein. Daraus folgt insbesondere, daß die Antiferroelektrika nach dem Phasenübergang ebenfalls die Symmetrie der ursprünglichen Hochtemperaturphase besitzen. Offensichtlich treten auch die Besonderheiten der Phasenübergänge bezüglich der Richtungs- und Größenänderung von P_{sp} in den Antiferroelektrika in analoger Form wie bei den Ferroelektrika auf.

Für Antiferroelektrika sind Anordnungen charakteristisch, die zu kompensierten Strukturen bezüglich der Dipole führen. Die Überstruktur-Elementarzellen (der antiferroelektrischen Überstruktur) werden daher eine Punktsymmetrie entweder der nichtpolaren (zentrosymmetrischen) oder der neutralen polaren Kristallklassen besitzen. Wir bemerken, daß eine vollkommene dreidimensionale Periodizität der Elementarzellen bei Berücksichtigung der Überstruktur in realen Kristallen allein aus Gründen der Packung sehr unwahrscheinlich ist. In einigen Fällen wird die Überstruktur-Elementarzelle daher nicht durch alle möglichen Teilzellen, sondern nur durch einen Teil von ihnen ersetzt. Im einfachsten Fall kann dieser Teil durch eine Kombination zweier „antiparalleler Zellen“, oder durch zwei Zellen, die um einen bestimmten Winkel zueinander geneigt sind usw. dargestellt werden. Somit hat man unter einer Domäne in einem antiferroelektrischen Kristall ein Gebiet zu verstehen, in dem die Teilzellen in bestimmter Weise miteinander verknüpft sind. In benachbarten Domänen sind diese Verknüpfungen gleich, aber die gegenseitige Orientierung der speziellen Verknüpfungen ist verschieden. Aus dem Gesagten folgt, daß die Domänenstruktur der Antiferroelektrika komplizierter und vielfältiger ist als die der Ferroelektrika. Die Domänen der Antiferroelektrika besitzen keine spontane Polarisation.

Das Zerfallen eines spontan polarisierten Kristalls in Domänen kann mittesl einfacher energetischer Argumente erklärt werden: Durch die Domänenbildung verringert der Kristall seine Energie durch Reduzierung des elektrischen (Streu-)Feldes.

Diese Überlegungen sind jedoch nicht die einzig möglichen. Die Domänen können auch dadurch erklärt werden, daß beim Phasenübergang in verschiedenen Teilen des Kristalls eine spontane Polarisation zu unterschiedlichen Zeiten entstehen kann, die verschiedene (jedoch kristallographisch äquivalente) Orientierungen hat. Diese Überlegungen sind besonders für Antiferroelektrika wichtig, da bei ihnen keine makroskopische spontane Polarisation auftritt. In diesem Fall wird deshalb das elektrische (Streu-) Feld durch die Domänenbildung nicht verringert.

Bei der Betrachtung der möglichen Domänengrenzen in antiferroelektrischen Kristallen reichen geometrische Überlegungen allein nicht aus, sondern man muß auch die Forderung der elektrischen Neutralität an den Domänengrenzen beachten, die der minimalen Energie des Kristalls entspricht. Das erfordert notwendig eine solche Orientierung der Dipole benachbarter Domänen, daß die Projektion des Polarisationsvektors auf die Domänengrenze von der einen Domäne entgegengesetzt gleich der Projektion der Nachbardomäne ist, d. h., die Domänenorientierung ist vom folgenden Typ: Der „Kopf“ des Dipols der einen Domäne schließt sich an den „Schwanz“ des Dipols der Nachbardomäne an.

Domänen in ferroelektrischen und antiferroelektrischen Kristallen. In Ferromagneten haben die Domänenwände eine relativ große Dicke (einige hundert Gitterkonstanten). Diese Wanddicke hängt vom Verhältnis der Austauschenergie zur Anisotropieenergie ab. Die Austauschenergie ist in Ferromagneten im Vergleich zur Anisotropieenergie um etwa eine Größenordnung größer, was ziemlich breite Wände zur Folge hat.

Bei den Ferroelektrika gibt es kein Analogon zur magnetischen Austauschenergie. Durch das Auftreten einer Polarisation der Elektronen und Ionen spielt offenbar die elektrostatische Wechselwirkung der Ionen die Hauptrolle. Die Energie von wechselwirkenden parallelen und antiparallelen Dipolreihen in einem Dielektrikum unterscheidet sich bekanntlich nicht wesentlich, so daß schmale Domänenwände möglich sind, die man schon nicht mehr als Kontinuum betrachten kann. Somit ist die Anisotropieenergie hier entscheidend.

Bei einer sehr großen Anisotropie des ferroelektrischen Kristalles wird sich der Polarisationsvektor nicht mehr innerhalb der Wand drehen, sondern sich lediglich dem Betrag nach verringern. Ohne seine Richtung in der einen Wandhälfte zu ändern, durchläuft er dann den Wert Null und nimmt in der anderen Wandhälfte die entgegengesetzte Orientierung an (Abb. 23).

In diesem Fall liefert die Anisotropieenergie keinen Beitrag zur Wandenergie, obwohl sie die Wandstruktur

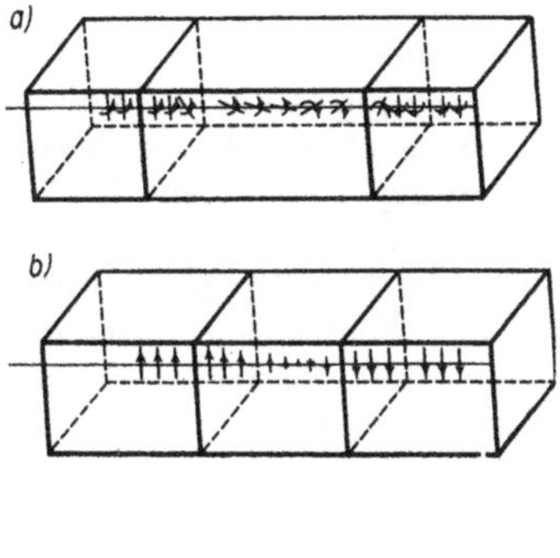

Abb. 23. Änderung der spontanen Magnetisierung bzw. spontanen Polarisation in der Domänenwand eines Ferromagneten (*a*) und eines Ferroelektrikums (*b*)

entscheidend bestimmt. Bei einer kleinen Kristallanisotropie (in hochsymmetrischen Kristallen) wird sich der Polarisationsvektor innerhalb der Wand drehen.

Einen wesentlichen Beitrag zur Wandenergie kann in den Ferroelektrika die elastische Energie liefern. Diese Energie hängt mit den mechanischen Spannungen zusammen, die durch die Änderung der Polarisierungsrichtung in der Wand über den piezoelektrischen Effekt entstehen. Die elastische Energie begünstigt in der Regel eine Wandverengung. Der Größenordnung nach ist sie mit der Dipolenergie vergleichbar.

Die Domänenstruktur der Ferroelektrika wird mit verschiedenen Methoden untersucht. Man verwendet die Pulvermethode, die Ätzmethode, die Elektrolumineszenz, Röntgenstreuung, elektronenmikroskopische und optische Methoden. Die älteste davon ist die *Pulvermethode*. Zuerst wurde sie zur Untersuchung der Polarisation in Pyroelektrika (z. B Turmalin) verwendet. Der Grundgedanke besteht darin, daß die Kristallbereiche (Domänen) Oberflächenladungen mit verschiedenem Vorzeichen besitzen und das elektrisch geladene Pulver daher unterschiedlich anziehen. Eine Spielart dieser Methode stellt die Tröpfchenmethode dar, bei der geladene Wassertröpfchen auf die unterschiedlich geladene Oberfläche gebracht werden. Die Tröpfchenmethode liefert bei tiefen Temperaturen eine Abbildung der Domänenstruktur durch eine entsprechend strukturierte Reifbildung. Analog zur Pulvermethode ist die Methode der Dampfkondensation (auf der geladenen Oberfläche).

Bei dem *Ätzverfahren* werden die Ätzfiguren der Domänenenden untersucht, die eine entgegengesetzte Polarität besitzen. Infolge dieser Polarität sind die Ätzgeschwindigkeit und Ätzfiguren an entgegengesetzten Enden verschieden. Bei der Elektrolumineszenzmethode nutzt man den Umstand, daß durch die hohe Kapazität der sich umpolarisierenden Teile des Ferroelektrikums der Luminophor eben an den Stellen des Kondensators aufleuchtet, wo die Domänen beweglich sind.

Die *Röntgenstreuung* an Mikroinhomogenitäten, Defekten und Domänenwänden ermöglicht die Besonderheiten der inhomogenen Struktur der Domänenstruktur gegenüberzustellen. Im Zusammenhang mit der *Elektronenmikroskopie* verwendet man am häufigsten das Abdruckverfahren zur Untersuchung der Domänenstruktur von Ferroelektrika. Gleichzeitig ist auch die Untersuchung der Domänenstruktur mit der Methode des Elektronenspiegels, d. h. mittels Reflexion der Elektronen an den Oberflächenladungen von Interesse.

Die meisten Informationen über die Domänenstruktur der Ferroelektrika wurden jedoch mit Hilfe *optischer Methoden* erhalten. Die Domänen werden dabei mit einem

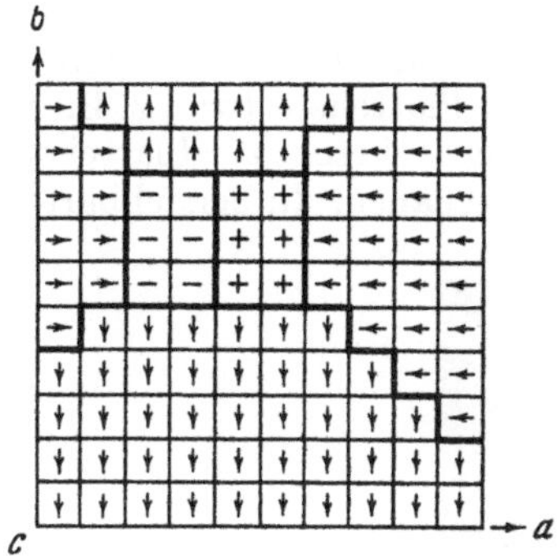

Abb. 24. Dipolanordnung für die tetragonale Modifikation von $BaTiO_3$ in der (001)-Ebene der kubischen Modifikation

gewöhnlichen Polarisationsmikroskop untersucht. Leider ist dieses Verfahren nicht in jedem Fall anwendbar. Wenn die benachbarten Komponenten einer Zwillingsdomäne gleichorientierte optische Indikatrizen besitzen (wie z. B. beim TGS), so kann man in der Regel mit optischen Methoden solche Domänen nicht unterscheiden und die Grenze zwischen ihnen nicht erkennen.

Die Würfelflächen der paralektrischen Modifikation des tetragonalen Bariumtitanats sind in Abb. 24 für den allgemeinen Fall schematisch dargestellt. In dieser Abbildung ist die Dipolkonfiguration dieser Modifikation wiedergegeben, die in allen Elementarzellen der Domänen die Richtung der spontanen Polarisation P_{sp} anzeigt.[1]) In der Abbildung sind die verschiedenen Typen von Grenzen mit Winkeln von 180° und 90° zwischen den Polarisationsrichtungen erkennbar. Im ersten Fall ist die spontane Polarisierungsrichtung parallel zur Domänengrenze (Trennebene), während die Grenze im zweiten Fall einen Winkel von 45° mit der spontanen Polarisierungsrichtung bildet.[2])

In einem realen $BaTiO_3$-Plättchen treten jedoch vorwiegend 90°-Domänengrenzen auf, wobei außerdem in der Regel die eine Komponente die andere überwiegt. So verhält es sich z. B. bei der realen Domänenstruktur, die in Abb. 25 zu sehen ist und durch optische Beobachtung mit polarisiertem Licht erhalten wurde. Plättchen, bei denen die P_{sp}-Richtung innerhalb der Plättchenebene liegt, nennt man a-Domänen-Plättchen (wie z. B. in Abb. 25). Liegt die P_{sp}-Richtung senkrecht zur Plättchenebene, so spricht man von *c*-Domänen. In benachbarten

Abb. 25. Optische Abbildung der Domänen für Bariumtitanat

---

[1]) Dipole, die aus der Zeichenebene nach oben bzw. unten gerichtet sind, wurden mit „+“ bzw. „−“ gekennzeichnet.

[2]) Die in der Abbildung sichtbare Stufenform der Grenze hat mikroskopische Dimensionen. Bei normaler Beobachtung stellt sie daher eine Gerade dar.

c-Domänen ist P_{sp} antiparallel, während es bei a-Domänen einen rechten Winkel bildet. Häufig ist ein Teil der Domänen, die eine kleinere Fläche im a-Domänen-Kristall einnehmen, von keilförmiger Gestalt.

Eine näherungsweise Abschätzung für $BaTiO_3$-Kristalle, bei der die Anisotropieenergie und die Wechselwirkung der Dipole berücksichtigt wird, führt bei antiparallel orientierten Domänen zu einer Wandbreite von der Größenordnung einer Elementarzelle und zu einer Wand-

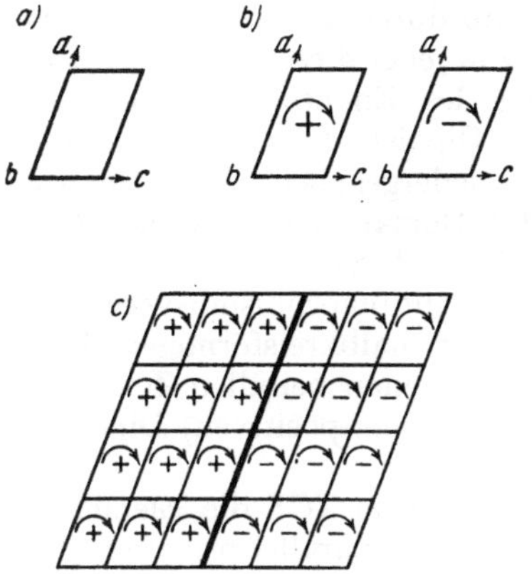

Abb. 26. Dipolanordnung in Triglyzinsulfat (TGS)

energie von ungefähr 10 erg/cm². Die Experimente zeigen, daß die 180°-Wände in $BaTiO_3$ tatsächlich äußerst schmal sind und daß die Wandenergie nahe der berechneten ist.

Die 90°-Wände im $BaTiO_3$ besitzen eine kompliziertere Struktur, und die Elementarzellen in ihnen sind leicht deformiert. Die Wand ist breit (bis zu einigen hundert Å) und ihre Energie beträgt einige zehn erg/cm². Die Domänenbreite variiert beim $BaTiO_3$ in ziemlich weiten Grenzen — von einem bis zu einigen hundert Mikron.

In Abb. 26a ist die monokline Elementarzelle des Triglyzinsulfats (TGS) in der paraelektrischen Modifikation wiedergegeben. Die Symmetrie der Elementarzelle ist

$2/m$. Die zwei entgegengesetzten Polarisierungsrichtungen entlang der Achse zweiter Ordnung führen zu zwei verschiedenen Elementarzellen mit einer Zweiersymmetrie (Abb. 26b), wovon man eine bedingt als rechte und die andere als linke bezeichnen kann. Unterscheiden kann man sie z. B. folgendermaßen: Von der Seite des positiven Dipolendes gesehen, muß man den spitzen Winkel zwischen einer langen und einer kurzen Kante in einer Elementarzelle (wenn man von der langen zur kurzen Kante übergeht) im Uhrzeigersinn — und bei der anderen entgegen dem Uhrzeigersinn durchlaufen. Die Änderung der Polarisierungsrichtung in jeder dieser Zellen wird von einer Vorzeichenänderung des Enantiomorphismus begleitet. In Abb. 26c ist die Dipolstruktur im Falle zweier benachbarter Domänen wiedergegeben. Das Enantiomorphismusvorzeichen der Domänen ist bedingt durch einen halbkreisförmigen Pfeil dargestellt, dessen beide Drehrichtungen die zwei Enantiomorphismusvorzeichen bedeuten. Die Richtung der halbkreisförmigen Pfeile muß so bestimmt werden, daß man bei allen Zellen von ein- und demselben (sagen wir dem positiven) Dipolende ausgeht.

Man sieht an Abb. 26, daß beim TGS die Elementarzellen in benachbarten Domänen parallel orientiert sind und damit ihre optische Beobachtung ausgeschlossen ist. Die Domänenstruktur von TGS wurde jedoch mit Hilfe anderer Methoden (Ätz-, Elektrolumineszenz- und Pulvermethode) ausführlich untersucht.

Obwohl die Domänenstruktur von TGS in bedeutendem Maße von den Bedingungen bei der Kristallzüchtung (besonders von der Wachstumstemperatur) abhängt, sind die Domänen bei den meisten Kristallen, wenn auf sie keine mechanischen und elektrischen Felder einwirken, stabförmig mit einem linsenförmigen Querschnitt und sind in Richtung der y-Achse orientiert. Die Domänen der einen Orientierungsrichtung bilden eine Art Matrix, in der Domänen mit entgegengesetzter Orientierung auftreten (Abb. 27). Die lange Achse des linsenförmigen

Querschnittes ist entlang der a-Achse des Kristalles orientiert und liegt ungefähr in seiner optischen Ebene. Eine andere Form der Domänengrenzen für einen Y-

Abb. 27. Typische Domänenstruktur für TGS. Sie wurde mit der Ätzmethode erhalten.

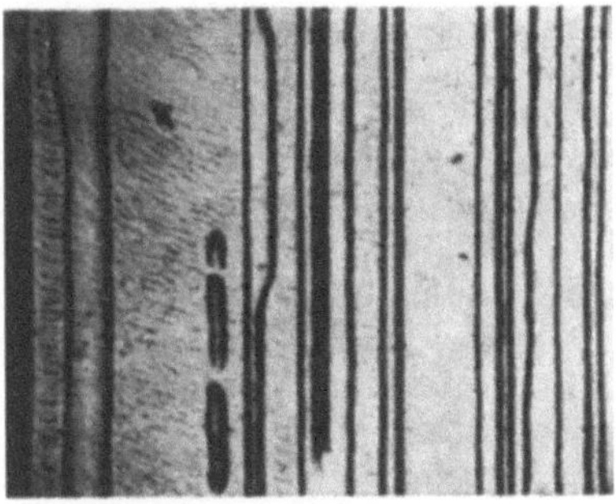

Abb. 28. Domänen in TGS nach der Umpolarisierung des Kristalls (hergestellt mit der Ätzmethode)

Schnitt am TGS ist in Abb. 28 dargestellt, die mit Hilfe der Ätzmethode angefertigt wurde. Die Domänengrenzen sind entlang der a-Achse des Kristalles orientiert (anders orientierte Grenzen werden im TGS nicht beobachtet).

Die Strukturänderung, die Verzerrung der Elementarzellen und die Dipolorientierung in KH_2PO_4 (KDP) haben wir bereits betrachtet. In Abb. 29 ist die Domänenstruktur eines $(NH_4)_2SO_4$-Kristalles für ein Plättchen (Z-Schnitt) mit Hilfe der Tröpfchenmethode (genauer

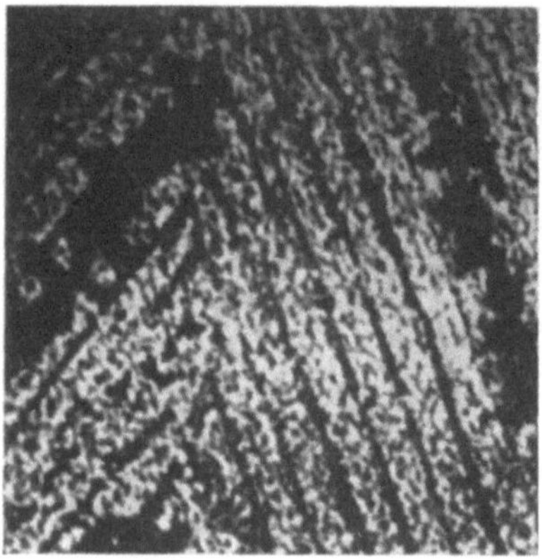

Abb. 29. Domänenstruktur an einem *Z*-Schnitt von $(NH_4)_2SO_4$, angefertigt mit der Tröpfchenmethode

schlägt sich Reif in diesem Fall nieder) aufgenommen worden. Die Domänengrenzen sind in diesem Kristall parallel zur (100)- und (010)-Ebene und die Polarisierungsrichtung fällt mit der (001)- oder $(00\bar{1})$-Richtung zusammen. Die Domänenbreite beträgt einige Mikron $(2-3 \cdot 10^{-4}$ cm), die Wandenergie etwa 40 erg/cm^3.

Von großem Interesse ist die Dipolstruktur im Seignettesalz. Das Seignettesalz hat zunächst eine rhombische Zelle mit einer 222 Symmetrie (Abb. 30a), die nach dem Phasenübergang infolge der spontanen Polarisation entlang der *a*-Achse monoklin wird und in eine 2 Symmetrie übergeht. Die Veränderung der Zelle erfordert eine Umbenennung der Achsen in der Weise, daß die rhombische *a*-Achse die monokline *b*-Achse wird und umgekehrt. Die *c*-Achse behält ihre ursprüngliche Bezeichnung (Abb. 30b). Entgegengesetzt orientierte Zellen haben ein- und dasselbe Enantiomorphismusvorzeichen (Abb. 30b, c). Die ursprüngliche Kristallsymmetrie (Gruppe 222) kann durch eine Kombination monoklin polarisierter Zellen erhalten werden (Abb. 30d). Ihre

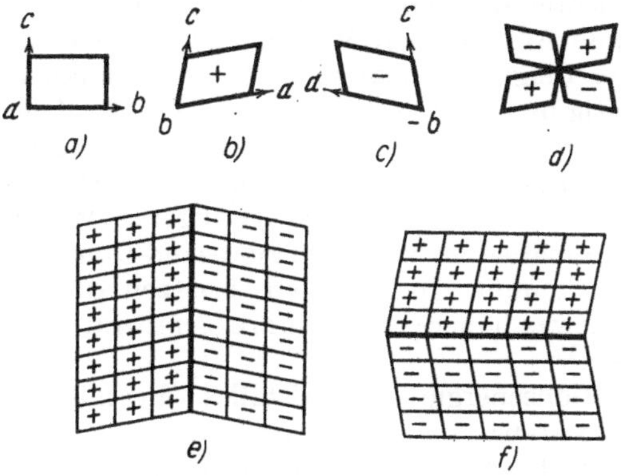

Abb. 30. Dipolanordnung für das Seignettesalz

a) Elementarzelle für die paraelektrische Modifikation

b) u. c) Übereinstimmende Elementarzellen in der ferroelektrischen Modifikation mit entgegengesetzter Orientierung der spontanen Polarisation P_{sp}

d) Anordnung von Zellen, die zur Symmetriegruppe der paraelektrischen Modifikation 222 gehören

e) u. f) Dipolanordnungen und mögliche Domänengrenzen in (010) und (001)-Richtung (die Indizes sind für die paraelektrische Modifikation angegeben)

paarweisen Kombinationen bei vollem Anschmiegen der Nachbarzellen mit entgegengesetzer Polarität können zu zwei Orientierungen der Domänengrenzen in den Ebenen (001) und (010) führen. In Abb. 30e und f sind zwei solcher Kombinationen von vier möglichen wiedergegeben.

Die Domänen in realen Seignettesalzkristallen stellen Plättchen parallel zur (010)- und (001)-Ebene, d. h. zur *ab*- und *ac*-Ebene dar. Domänen, deren Grenzen parallel zur *ab*- bzw. *ac*-Ebene liegen, bezeichnet man als *ab*- bzw.

ac-Domänen. Im polarisierten Licht „verlöschen" letztere wegen der unterschiedlichen Zellenorientierung in den benachbarten Domänen bei verschiedenen Kristallorientierungen. Dadurch kann man abwechselnd die verschiedenen Komponenten der Domänenstruktur sehen.

Entsprechende Abbildungen 30e und f kann man an *a*-Schnitten der Seignettesalzkristalle beider Domänentypen gleichzeitig beobachten. Wir bemerken, daß infolge der (100)-Anisotropieeebene des Kristalles die Wandenergie für *ab*- und *ac*-Domänen verschieden ist. Die *ab*-Domänen sind stabiler, was in der geringeren Wandenergie dieser Domänen im Vergleich zu den *ac*-Domänen zum Ausdruck kommt. Insbesondere besitzen die *ac*-Domänen eine etwas höhere obere Curie-Temperatur als die *ac*-Domänen.

Die Deformationsenergie des Kristalles, die mit der gleichzeitigen Existenz von *ab*- und *ac*-Domänen zusammenhängt, wird durch die Bildung von keilförmigen Domänen verringert. Gleichzeitig ist es nicht möglich, bei Kombinationen dieser zwei Domänentypen zu erreichen, daß sie sich dicht aneinander anschmiegen, wodurch sich Blöcke bilden (von denen jeder offenbar einem Domänentyp entpsricht), zwischen denen Mikrorisse vorhanden sind.

Die Rechnungen zeigen, daß die Domänengrenze im Seignettesalz ungefähr zwei Perioden der Elementarzelle ($\sim$24 Å) und ihre Energie einige hundert erg/cm^2 beträgt.

Noch einige Bemerkungen über die Domänen in Antiferroelektrika. Die Domänenstruktur von $PbZrO_3$-Kristallen ist in der rhombischen Modifikation ähnlich zur Domänenstruktur des rhombischen $BaTiO_3$. Das ist verständlich, weil in beiden diesen Kristallen die rhombische Modifikation durch die Entstehung der spontanen Polarisation in den kubischen paraelektrischen Zellen in der (110)-Richtung verursacht wird. Der Unterschied zwischen ihnen besteht darin, daß in rhombischem $PbZrO_3$ die Elementarzelle eine Überstruktur erhält und im $BaTiO_3$ mit der alten Zelle der kubischen Modifikation zusammenfällt.

Bei der Struktur des antiferroelektrischen $NH_4H_2PO_4$ ist interessant, daß die um 90° gegeneinander orientierten Unterzellen verschiedene Enantiomorphismusvorzeichen haben. Die antiferroelektrische Modifikation entsteht in diesem Kristall bei −125 °C. Bei diesem Übergang wird die Struktur so stark verzerrt und die reguläre Packung so stark erschwert, daß der Kristall in der Regel in Pulver zerfällt (eine Erscheinung ähnlich der sogenannten Zinnpest). Nur durch sehr langsames und gleichmäßiges Abkühlen kann man die völlige Zerstörung des Kristalles verhindern.

2.4. Phasenübergänge und spontane Polarisation

Thermodynamische Grundlagen. Die Phasenübergänge in ferroelektrischen Kristallen, bei denen eine spontane Polarisation entsteht (verschwindet), kann man durch Untersuchung der Temperaturabhängigkeit der Kristallenergie behandeln. Zur Beschreibung dieser Energie verwendet man die thermodynamischen Funktionen, wie die freie Energie, innere Energie, die Enthalpie, freie Enthalpie u. a.. Diese Funktionen unterscheiden sich voneinander dadurch, daß sie von unterschiedlichen Parametern abhängen (z. B. den mechanischen Spannungen, den mechanischen Deformationen, dem elektrischen Feld, der dielektrischen Verschiebung, der elektrischen Polarisation, der Temperatur und der Entropie). Zur Beschreibung der spontanen Polarisationsprozesse ist es am bequemsten, die Kristallenergie G als Funktion der Temperatur T, der mechanischen Spannungen t und der elektrischen Polarisation P zu betrachten. Die differentielle Form dieser Funktion hat die Gestalt

$$dG = -S\mathrm{d}T + r_i\mathrm{d}t_i + E_m\mathrm{d}P_m, \qquad (2.1)$$

wobei S die Entropie, r_i die Komponenten des Deformationstensors, E_m die Vektorkomponenten des elektrischen Feldes, P die elektrische Polarisation und T die absolute Temperatur bedeuten.

Betrachtet man den spannungsfreien Fall ($t = 0$), so kann man die Funktion G in eine Potenzreihe nach der Polarisation P entwickeln. Dabei hängen die auftretenden Koeffizienten von der Temperatur ab.

Bei Kristallen, die nur eine spontane Polarisierungsachse besitzen (Seignettesalz, TGS, KH_2PO_4 und viele andere), kann die spontane Polarisation nur die Orientierungsrichtungen $\pm P_{sp}$ annehmen. Da keine dieser beiden Richtungen vor der anderen ausgezeichnet ist, können in der Entwicklung der freien Energie $G = G(P, t)$ für verschwindende Spannungen t nur gerade Potenzen der spontanen Polarisation P_{sp} auftreten.

$$G = G_0 + \frac{1}{2}\alpha^* P_{sp}^2 + \frac{1}{4}\beta P_{sp}^4 + \frac{1}{6}\gamma P_{sp}^6 + \cdots. \quad (2.2)$$

Das elektrische Feld wird in diesem Fall durch den Ausdruck

$$E = \frac{\partial G}{P_{sp}} = \alpha^* P_{sp} + \beta P_{sp}^3 + \gamma P_{sp}^5 + \cdots \quad (2.3)$$

bestimmt.

In Abhängigkeit von der Zahl, dem Vorzeichen und der Größe der Entwicklungskoeffizienten in Gl. (2.2.) ändert sich die Kurvenform für $G(P_{sp})$ wesentlich. Sind alle Entwicklungskoeffizienten positiv (α^*, β, $\gamma > 0$), so besitzt die Kurve ein Minimum im Koordinatenursprung bei $P_{sp} = 0$ (s. Abb. 31). In diesem Fall ist der paraelektrische Zustand im gesamten P-Bereich stabil.

Ein spontan polarisierter, ferroelektrischer Zustand kann bei unterschiedlichen Vorzeichen von α^*, β, γ in zwei Fällen existieren, wie die Untersuchung der Bedingung $\partial G/\partial P_{sp} = 0$ zeigt. Im ersten Fall folgt $P_{sp} \neq 0$

unter der Bedingung $\alpha^* < 0$, $\beta > 0$. Ist der Koeffizient γ klein, so ergibt sich für die spontane Polarisation der Ausdruck

$$P_{sp}^2 = -\frac{\alpha^*}{\beta}. \tag{2.4}$$

Die freie Energie besitzt in diesem Fall im Koordinatenursprung ein Maximum und zwei symmetrisch dazu gelegene Minima (Abb. 32a). Der spontan polarisierte Zustand ist demnach stabil. Ein Vergleich der Abb. 31 und 32a zeigt, daß eine stetige Änderung von positiven

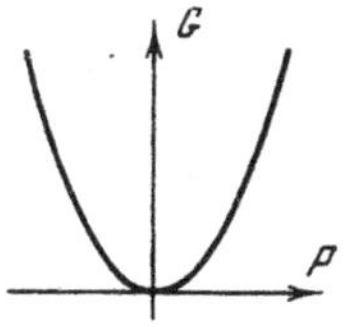

Abb. 31. Energie des Kristalls in Abhängigkeit von der Polarisation für den paraelektrischen Zustand

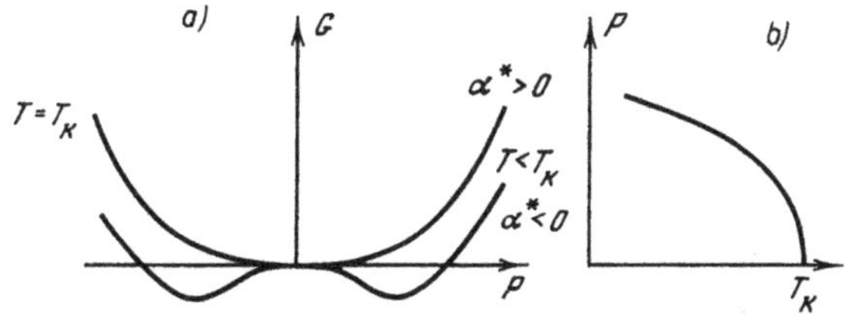

Abb. 32. Ferroelektrischer Kristall mit einem Phasenübergang 2. Art

a) Energie des Kristalles in Abhängigkeit von der Polarisation

b) Temperaturabhängigkeit der spontanen Polarisation

zu negativen α^* zu einem Übergang vom stabilen paraelektrischen ($\alpha^* > 0$) zum stabilen ferroelektrischen Zustand ($\alpha^* < 0$) bei der Übergangstemperatur T_k führt, die aus der Bedingung $\alpha^*(T_k) = 0$ folgt.

Im betrachteten Fall ist auch die spontane Polarisation P_{sp} eine stetige Funktion der Temperatur (Abb. 32b) und geht bei der Umwandlungstemperatur T_k gegen Null.

Nimmt man eine lineare Temperaturabhängigkeit des Koeffizienten α^* an,

$$\alpha^* = \frac{T - T_k}{C^*}, \tag{2.5}$$

wobei C^* eine Konstante ist, so erhält man aus Gl. (2.4) für die spontane Polarisation eine parabolische Temperaturabhängigkeit

$$P_{\mathrm{sp}}^2 = K(T_k - T). \tag{2.6}$$

K ist eine bestimmte Konstante. Die Kristallenergie ändert sich beim Übergang stetig. Es tritt daher keine latente Wärme beim Übergang auf. Die spezifische Wärme ändert sich jedoch sprunghaft, was für einen Phasenübergang 2. Art charakteristisch ist.

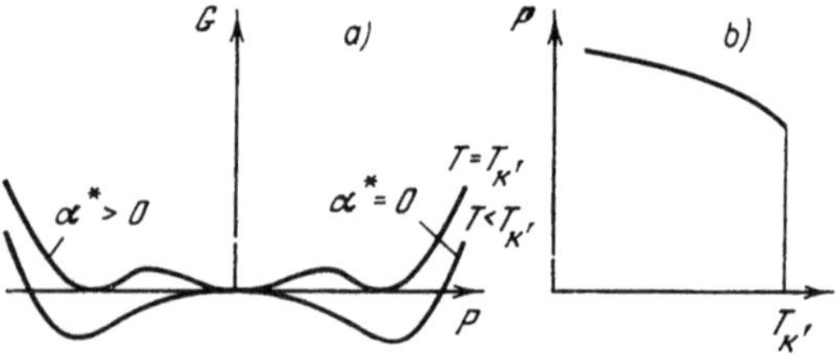

Abb. 33. Ferroelektrischer Kristall mit einem Phasenübergang 1. Art
a) Energie des Kristalls in Abhängigkeit von der Polarisation
b) Temperaturabhängigkeit der spontanen Polarisation

Phasenübergänge 2. Art, bei denen eine spontane Polarisation entsteht (verschwindet), treten in kristallinem Seignettesalz, in Triglyzinsulfat und einigen anderen Kristallen auf.

Sind die Bedingungen $\alpha^* > 0$, $\beta < 0$, $\gamma > 0$ erfüllt, so folgt ebenfalls, daß im Kristall eine spontane Polarisation auftritt. Der Verlauf von G ist in diesem Fall komplizierter (Abb. 33a). An der Abbildung sieht man, daß die Kurve G drei Minima besitzt — eins im Koordinatenursprung bei $P_{sp} = 0$ und zwei weitere, die Werten $P_{sp} \neq 0$ entsprechen. Wenn die Tiefe der Minima temperaturabhängig ist und die Potentialbarrieren zwischen ihnen nicht groß sind, so wird der Kristall vom paraelektrischen in den ferroelektrischen Zustand übergehen. Im Unterschied zu dem vorherigen Fall (Abb. 32b) ändern sich die spontane Polarisation und Energie des Kristalls im Umwandlungspunkt sprunghaft. Die latente Umwandlungswärme hat einen endlichen Wert, was für Phasenübergänge 1. Art charakteristisch ist.[1]) Der Wert der latenten Umwandlungswärme ΔQ wird durch die Beziehung

$$\Delta Q = \frac{T_k}{2C^*} P_{\mathrm{sp}}^2 \tag{2.7}$$

bestimmt.

Typische Vertreter der ferroelektrischen Kristalle, bei denen ein Phasenübergang 1. Art auftritt, sind $BaTiO_3$, $KNbO_3$ und andere. Die latente Umwandlungswärme für $BaTiO_3$ z. B. beträgt beim Übergang aus der kubischen in die tetragonale Modifikation etwa 30 cal/mol.

In den Ferroelektrika, die einen Phasenübergang 1. Art erfahren, zeigt eine Reihe von physikalischen Größen infolge der auftretenden latenten Umwandlungswärme eine Temperaturhysterese. Sie äußert sich darin, daß diese Größen in der Nähe der Umwandlungstemperatur in Abhängigkeit davon, ob der Kristall erwärmt oder abgekühlt wurde, bei ein- und derselben Temperatur verschiedene Werte annehmen.

Nicht alle Ferroelektrika kann man eindeutig in solche mit einem Phasenübergang 1. oder 2. Art einteilen. In KH_2PO_4 ändert sich z. B. die spontane Polarisation nahezu sprunghaft. Der Übergang in diesem Kristall kann jedoch weder als Phasenübergang 1. Art noch

---

[1]) Eines der typischsten Beispiele für einen Phasenübergang 1. Art ist das Schmelzen des Eises, bei dem eine „latente Schmelzwärme" auftritt.

2. Art beschrieben werden. Im TGS deuten sich einige Eigenschaften eines Phasenübergangs 1. Art an, obwohl der Übergang in diesem ferroelektrischen Kristall eher ein Phasenübergang 2. Art ist.

Bei allen Phasenübergängen in Ferroelektrika treten Wärmeeffekte auf, von denen einige in Abschn. 3 betrachtet werden. In den Ferroelektrika, die einen Phasenübergang 2. Art zeigen, sind diese Effekte mit einer sprunghaften Änderung der spezifischen Wärme verbunden. In den Ferroelektrika, die einen Phasenübergang 1. Art zeigen, gelingt es nicht immer, die latente Umwandlungswärme aus dem gesamten Wärmeeffekt zu separieren, der auch eine bestimmte Änderung der spezifischen Wärme bei der Umwandlung mit einschließt.

Bei Phasenübergängen in den Antiferroelektrika entsteht (verschwindet) ebenfalls eine spontane Polarisation. In der antiferroelektrischen Modifikation ist jede Elementarzelle der paralelektrischen Modifikation (Unterzelle) spontan polarisiert, obwohl der Kristall keine makroskopische Polarisation besitzt, da sich die Dipolmomente der Unterzellen in der Überstrukturelementarzelle gegenseitig kompensieren. Deshalb spricht man bei Antiferroelektrika meist nicht von ihrer spontanen Polarisation, sondern von der Antipolarisation oder der Polarisation ihrer Untergitter. Formal können die Antiferroelektrika als Grenzfall der Ferroelektrika mit Domänen, die gleich einer Elementarzelle der paraelektrischen Modifikation sind, betrachtet werden.

Vom phänomenologischen Standpunkt aus bildet sich die antiferroelektrische Modifikation dann, wenn der spontan polarisierte Zustand mit antiparalleler Polarisation in benachbarten Elementarzellen eine niedrigere Energie besitzt als bei paralleler Orientierung.

Bei der thermodynamischen Beschreibung der Antiferroelektrika muß man den Begriff der Untergitterpolarisation verwenden. Bezeichnet man mit P_a die spontane Polarisation des einen Untergitters und mit P_b die des anderen, wobei $P_a = -P_b$ gilt, so erhält man in Analogie zu Gl. (2.2)

$$G - G_0 = \alpha_1^*(P_a^2 + P_b^2) + \alpha_2^* P_a P_b + \beta(P_a^4 + P_b^4) + \gamma(P_a^6 + P_b^6) + \cdots . \tag{2.8}$$

Die Größen α_1^*, α_2^*, β und γ sind Funktionen der Temperatur. (Bei der Reihenentwicklung wurde $E = 0$ und $r = 0$ angenommen.)

Wenn kein äußeres elektrisches Feld vorhanden ist, gilt für Antiferroelektrika $P_a = -P_b$. Deshalb kann die Reihenentwicklung (2.8) in der Form

$$G - G_0 = (2\alpha_1^* - \alpha_2^*)\, P^2 + 2\beta P_a^2 + 2\gamma P_a^6 \tag{2.9}$$

geschrieben werden.

Analysiert man den letzten Ausdruck, so kann man aus den Vorzeichen der Koeffizienten einige Schlußfolgerungen über den Charakter des Überganges ziehen. Die Analyse zeigt, daß unter der Bedingung $2\alpha_1^* - \alpha_2^* > 0$ die Funktion G ein Minimum im Punkt $P_a = 0$ besitzt. Ist die Bedingung $2\alpha_1^* - \alpha_2^* < 0$ erfüllt, so hat G in diesem Punkt ein Maximum. Gleichzeitig tritt ein Minimum bei einem bestimmten $P_a \neq 0$ auf. Somit tritt bei einer Änderung der Größe $2\alpha_1^* - \alpha_2^*$ von negativen zu positiven Werten ein antiferroelektrischer Phasenübergang auf.

Die Art eines solchen Überganges wird durch die Vorzeichen zweier Koeffizienten bestimmt. Nimmt man $\beta > 0$ und $\gamma > 0$ an, so ist offenbar für $2\alpha_1^* - \alpha_2^* > 0$ die einzige Lösung der Gleichung

$$\frac{\partial G}{\partial P_a} = 2(2\alpha_1^* - \alpha_2^*)\, P_a + 8\beta P_a^3 + 12\gamma^* P_a^5 = 0 \tag{2.10}$$

durch $P_a = 0$ gegeben.

Zieht man jedoch in Betracht, daß die Größe $2\alpha_1^* - \alpha_2^*$ ihr Vorzeichen ändern und negativ werden kann

(β und γ wie oben positiv) und nimmt für sie die mathematische Form

$$2\alpha_1^* - \alpha_2^* = \lambda(T - T_k) \tag{2.11}$$

an, so ist unterhalb der Übergangstemperatur T_k eine Lösung von Gl. (2.10) mit $P_a \neq 0$ möglich,

$$P_a^2 = \frac{\lambda(T_k - T)}{4\beta}, \tag{2.12}$$

die einem Phasenübergang 2. Art entspricht (s. Abb. 32).

Setzt man $\beta < 0$ voraus, so wird sich die freie Energie bei hinreichend kleinen positiven Werten der Größe $2\alpha_1^* - \alpha_2^*$ mit wachsendem P_a folgendermaßen ändern: ausgehend von dem Minimum bei $P_a = 0$ wächst sie zunächst und geht dann in ein weiteres Minimum bei einem bestimmten $P_a \neq 0$ über und wächst dann wiederum an (vgl. Abb. 32a). Bei einer bestimmten Temperatur, der kleine aber positive Werte der Größe $2\alpha_1^* - \alpha_2^*$ entsprechen, liegt das Minimum bei $P_a \neq 0$ tiefer als bei $P_a = 0$ und das System geht sprunghaft aus dem unpolarisierten ($P_a = 0$) in den polarisierten ($P_a \neq 0$) Zustand über. Es geht ein Phasenübergang 1. Art vor sich. Aus der Gleichheit der thermodynamischen Potentiale vor und nach den Übergang kann man leicht den Sprung der spontanen Polarisation

$$P_a^2 = \frac{\alpha_2^* - 2\alpha_1^*}{\beta} \tag{2.13}$$

berechnen.

Der Phasenübergang aus dem antiferroelektrischen Zustand muß nicht unbedingt in die paraelektrische Phase führen. Es sind auch Übergänge zwischen der antiferroelektrischen und ferroelektrischen Modifikation möglich. Sie sind aber nur bei bestimmten Beziehungen zwischen den Beträgen und Vorzeichen der Koeffizienten in der Entwicklung (2.8) erlaubt.

Der Einfluß äußerer Bedingungen auf Phasenübergänge in ferroelektrischen und antiferroelektrischen Kristallen. Die obige thermodynamische Beschreibung der Phasenübergänge war für verschwindende äußere elektrische Felder und mechanische Einwirkungen gültig. Hier betrachten wir kurz den Einfluß elektrischer Felder und mechanischer Spannungen auf die Phasenübergänge.

Für Phasenübergänge 1. Art kann man den Einfluß elektrischer Felder und einer hydrostatischen Kompression aus der Gleichheit der Energien im polarisierten und unpolarisierten Zustand finden (s. Abb. 33a). Im Fall $E = 0$ (oder $E = \text{const}$) ergibt diese Gleichsetzung von G für die Abhängigkeit der Übergangstemperatur T_k von der Größe des hydrostatischen Druckes p die Beziehung

$$\gamma = \frac{\partial T_k}{\partial p} = \frac{\Delta V}{S_f - S_p}, \tag{2.14}$$

wobei ΔV die Volumenänderung beim Übergang und S_f bzw. S_p die Entropie des Kristalles im ferroelektrischen bzw. paraelektrischen Zustand bedeuten. Gl. (2.14) ist als Clausius-Clapeyron-Gleichung bekannt.

Ob die Umwandlungstemperatur T_k mit wachsendem Druck erhöht oder erniedrigt wird, hängt vom Vorzeichen der Volumenänderung und der latenten Umwandlungswärme $\Delta Q = T(S_f - S_p)$ ab. Bei $BaTiO_3$ z. B. ist die Volumenänderung negativ (im Curie-Punkt $T_k = 120\,°C$ verringert sich das Volumen mit wachsender Temperatur, d. h. $\Delta V < 0$). Das Verschwinden der spontanen Polarisation bei Temperaturerhöhung führt in diesem Kristall zu einer Wärmeentwicklung $\Delta Q > 0$.

Die Rechnungen und Messungen zeigen somit, daß eine Druckerhöhung beim $BaTiO_3$ zu einer Abnahme der Curie-Temperatur (Umwandlungstemperatur für den Übergang des Kristalles aus der tetragonalen in die kubische Modifikation) führt. Die Größe γ in Gl. (2.14) hat dabei den Wert $-6 \cdot 10^{-9}\,\text{grd} \cdot \text{cm}^2/\text{dyn}$. Qualitativ bedeutet dieses Resultat, daß eine hydrostatische Kompression im $BaTiO_3$-Kristall den paraelektrischen Zustand begünstigt.

Bei konstantem hydrostatischen Druck kann man die Abhängigkeit der Umwandlungstemperatur T_k vom angelegten elektrischen Feld wiederum durch Gleichsetzung von G für beide Modifikationen finden. Diese Gleichsetzung führt (s. (2.7)) zu der Beziehung

$$q = \frac{\partial T_k}{\partial E} = -\frac{\Delta P}{\Delta S} = -\frac{2C^*}{P_{\text{sp}}}. \tag{2.15}$$

Für $BaTiO_3$ z. B. ist $4\pi C^* = C = 1{,}5 \cdot 10^5$ grd und $P_{\text{sp}} = 26 \cdot 10^{-6}$ A · s/cm². Daraus folgt $q = -0{,}45$ ESE. Somit erhöht[1]) ein angelegtes elektrisches Feld im Bariumtitanat die Umwandlungstemperatur für den Übergang aus der tetragonalen in die kubische Modifikation. Das ist ebenfalls qualitativ verständlich: Das angelegte Feld erhöht die Polarisation des Kristalles, wodurch die Existenz einer Polarisation bei höheren Temperaturen ermöglicht wird.

Wie wir sehen, beeinflussen das elektrische Feld und der hydrostatische Druck die Temperatur des Phasenüberganges von der tetragonalen in die kubische Phase in $BaTiO_3$ in entgegengesetzten Richtungen.

Für Ferroelektrika, die einen Phasenübergang 2. Art erfahren, kann der Einfluß des hydrostatischen Druckes durch Gleichsetzen der Entropie in der polaren und nichtpolaren Phase gefunden werden. Diese Gleichsetzung führt zur Ehrenfestschen Gleichung

$$\gamma = \frac{\partial T}{\partial p} = \frac{T(\Lambda_f - \Lambda_p)}{C_f - C_p}, \tag{2.16}$$

---

[1]) Das Minuszeichen bei der Größe q deutet darauf hin, daß der Kristall sich beim Anlegen eines Feldes abkühlt. Er muß daher, damit der Phasenübergang stattfinden kann, erwärmt werden, was sich in einer erhöhten Übergangstemperatur ausdrückt (s. u.).

wobei C_f und C_p die spezifischen Wärmen bei konstantem Druck und Δ_f und Δ_p die Volumenausdehnungskoeffizienten jeweils in der ferroelektrischen und paraelektrischen Modifikation bedeuten. Die experimentelle Bestimmung der in Gl. (2.16) eingehenden Größen ist leider nicht in einfacher Weise möglich. Für TGS liefern direkte Messungen den Wert $\gamma = +3{,}8 \cdot 10^{-9}$ grd · cm²/dyn. Das positive Vorzeichen bedeutet, daß bei Zunahme des hydrostatischen Druckes für TGS die Temperatur des Phasenüberganges aus der monoklinen in die rhombische Modifikation (bei +49 °C) erhöht wird.

Die Untersuchung der Druckabhängigkeit des Phasenüberganges im Seignettesalz führt zu sehr interessanten Resultaten. In diesem Kristall erhöht ein zusätzlicher hydrostatischer Druck sowohl die obere (+24 °C) als auch die untere (−18 °C) CURIE-Temperatur. Dabei

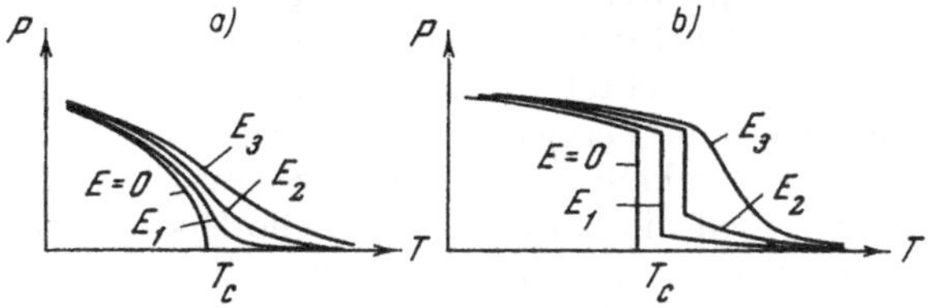

Abb. 34. Einfluß eines äußeren elektrischen Feldes auf einen Phasenübergang 2. Art (a) und 1. Art (b) in ferroelektrischen Kristallen

wächst aber die obere CURIE-Temperatur schneller als die untere, so daß beim Seignettesalz das Temperaturintervall, in dem eine spontane Polarisation existiert, durch hydrostatische Kompression vergrößert wird. Der Koeffizient γ hat bei der oberen CURIE-Temperatur den Wert $10{,}4 \cdot 10^{-9}$ grd · cm²/dyn und bei der unteren den Wert $3{,}65 \cdot 10^{-9}$ grd · cm²/dyn.

Das elektrische Feld bewirkt eine glattere Temperaturabhängigkeit der Polarisation in Ferroelektrika mit einem Phasenübergang 2. Art (vgl. Abb. 34a). Deshalb ist es in diesem Fall schwierig, von einer Erhöhung der

Curie-Temperatur durch das elektrische Feld zu sprechen.[1]) Von solch einer Verschiebung kann man nur bei schwachen Feldern bedingt sprechen. Der Koeffizient q, der diese Verschiebung charakterisiert, stellt sich als klein heraus: Für TGS beträgt er 0,012, für Seignettesalz bei der oberen Curie-Temperatur 0,16 und bei der unteren —0,032 grd · cm²/dyn. Folglich verschiebt das äußere Feld die untere Curie-Temperatur zu kleineren Temperaturen hin (s. auch weiter unten). Das Anlegen eines elektrischen Feldes an einen antiferroelektrischen Kristall bei Temperaturen unterhalb der Curie-Temperatur ermöglicht einen Übergang zu einer ferroelektrischen Struktur (bei der P_a und P_b die gleiche Richtung haben). Das bedeutet — das angelegte Feld erniedrigt die Temperatur des Phasenüberganges Antiferroelektrikum — Ferroeletrikum, falls die ferroelektrische Phase bei höheren Temperaturen existiert. Wenn die Hochtemperaturphase des Antiferroelektrikums paraelektrisch ist, so ist die Art der Curie-Punktverschiebung nicht so offensichtlich. Betrachtet man jedoch die antiferroelektrische Phase im Vergleich zur ferroelektrischen als stärker geordnet, so kann man aus dem Sachverhalt, daß ein angelegtes Feld die antiferroelektrische Modifikation der ferroelektrischen annähert, auf eine Verringerung der Übergangstemperatur antiferroelektrisch-paraelektrisch schließen. Das entspricht den experimentellen Beobachtungen.

Durch Anlegen eines äußeren elektrischen Feldes kann man ein Antiferroelektrikum (im Prinzip jedes) in einen ferroelektrischen Zustand überführen, d. h., man kann auf diese Weise die Dipolmomente in beiden Untergittern in ein- und dieselbe Richtung orientieren. Man kann das sogar auch dann erreichen, wenn die Hochtemperatur-

---

[1]) In Ferroelektrika mit einem Phasenübergang 1. Art existiert ungeachtet des Einflusses des äußeren Feldes (zumindest bei nicht zu starken Feldern) eine Temperatur, bei der sich die Polarisation (wenigstens teilweise) sprunghaft ändert (vgl. Abb. 34b).

phase nicht ferroelektrisch[1]), sondern paraelektrisch ist. Das Feld, bei dem dieser Übergang stattfindet, bezeichnet man als kritisches Feld E_k. Seine Größe kann durch die Entwicklungskoeffizienten der freien Energie in der Form

$$E_k = \frac{4}{3\sqrt{6\beta}} (\alpha_2^* - \alpha_1^*)^{3/2} \tag{2.17}$$

ausgedrückt werden.

Die Existenz eines kritischen Feldes für Antiferroelektrika führt in starken veränderlichen Feldern zu einer Polarisation, die eine doppelte Hystereseschleife $P = P(E)$ besitzt.

Die Größe des kritischen Feldes eines bestimmten Antiferroelektrikums hängt von der Temperatur des Kristalles ab, genauer davon, wie weit unterhalb der Übergangstemperatur sich der Kristall befindet. Das kritische Feld legt einen spezifischen Übergang aus der antiferroelektrischen in die ferroelektrische Modifikation fest. Dieser Phasenübergang 1. Art ist mit einer Wärmeentwicklung verbunden. Qualitative Betrachtungen über den Einfluß eines hydrostatischen Druckes auf die Umwandlungstemperatur eines Antiferroelektrikums reduzieren sich auf folgendes: Angenommen eine hydrostatische Kompression erhöht die spontane Polarisation der Unterzellen des Antiferroelektrikums. Das würde eine Erhöhung der Stabilität des antiferroelektrischen Zustandes und folglich auch der Übergangstemperatur antiferroelektrisch — ferroelektrisch und antiferroelektrisch — paraelektrisch bedeuten. Wenn die hydrostatische Kompression die spontane Polarisation der Unterzellen verringert, so nimmt auch die Umwandlungstemperatur für beide Übergänge ab.

---

[1]) Wenn die Hochtemperaturphase ferroelektrisch ist, so kann man den Übergang des Antiferroelektrikums in den ferroelektrischen Zustand als Resultat einer Verschiebung der CURIE-Temperatur zu kleineren Temperaturen durch das äußere Feld betrachten.

Modellvorstellungen zur Erklärung der spontanen Polarisation in ferroelektrischen Kristallen. Die einfachste Erklärung für die Entstehung eines spontanpolarisierten Zustandes kann man erhalten, wenn man von den klassischen Vorstellungen über die Wechselwirkung von Ladungen und Dipolen in einem Dielektrikum ausgeht. Auf der Grundlage dieser Vorstellungen muß man — qualitativ gesprochen — abschätzen, welche der Energien — die Energie des polarisierten Zustandes oder die Wechselwirkungsenergie der Dipole — größer ist. Offenbar ist der spontan polarisierte Zustand stabil, wenn die erste Energie bei sonst gleichen Bedingungen kleiner als die zweite ist.

Wir betrachten jetzt die analytischen Beziehungen. Wenn in einem einfachen kubischen Gitter nur eine Ionensorte auftritt, so kann man die Energie der Elektronen im polarisierten Ion in der folgenden Form aufschreiben:

$$\frac{p^2}{2\eta} + a_4 p^4 + a_6 p^6 + \dots, \tag{2.18}$$

wobei p das Dipolmoment und η die Polarisierbarkeit bedeuten. Daraus folgt für die Energie (in einem 1 cm^3 des Kristalles, der N Ionen enthält), die mit der Deformation der Elektronenschalen zusammenhängt,[1])

$$A_{el} = \frac{P^2}{2N\eta} + a_4 P^4 + a_6 P^6 + \dots. \tag{2.19}$$

Andererseits ist die Wechselwirkungsenergie punktförmiger Dipole bei Abwesenheit eines äußeren elektrischen Feldes durch

$$A_{dip} = -\frac{4\pi}{6} P^2 \tag{2.20}$$

gegeben.

---

[1]) Hier wird nur die Polarisation der Elektronen betrachtet.

Das Minuszeichen deutet darauf hin, daß der polarisierte Zustand dem unpolarisierten gegenüber bevorzugt ist. Aus diesem Grunde bezeichnet man die betrachtete Wechselwirkung auch manchmal als treibende Wechselwirkung beim ferroelektrischen Übergang. Die Summe beider Energieanteile (2.19) und (2.20) ergibt

$$A = \frac{1}{2}\left(\frac{1}{N\eta} - \frac{4\pi}{3}\right)P^2 + a_4 P^4 + a_6 P^6 + \cdots. \quad (2.21)$$

Aus diesem Ausdruck ist zu erkennen, daß der polarisierte Zustand gerade dann stabil wird, wenn die Polarisierbarkeit den kritischen Wert

$$\eta \geq \frac{3}{4\pi N} \quad (2.22)$$

überschreitet. Man spricht in diesem Zusammenhang auch von der sogenannten „$\frac{4\pi}{3}$-Katastrophe".

In der Regel ist die Bedingung (2.22) für Kristalle nicht erfüllt, und es tritt keine spontane Polarisation auf.

Die in den Ausdruck (2.22) eingehende Größe $\frac{4\pi}{3}$ entspricht dem Lorentz-Faktor für kubische Kristalle. Er ist durch die Beziehung

$$F = E + \frac{4\pi}{3}P \quad (2.23)$$

bestimmt, in der F das mikroskopische auf eine Ladung in einem gegebenen Punkt wirkende Feld ist, das sich von dem mittleren makroskopischen Feld E um die Größe $\frac{4\pi}{3}$ P unterscheidet. Dieser Faktor kann jedoch sogar in kubischen Kristallen in bestimmten Richtungen größer als $\frac{4\pi}{3}$ sein, so daß auch für η, die die Bedingung (2.22) nicht erfüllen, eine spontane Polarisation entstehen kann.

Zur Berechnung der spontanen Polarisation auf der Grundlage der Ionenverschiebung muß man diese Verschiebung (die im betrachteten Fall als statisch angesehen wird) und die Ionenladung kennen. Solch eine Rechnung kann jedoch nur für vergleichsweise einfache Strukturen, für die man die Größe der inneren Felder bestimmen kann, durchgeführt werden.

Phasenübergänge, bei denen eine spontane Polarisation entsteht, kann man auch über die Gitterschwingungen des Kristalles verstehen. Daß die Gitterschwingungen in direkter Beziehung zu den ferroelektrischen Phasenübergängen stehen, folgt zumindest aus der Tatsache, daß sich die Umwandlungstemperatur bei der Ersetzung der Ionen durch entsprechende Istotope ändert.

Im einfachsten Fall kann man die spontane Polarisation bestimmen, indem man anharmonische Schwingungen eines Ions betrachtet, dessen potentielle Energie U die Form

$$U = \frac{c}{2}x^2 + \frac{b}{4}x^4 \tag{2.24}$$

hat. Für $b > 0$ und $c < 0$ besitzt U nicht bei $x = 0$ sondern bei $x = \pm\sqrt{\frac{|c|}{b}}$ ein Minimum. Sogar oberhalb der Umwandlungstemperatur kann das Ion in der Elementarzelle mehrere Gleichgewichtslagen haben. Durch thermische Anregung kann es dann aus der einen in die andere Gleichgewichtslage übergehen. Der Kristall als ganzes besitzt dabei keine spontane Polarisation.[1])

Bei Abkühlung des Kristalles können sich einige „hüpfende" Ionen in einer Richtung verschieben. Dabei

[1]) Eine Zeit lang nahm man an, daß z. B. in $BaTiO_3$ das Titanion keine Gleichgewichtslage im Zentrum der Elementarzelle besitzt, sondern ständig von einem Sauerstoffatom zu anderen „hin- und herspringt". Später ist diese Vorstellung experimentell widerlegt worden.

entsteht ein inneres Feld, das von der Verschiebung der Ionen und ihren Elektronenschalen herrührt. Am CURIE-Punkt ist die Wärmebewegung nicht mehr sehr intensiv und das innere Feld ist daher in der Lage, die Ionen in den verschobenen Lagen festzuhalten. Bei geringfügiger Temperaturerniedrigung wächst die Zahl der in einer Richtung verschobenen Ionen stark an. Auf diese Weise entsteht eine spontane Polarisation P_{sp}.

Bei Anwesenheit eines inneren Feldes F lautet die Bedingung für die Entstehung einer spontanen Polarisation (das „Festhalten" eines Ions)

$$qF > cS, \tag{2.25}$$

in der q die Ionenladung und S die Verschiebung, die dem Minimum von U entspricht, bedeuten.

Die Bedingung (2.25) ist analog zur Bedingung (2.22), bei der für die betrachteten inneren Felder die „$\frac{4\pi}{3}$-Katastrophe" auftreten muß. Auf der rechten Seite der Ungleichung (2.25) steht eine Größe, die zahlenmäßig gleich der elastischen Kraft ist, die bei der Ionenverschiebung entsteht. Auf der linken Seite steht die Kraft, die von dem entstandenen inneren Feld verursacht wird, oder mit anderen Worten die Kraft, die durch die Wechselwirkung der Dipole bestimmt wird, welche sich infolge der Ionenverschiebung gebildet haben.

Eine spontane Polarisation entsteht somit in den Kristallen, in denen die Dipol-Dipol-Wechselwirkung die elastische Kraft überwiegt. Wenn die potentielle Energie der Kristallionen innerhalb der Elementarzelle mehrere Minima besitzt, so kann die Ungleichung (2.25) unter der Bedingung $c < 0$ immer erfüllt werden, sogar für kleine innere Felder.[1])

[1]) Natürlich kann man in diesem Fall nicht von einer elastischen Kraft oder elastischen Koeffizienten sprechen.

Gilt die Bedingung $c > 0$, so muß das innere Feld groß und der elastische Koeffizient klein sein. Wenn in einer bestimmten Kristallrichtung auf die großen Sauerstoffionen kleine Kationen mit einer großen Ladung im Wechsel aufeinander folgen, so können in solchen Kristallen starke innere Felder entstehen.

Diese Bedingungen sind in Kristallen mit Perowskitstruktur wie Rheniumtrioxid, Pyrochlor und einigen anderen erfüllt. Der elastische Koeffizient wird durch die Größe der Elementarzelle und der Ionen bestimmt und hängt vom Typ der chemischen Bindung im Kristall ab. Bei der übergroßen Mehrzahl der Ferroelektrika vom Sauerstoffoktaedertyp ist das kleine Kation (T^{+4}, Zr^{+4}, Ta^{+5}, Nb^{+5}, W^{+6}) von sechs Sauerstoffionen umgeben.

In einer Reihe Ferroelektrika (Seignettesalz, Kaliumdihydrogenphosphat, Triglyzinsulfat u. a.) entsteht eine spontane Polarisation durch Ordnung bestimmter Strukturelemente. Offensichtlich führt für diese Ferroelektrika weder die Untersuchung der Polarisierbarkeit noch der Gitterschwingungen zum gewünschten Resultat bei der Beschreibung der Phasenübergänge.

Für geordnete Ferroelektrika basiert der einfachste Zugang auf der Annahme, daß permanente Dipole existieren, die durch das innere Feld ausgerichtet werden können. In polaren Flüssigkeiten stellen die polaren Moleküle solche Dipole dar. Im Kristallgitter jedoch ist es nicht möglich, einzelne polare Moleküle zu finden, die sich umorientieren können. Äquivalent zu den polaren Molekülen können aber Ionen (mit der Ladung q) sein, die zwei (oder mehr) Gleichgewichtslagen einnehmen können.

Ein Beispiel für solch ein Ion ist das Wasserstoffion in einer der Bindungen im Triglyzinsulfat, das zwei stabile Gleichgewichtslagen im Abstand r vom Bindungszentrum einnehmen kann. Man kann dieses Ion daher als einen Pseudodipol $\boldsymbol{P} = q\boldsymbol{r}$ betrachten, der sich in zwei Richtungen orientieren kann. Für den Übergang aus der einen Lage in die andere ist eine bestimmte

Aktivierungsenergie erforderlich. Die mittlere Energie eines solchen Pseudodipols folgt dem $\frac{1}{T}$-Gesetz. Die Ausrichtung der Pseudodipole unterhalb der CURIE-Temperatur entspricht einem Ordnungsvorgang der Ionen. Das Anwachsen der spontanen Polarisation des Kristalles wird bei diesem Zugang durch eine Funktion beschrieben, die von der Gesamtzahl und Verteilung der Gleichgewichtslagen des Ions abhängt, auf die sich der Dipol bezieht.

Diese Betrachtungsweise der spontanen Polarisation im Seignettesalz ist von J. W. KURTSCHATOW und später von MASON entwickelt worden. Nach den Vorstellungen von MASON hat ein Dipol in der Struktur zwei verschiedene Energien in den entgegengesetzten Lagen, was (für Elementarzellen, die vier paarweise unsymmetrische Bindungen enthalten) unsymmetrischen Potentialbarrieren entspricht. In der paraelektrischen Modifikation bei tiefen Temperaturen sind die Dipolpaare gegeneinander (antiparallel) in der (100)-Richtung orientiert. Bei hohen Temperaturen sind sie vollkommen ungeordnet, und zwischen den bei den CURIE-Temperaturen sind sie parallel ausgerichtet.

Weiter oben wurde die Entstehung einer spontanen Polarisation in Ferroelektrika vom Sauerstoffoktaedertyp als Resultat eines orientierten (geordneten) „Hüpfens" der Ionen beschrieben. Diese Vorstellungen sind in einigen Theorien der Phasenumwandlungen verwendet worden. Sie erwiesen sich aber nicht als stichhaltig.

Seit relativ kurzer Zeit begann man, die Ursachen für die Entstehung einer spontanen Polarisation mit Hilfe einer allgemeinen dynamischen Theorie der Gitterschwingungen zu untersuchen.[1]) Diesen Fragen sind die Arbeiten von W. L. GINZBURG, W. COCHRAN u. a. gewidmet.

---

[1]) Einen speziellen Fall stellen die anharmonischen Schwingungen der Ionen in einer eindimensionalen Kette dar.

Bekanntlich breiten sich bei Anregung eines zweiatomigen Kristalles im allgemeinen sechs verschiedene Wellen aus, denen sechs verschiedene Schwingungszustände der Teilchen entsprechen, die man oft als Schwingungsmoden bezeichnet. Dabei gehören drei Wellen zum sogenannten akustischen und drei zum optischen Zweig.

Im akustischen Zweig schwingen die benachbarten Teilchen in (nahezu) gleicher Phase (Abb. 35a), während sie im optischen Zweig in (nahezu) entgegengesetzter Phase schwingen (s. Abb. 35b). In beiden Zweigen unter-

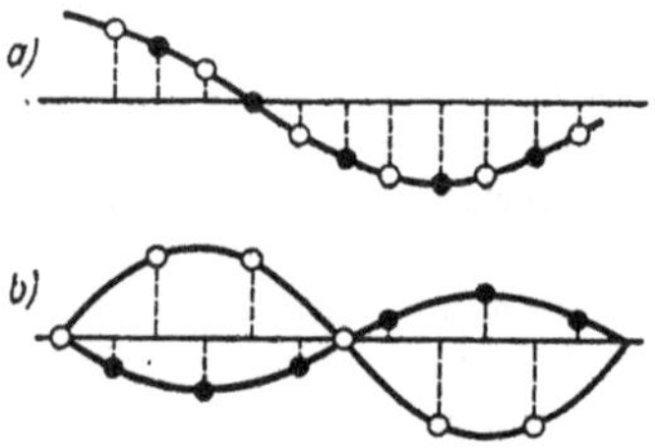

Abb. 35. Schwingungsphasen der Teilchen in akustischen (*a*) und optischen (*b*) Wellen

scheidet man außerdem longitudinale und transversale Schwingungen. Insbesondere gehören zum akustischen Zweig eine longitudinale und zwei transversale Wellen (Schwingungsmoden). Schlägt man an einem Ende gegen einen homogenen Stab, so laufen durch ihn bekanntlich drei Wellen: eine longitudinale, die Dichtewellen entspricht, und zwei transversale, die einer Schwingung der Teilchen in Richtung zum Stabzentrum in zwei zueinander senkrechten Richtungen entsprechen.

Vom Standpunkt der dynamischen Gittertheorie geht der Phasenübergang dann vor sich, wenn die Schwingungen der Teilchen im Kristall bezüglich einer der Moden instabil werden. Der Phasenübergang führt zu einer Strukturänderung. Danach werden alle Schwingungsmoden wieder stabil.

Die Untersuchung der Gleichungen für die Gitterschwingungen zeigt, daß eine der Schwingungsmoden, und zwar eine transversale Mode des optischen Zweiges, unter bestimmten Bedingungen instabil werden kann. Für lange Wellen des optischen Zweiges ($k \to 0$, wobei k den Wellenzahlvektor bedeutet, der umgekehrt proportional zur Wellenlänge ist), denen Teilchenschwingungen relativ zueinander innerhalb einer Elementarzelle entsprechen, geht die Frequenz ω_T dieser Schwingungen gegen Null.[1]) Das bedeutet, daß unter bestimmten Bedingungen die durch die Schwingungen verschobenen Teilchen nicht mehr in die Ausgangslage zurückkehren und ein Phasenübergang vor sich geht. Letzten Endes ist die Bedingung für einen Phasenübergang analog der Bedingung für die „$\frac{4\pi}{3}$-Katastrophe" (2.22) und lautet

$$\alpha_e + \alpha_i \geq \frac{3}{4\pi}. \tag{2.26}$$

In diesem Ausdruck bedeutet α_e die Polarisierbarkeit der Elektronen und α_i die der Ionen (pro Volumen). Ist diese Bedingung erfüllt, so wird die statische Dielektrizitätskonstante des Kristalles unendlich. Dieses Verhalten ist für ferroelektrische Phasenübergänge charakteristisch.

Die dynamische Gittertheorie ermöglicht eine Abschätzung des Absolutbetrages der Frequenz ω_T, die sich im Gebiet des Phasenüberganges anomal verhalten muß und bei Abkühlung des Kristalles gegen Null gehen muß. Diese Frequenz entspricht nicht genau dem Wellenzahlvektor $k = 0$ (der für Teilchenverschiebungen innerhalb einer Elementarzelle charakteristisch ist) sondern etwas kürzeren Wellen. Die Wellenlänge muß klein gegen die Kristalldimensionen, aber groß gegen die Ausmaße einer Elementarzelle sein. Nach einer Abschätzung von

[1]) Man bezeichnet solche Schwingungsmoden häufig als „weiche Moden" (Anmerkung des Herausgebers der deutschen Fassung).

Cochran folgt für $BaTiO_3$

$$\nu_T = 3{,}2 \cdot 10^{11}\,\mathrm{Hz}\left(\nu_T = \frac{\omega_T}{2\pi}\right). \tag{2.27}$$

Absorptionslinien, die nahezu den berechneten Frequenzen entsprechen ($\sim 10^{12}$ Hz), wurden später experimentell in $BaTiO_3$, $SrTiO_3$ u. a. gefunden. Diese niederfrequenten Schwingungen zeigen tatsächlich ein anomales Verhalten. Bei ihnen sinkt die Frequenz bei Annäherung an das Gebiet des Phasenüberganges von der paraelektrischen Seite (d. h. bei Abkühlung).

Abschließend bemerken wir noch, daß man die dynamische Theorie auf relativ einfache Strukturen (z. B. Ferroelektrika mit Perowskitstruktur) anwenden kann. Für einfache Strukturen kann man mehr oder weniger gesicherte Resultate erhalten. Im Vergleich dazu ist die Kristallgitterdynamik für Seignettesalz, TGS u. a. sehr kompliziert.

Die spontane Polarisation. Am Schluß des ersten Abschnitts wurden Werte der spontanen Polarisation für lineare Dielektrika angegeben. In der Regel ist die Größe P_{s_l} für solche Materialien in einem weiten Temperaturbereich nahezu konstant; die spontane Polarisation ist im gesamten Temperaturbereich, in dem diese Kristalle existieren, vorhanden.

In den Ferroelektrika existiert eine spontane Polarisation nur im ferroelektrischen Gebiet.[1]) Im Bereich des Phasenüberganges ändert sich die spontane Polarisation in Abhängigkeit von der Art des Überganges nach dem einen oder anderen Gesetz. In einigen Kristallen treten mehrere Phasenübergänge auf, wobei in der Nähe jedes Überganges die spontane Polarisation wesentlich von der Temperatur abhängt.

---

[1]) Bei einigen Kristallen, z. B. bei Guanidinaluminiumsulfat, ist im gesamten Temperaturbereich, in dem der Kristall existiert, eine spontane Polarisation vorhanden. Dieser Kristall zerfällt bei Erwärmung, bevor er in die paraelektrische Modifikation übergeht.

Bei makroskopischen Messungen der spontanen Polarisation P_{sp} in ferroelektrischen Kristallen, die in Domänen zerfallen sind, muß man zuerst eine einzige Domäne erzeugen. Direkte statische Messungen der spontanen Polarisation über die Größe der gebundenen Ladungen des Eindomänenkristalles sind jedoch wegen der oben erwähnten elektrischen Leitfähigkeit der Kristalle und dem Vorhandensein freier Ladungen in der umgebenden Atmosphäre schwer zu realisieren. Deshalb bestimmt man die Größe P_{sp} in den Ferroelektrika (und häufig auch in linearen Pyroelektrika) nicht auf direktem Wege, sondern über Messungen des Piezoeffektes, Pyroeffektes, der spontanen Polarisation beim schnellen Umpolarisieren usw. Am verbreitesten ist die Methode der dielektrischen Hystereseschleife. Die Schleifen erinnern ihrer äußeren Form nach an die bekannten elastischen und magnetischen Hystereseschleifen.

Der schematische Aufbau einer Versuchsanordnung, mit der man das Oszillogramm einer Hystereseschleife erhalten kann, ist in Abb. 36 wiedergegeben. Die Po-

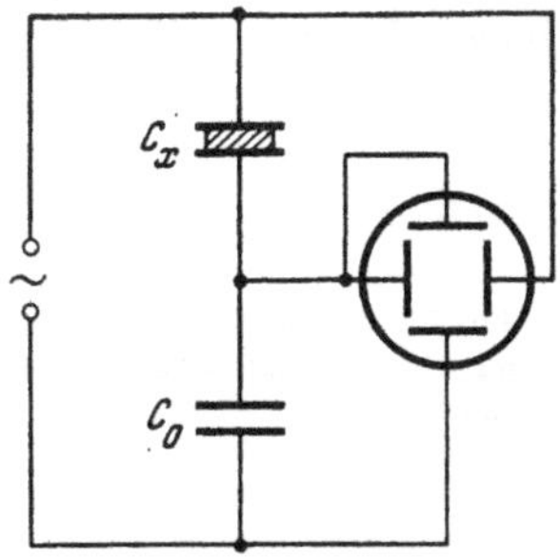

Abb. 36. Schaltschema für eine Apparatur zur oszillographischen Untersuchung dielektrischer Hystereseschleifen

tentialdifferenz V einer niederfrequenten (50—60 Hz) Netzspannung wird an den linearen Vergleichskondensator C_0 und den Kondensator C_x, zwischen dessen Platten sich das zu untersuchende Ferroelektrikum befindet, angelegt. Ist die Bedingung $C_x \ll C_0$ erfüllt, so fällt praktisch die gesamte angelegte Spannung V am

Kondensator C_x ab, d. h., es gilt $V_x \approx V$. Diese Spannung wird auf die horizontalen Platten des Oszillographen übertragen. An die vertikalen Platten wird die Spannung V_0 angelegt, die beim Vergleichskondensator C_0 vorhanden ist. Diese letztere Spannung ist eine lineare Funktion der Polarisation des Kondensators C_x. Ausgehend von der Beziehung $C_x V_x = C_0 V_0 = Q$ (wobei Q die Kondensatorladung bedeutet) erhalten wir bei Berücksichtigung von $P = \sigma$ und $Q = \sigma S$ (wobei σ die Oberflächenladung, S die Kondensatorfläche und P die Polarisation ist) die Gleichung

$$P = \frac{C_x}{S} V_0. \tag{2.28}$$

Daran erkennt man, daß sich in diesem Beispiel die Messung der spontanen Polarisation auf die Bestimmung der Kondensatorfläche und der Größe V_0, die proportional zur vertikalen Auslenkung des Oszillatorstrahles ist, reduziert.

Der schematische Verlauf der Hysteresekurve $P(E)$ ist in Abb. 37 dargestellt. Die lineare Extrapolation der

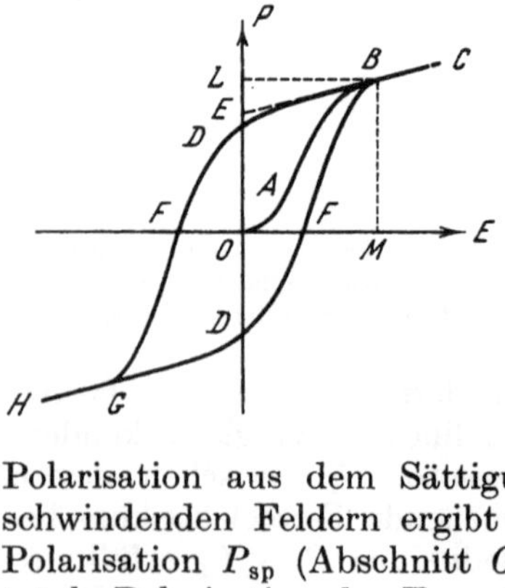

Abb. 37. Schematische Darstellung einer dielektrischen Hystereseschleife

Polarisation aus dem Sättigungsbereich (BC) zu verschwindenden Feldern ergibt die Größe der spontanen Polarisation P_{sp} (Abschnitt OE auf der P-Achse). Die totale Polarisation des Ferroelektrikums (OL) im Sättigungsfeld OM setzt sich aus der spontanen (P_{sp}) und der induzierten Polarisation (EL) zusammen. Die angegebene Interpolation eleminiert die induzierte Polarisation.[1])

Durch Messung der Hystereseschleife bei verschiedenen Temperaturen kann man die Abhängigkeit

$$P_{sp} = P_{sp}(T)$$

finden.

Die Polarisation, die der Strecke OD in Abb. 37 entspricht, ist die remanente Polarisation, und das Feld OF ist die Koerzitivfeldstärke. Wir geben die Temperaturabhängigkeit der spontanen Polarisation einiger Ferroelektrika wieder, die mit Hilfe der dielektrischen Hysteresekurven bestimmt wurden. In Abb. 38 ist die Funktion

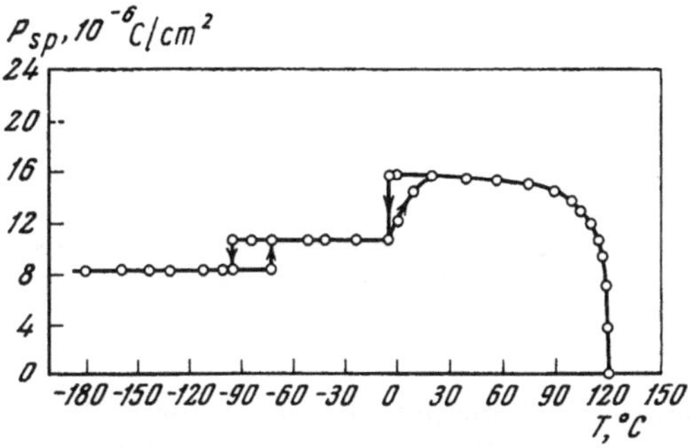

Abb. 38. Temperaturabhängigkeit der spontanen Polarisation für Bariumtitanat

$P_{sp} = P_{sp}(T)$ für Bariumtitanat dargestellt. Die spontane Polarisation entsteht in diesem Kristall bei 120 °C praktisch sprunghaft[2]) und nimmt dann etwas in der tetragonalen Phase mit sinkender Temperatur zu. In der

---

[1]) D. h. die Polarisation, die im Kristall durch das Anlegen des Feldes induziert wird und die nicht als Folge der Domänenprozesse auftritt.

[2]) In keramischen Proben und Kristallen, die Spannungen enthalten, ist der Phasenübergang bei 120 °C etwas verwaschen und die spontane Polarisation ändert sich mit der Temperatur mehr oder weniger glatt.

Nähe von 0 °C erfährt der Kristall einen zweiten Phasenübergang, bei dem sich die spontane Polarisation sprunghaft ein wenig verringert. Ähnlich ist die Situation im Gebiet des 3. Phasenüberganges (—80 °C). Der Absolutwert der spontanen Polarisation P_{sp} beträgt für ideale Kristalle ungefähr 26 μC/cm², für keramische Proben und gestörte Kristalle 10—18 μC/cm².

Die ferroelektrische Modifikation des Seignettesalzes ist auf den Temperaturbereich von —18 bis +24 °C beschränkt. Wird der erwärmte Kristall bis unterhalb der oberen Curie-Temperatur (+24 °C) abgekühlt, so entsteht im Seignettesalz eine stetig wachsende spontane Polarisation, die bei 5 °C den Wert 0,24 μC/cm² annimmt, dann weiter abnimmt und bei —18 °C verschwindet (Abb. 39).

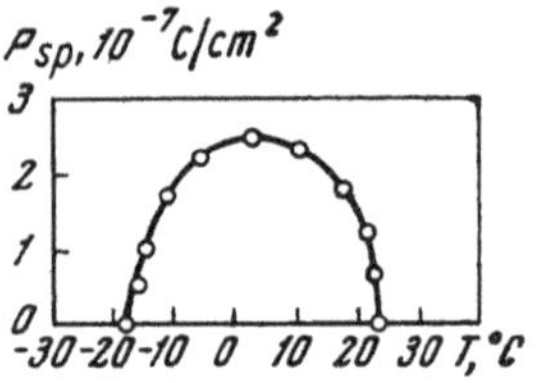

Abb. 39. Temperaturabhängigkeit der spontanen Polarisation für Seignettesalz

Der Temperaturabhängigkeit der spontanen Polarisation gemäß findet im Bariumtitanat nahe 120 °C ein Phasenübergang 1. Art und im Seignettesalz beim oberen Curie-Punkt (und offenbar auch beim unteren Curie-Punkt ein Phasenübergang 2. Art statt. Der letzte Umwandlungstyp ist auch für Triglyzinsulfat (T_k = 49 °C) charakteristisch. Die spontane Polarisation P_{sp} wächst in diesem Kristall in einem Bereich von etwa 12°. Der Absolutwert von P_{sp} beträgt in diesem Kristall bei Zimmertemperatur ca. 3,2 μC/cm² (vgl. Abb. 40).

Der Phasenübergang in KH_2PO_4 bei —150 °C ist ein Mittelding zwischen einem Phasenübergang 1. und 2. Art. Das ist an der Temperaturabhängigkeit der spontanen Polarisation für diesen Kristall zu sehen (Abb. 41). Aus der Abbildung erkennt man, daß P_{sp} seinen Grundwert praktisch in einem schmalen Temperaturintervall (etwa 2°) erreicht. Dieser Grundwert beträgt bei —153 °C nahezu 4 μC/cm².

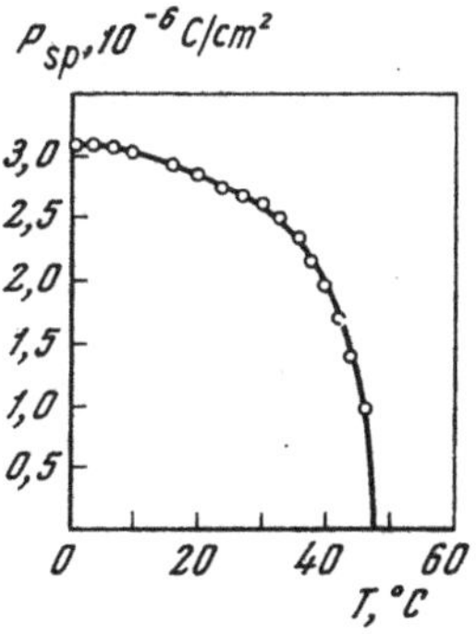

Abb. 40. Temperaturabhängigkeit der spontanen Polarisation für Triglyzinsulfat (TGS)

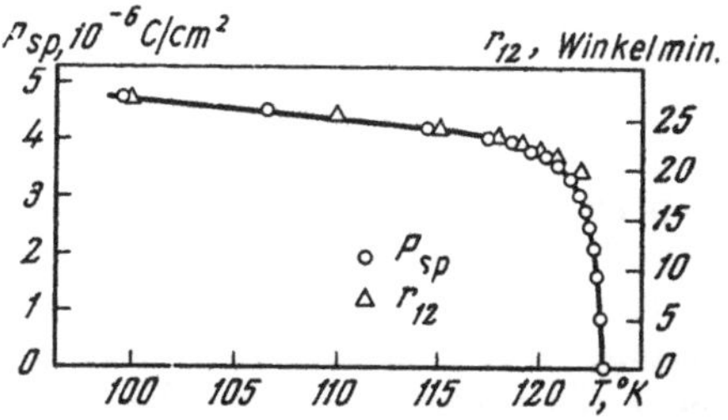

Abb. 41. Temperaturabhängigkeit der spontanen Polarisation und der spontanen Deformation für Kaliumdihydrogenphosphat (KDP)

Generell besitzt die Temperaturabhängigkeit der spontanen Polarisation $P_{sp} = P_{sp}(T)$ in jedem Kristall die eine oder andere Besonderheit. Der Absolutwert von P_{sp} liegt für die verschiedenen Ferroelektrika in dem Intervall 10^{-7}—10^{-5} C/cm². Im gleichen Bereich liegen auch die Werte für P_{sp} bei den linearen Pyroelektrika.

2.5. Elektrische Polarisation

Neben den genannten Polarisationsbeiträgen der Elektronen und Ionen tritt in den Ferroelektrika noch ein Beitrag von den Domänen auf, d. h. eine zusätzliche Polarisation, die mit der Umorientierung der Domänen zusammenhängt. Formal ist dieser Domänenpolarisationsprozeß der Polarisation von Flüssigkeiten ähnlich, die elektrische Dipole enthalten. Beim Anlegen eines elektrischen Feldes orientieren sich diese Dipole in Feldrichtung und liefern einen bestimmten Beitrag zur Polarisation. Im Unterschied zu den Dipolen in Flüssigkeiten können die Richtungen der spontanen Polarisation in Kristallen jedoch nicht beliebig sein, sondern können nur bestimmte feste Richtungen einnehmen. In der Regel überwiegt die Domänenpolarisation die anderen Polarisationsmechanismen stark. Deshalb werden wir nur die Besonderheiten der Domänenpolarisation der Ferroelektrika betrachten.

Statische Felder und Impulsfelder. Bei Abwesenheit äußerer Felder besitzt ein in Domänen zerfallenes Ferroelektrikum keine makroskopische Polarisation, da auf einem hinreichend großen (makroskopischen) Oberflächenausschnitt die positiv und negativ geladenen Teile des Kristalles gleich groß sind. Das Anlegen eines Feldes führt zum Anwachsen der einen und Verringerung der anderen Domänenkomponente. In einer vollständig polarisierten Probe sind alle Domänen in einer Richtung orientiert, so daß der Anteil der einen Komponente 100% und der anderen 0% beträgt.

Die Änderung der Domänenanteile mit engegengesetzter Orientierung[1]) ist ein komplizierter Prozeß, der hauptsächlich von der Größe der Feldstärke und ihrer Einwirkungsdauer abhängt. Ein vollständig polarisiertes

---

[1]) Der Einfachheit halber werden hier Ferroelektrika betrachtet, die nur antiparallele Domänen besitzen.

Ferroelektrikum kann nicht durch statische Felder beliebiger Stärke umpolarisiert werden. Beim Seignettesalz z. B. fand man durch direkte Beobachtung der Domänen, daß Felder bis zu 50 V/cm (E_{kr}) lediglich eine Depolarisation der Probe bewirken und das auch nur nach einer ziemlich langen Zeit (Stunden). Durch Felder, die größer als E_{kr} sind, kann die Probe umpolarisiert werden. Dabei ist die zur Umpolarisierung erforderliche Zeit umso kürzer, je größer die Feldstärke ist. Bis zu großen Feldstärken (von 60 bis 1000 V/cm) ist die Umpolarisierungsdauer t_n der Feldstärke umgekehrt proportional:

$$t_n \sim \frac{1}{E}.$$

Die Beobachtung der Domänen im elektrischen Feld zeigt, daß die Umpolarisierung der Ferroelektrika dank zweier Mechanismen vor sich geht: durch die Entstehung von Polarisationskeimen entgegengesetzter Orientierung und durch das Wachsen dieser Keime. In der Regel geht

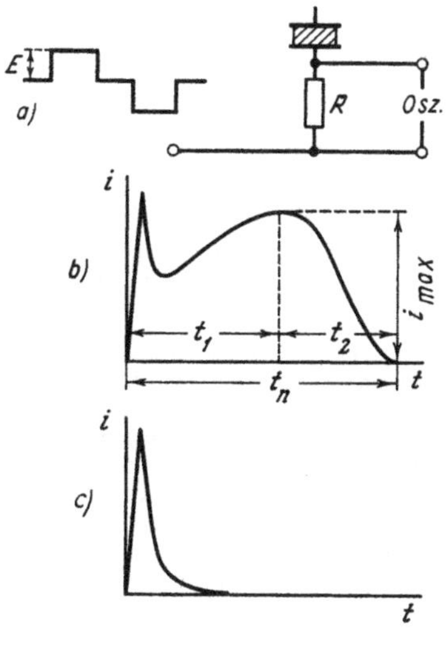

Abb. 42. Zur Untersuchung der Umpolarisierung der Ferroelektrika bei Impulsbetrieb

a) Meßschema zur Bestimmung der Umpolarisierungszeit t_n und des Umpolarisierungsstromes i in Abhängigkeit vom angelegten Feld E

b) Zeitabhängigkeit des Umpolarisierungsstromes bei vollständiger Umpolarisierung des Kristalls

c) Zeitabhängigkeit des Umpolarisierungsstromes bei Anlegen eines zweiten Impulses in Anfangsrichtung die Umpolarisierung in schwachen Feldern dank der Entstehung von Keimen der neuen Domänen im gesamten Kristallvolumen vor sich und in starken Feldern dank des Wachsens einer vergleichsweise kleinen Zahl von Keimen. Es ist deshalb natürlich, daß t_n für schwache Felder exponentiell von E abhängt und somit den statistischen Charakter der Keimbildung widerspiegelt, während für starke Felder $t_n \sim \frac{1}{E}$ gilt. Letzteres korrespondiert zu einem Bewegungsablauf in einem Medium mit Reibung.

Diese Abhängigkeiten sind tatsächlich sowohl durch direkte Beobachtung der Domänenstruktur als auch durch elektrische Messung der Polarisation in Impulsfeldern (Abb. 42)[1]) bestätigt worden. Für schwache Felder fand man die Beziehung

$$\frac{1}{t_n} = \frac{1}{t_0}^{-\alpha/E} \qquad (2.29)$$

(hier ist t_0 eine Konstante und α das Aktivierungsfeld). Für starke Felder ergab sich

$$\frac{1}{t_n} = \frac{v}{d} = \frac{\mu}{d}(E - E_0) = \frac{\mu}{d^2}(V - V_0). \qquad (2.30)$$

Dabei bedeuten v die Geschwindigkeit des Domänenkeimes, μ die Domänenbeweglichkeit, d die Probendicke, E_0 die Koerzitivfeldstärke, $V - V_0$ die Potentialdifferenz.

[1]) In Abb. 42b sind die Feldstärke des Impulsfeldes und der spontanen Polarisation P_{sp} der Domänen antiparallel zueinander orientiert. Der Kristall wird in diesem Fall umpolarisiert, und es fließt (im Stromkreis) ein großer Strom. In Abb. 42c fallen die Richtungen der Impulsfeldstärke und der spontanen Polarisation P_{sp} zusammen; es fließt nur ein geringer Strom. Die Tatsache, daß die Ferroelektrika den polarisierten Zustand, der durch Anlegen eines elektrischen Impulsfeldes „ausgelesen" werden kann, erhalten, war Anlaß für Versuche, die Ferroelektrika als Speicherbauelemente in elektronischen Rechenmaschinen zu verwenden. Dem Signal in Abb. 42b könnte man das Symbol „1" und in Abb. 42c das Symbol „0" zuschreiben.

Die Domänenbeweglichkeit μ unterscheidet sich für verschiedene Ferroelektrika und wächst bei Annäherung an die Temperatur des Phasenüberganges. In starken elektrischen Feldern und bei hohen Temperaturen ergibt sich für $BaTiO_3$ $\mu = 2{,}5\ cm^2/Vs$. Für Seignettesalz folgt in der Mitte des ferroelektrischen Bereiches $\mu = 100\ cm^2/Vs$.

Die Kurvenform von $1/t_n = f(E)$ hängt von der Wechselwirkung der entstehenden Polarisationskeime ab. Diese Wechselwirkung ist der spontanen Polarisation des Kristalles proportional und wird durch die Art der Gitterverzerrung bei der Umpolarisierung beeinflußt. In den meisten Kristallen tritt sowohl die Bildung, als auch das Wachsen der Keime bei beliebigen Feldern auf. Die Umpolarisierung geht dabei aber in schwachen Feldern vorwiegend durch Keimbildung und in starken Feldern vorwiegend durch Keimwachstum vor sich. In einigen Ferroelektrika sind diese beiden Prozesse praktisch vollständig voneinander getrennt. So wird z. B. TGS bis zu einer bestimmten Feldstärke nur durch die Entstehung neuer Keime umpolarisiert und oberhalb dieser Feldstärke durch das Wachsen einer geringen Zahl von Keimen. In einigen Ferroelektrika wird der Umpolarisierungsprozeß durch die Beziehung

$$t_n = kE^{-n} \tag{2.31}$$

mit $n \approx 1{,}5-6$ beschrieben. Diese modifizierte Feldabhängigkeit ist in der Regel eine Folge der Wechselwirkungen zwischen den Keimen.

Bei visueller Beobachtung der Domänen während des Umpolarisierungsprozesses kann man sowohl die Entstehung neuer Domänen als auch ihr seitliches Wachsen erkennen. Eine genauere Untersuchung zeigt jedoch, daß die Keime in den Ferroelektrika (im Unterschied zu den Ferromagnetika) nur vorn wachsen und die seitliche Bewegung nur scheinbar ist. Die an der Grenze entstehenden Keime verursachen, indem sie nach vorn wachsen, den Eindruck einer seitlichen Wandbewegung.

Auf experimentellem Weg fand man, daß die Wandgeschwindigkeit für die seitliche Bewegung im Seignettesalz bei Feldern oberhalb E_{kr} durch die Beziehung

$$v = \mu^*(E - E_{kr}) \tag{2.32}$$

beschrieben wird.

Die Größe μ^* hängt nur schwach von der Temperatur ab. Bei 11 °C folgt $\mu^* = 1{,}36 \cdot 10^{-3}\ \mathrm{cm^2/Vs}$. Für Bariumtitanat in schwachen Feldern wird die Geschwindigkeit der seitlichen Bewegung der 180°-Domänen durch die Beziehung

$$v = v_\infty e^{-\delta/E} \tag{2.33}$$

beschrieben.

v_∞ hat die Größenordnung 10 cm/s und δ beträgt einige tausend V/cm. In schwachen Feldern beträgt die Verschiebungsgeschwindigkeit der Domänenwände ungefähr 10^{-2}—10^{-1} cm/s. Die Geschwindigkeit hängt von der Temperatur ab. Bei Temperaturerhöhung wächst sie in erster Linie durch die Abnahme von δ.

Schwache Wechselfelder. Wichtige Angaben über die Polarisierbarkeit der Ferroelektrika kann man durch Verwendung schwacher elektrischer Wechselfelder erhalten. Mit Feldern unter einem V/cm wird die Anfangspolarisierbarkeit (oder Dielektrizitätskonstante) gemessen, die kaum mit der Umorientierung von Domänen zusammenhängt. Die Temperaturabhängigkeit der Dielektrizitätskonstanten bei kleinen Feldern ist sehr wichtig für den Nachweis und die Untersuchungen der Phasenübergänge in den Ferroelektrika.

Nimmt man für Phasenübergänge 2. Art in Übereinstimmung mit (2.5) eine lineare Temperaturabhängigkeit der reziproken Polarisierbarkeit an,

$$\varkappa = \frac{1}{\alpha^*} = \frac{C^*}{(T - T_k)}, \tag{2.34}$$

und berücksichtigt, daß sich im Gebiet des Phasenüberganges für große α die Beziehung $\varepsilon = 1 + 4\pi\alpha$ (s. Abschn. 1) näherungsweise auf den Ausdruck $\varepsilon = 4\pi\alpha$ reduziert, so erhält man

$$\varepsilon = \frac{C}{T - T_k}. \tag{2.35}$$

Dabei bedeuten $C = 4\pi C^*$ die Curie-Konstante und T_k die Curie-Temperatur. Die Beziehung (2.35) wird als Curie-Weiss-Gesetz bezeichnet.

Aus dem Curie-Weiss-Gesetz folgt, daß für Kristalle, die einen Phasenübergang 2. Art besitzen, die Dielektrizitätskonstante im Curie-Punkt unendlich wird. Die reziproke Polarisierbarkeit $\left(\frac{1}{\alpha} = \alpha^*\right)$ wird bei dieser Temperatur entsprechend Null. Beschränkt man sich in der Entwicklung (2.3) auf die ersten beiden Glieder, so erhält man nach Differentiation und Berücksichtigung von (2.4) für die Temperaturabhängigkeit von α^* oberhalb und unterhalb (jedoch nahe) der Curie-Temperatur T_k die Beziehung (s. Abb. 43a)

$$2\left.\frac{\partial\alpha^*}{\partial T}\right|_{T>T_k} = \left.\frac{-\partial\alpha^*}{\partial T}\right|_{T>T_k}. \tag{2.36}$$

Die Untersuchung der freien Energie im Falle eines Phasenüberganges 1. Art ($\alpha^* > 0$, $\beta < 0$, $\gamma > 0$ s. u.)

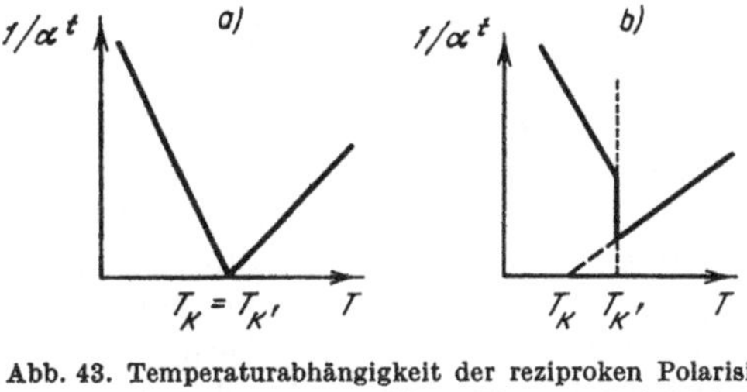

Abb. 43. Temperaturabhängigkeit der reziproken Polarisierbarkeit für Ferroelektrika mit einem Phasenübergang 2. Art (a) und 1. Art (b)

zeigt, daß hier die Dielektrizitätskonstante im CURIE-Punkt endlich bleibt, sich aber sprunghaft ändert (s.Abb. 43b).

Das CURIE-WEISS-Gesetz wird oberhalb der Übergangstemperatur T_k (CURIE-Punkt) praktisch von allen Ferroelektrika erfüllt. Die CURIE-Temperatur T_k fällt bei Ferroelektrika mit einem Phasenübergang 2. Art mit der wirklichen Übergangstemperatur (bei der eine spontane Polarisation entsteht) zusammen. Bei Stoffen mit einem Phasenübergang 1. Art liegt die CURIE-Temperatur T_k unterhalb der Übergangstemperatur $T_{k'}$. Für $BaTiO_3$ z. B. beträgt die Differenz $(T_{k'} - T_k) = 11\,°C$.

Ausgehend vom Betrag der CURIE-Konstanten C kann man die Ferroelektrika in zwei Gruppen einteilen. In der ersten Gruppe besitzt C die Größenordnung 10^3 Grad. Zu ihr gehören Ferroelektrika mit sich ordnenden Strukturelementen (Seignettesalz, KH_2PO_4, $NaNO_2$ u. a.). Zur zweiten Gruppe, bei der C die Größenordnung 10^5 Grad annimmt, gehören Kristalle vom Sauerstoffoktaedertyp wie $BaTiO_3$, $KNbO_3$, $PbNbO_3$, $PbNb_2O_6$ u. a.

Bis jetzt wurden nur ferroelektrische Phasenübergänge (Temperaturabhängigkeit von P_{sp} und ε) für freie Kristalle (d. h. für verschwindende mechanische Spannungen, $t = 0$) betrachtet. Diese „Freiheit" des Kristalles wird auch in den Indizes bei α (α^t) in Abb. 43 angedeutet. Generell muß man in den Ferroelektrika die Dielektrizitätskonstanten für den freien (ε^t) und komprimierten (ε^r) Kristall sowie ihren adiabatischen (ε^s) und isothermen (ε^T) Wert unterscheiden. Es gilt die Beziehung $\varepsilon^t > \varepsilon^r$, da der mechanisch freie Kristall bei der Umpolarisierung einen Teil der Energie des elektrischen Feldes in mechanische Schwingungen umwandelt. Entsprechend gilt $\varepsilon^s > \varepsilon^T$. Die Ausdrücke für ε bei fehlendem Wärmeaustausch zwischen den einzelnen Kristallteilen (Konstanz der Entropie, $S = \text{const}$) und unter isothermen Bedingungen unterscheiden sich um den Term, der den elektrokalorischen Effekt beschreibt (s. Abschn. 3).

Die experimentell bestimmten Temperaturabhängigkeiten der Dielektrizitätskonstanten bestätigen im wesentlichen die obigen Schlußfolgerungen der thermodynamischen Betrachtungen über Phasenübergänge. Eine Ausnahme stellt lediglich die Unendlichkeit der Größe ε dar. In realen Kristallen mit einem Phasenübergang 2. Art wird ε wohl sehr groß (bei der CURIE-Temperatur), bleibt aber endlich. In Abb. 44 ist die T-Abhängigkeit

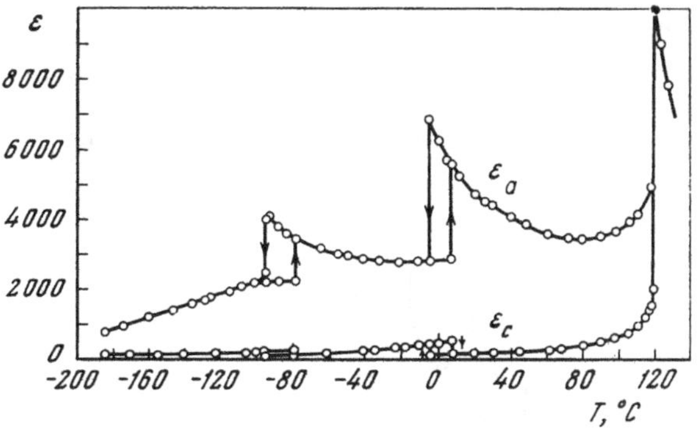

Abb. 44. Dielektrizitätskonstante für einen $BaTiO_3$-Eindomänenkristall, gemessen in zwei zueinander senkrechten Richtungen. Die eine Richtung fällt mit der spontanen Polarisierungsrichtung (c-Achse) der tetragonalen Modifikation zusammen, die andere ist senkrecht zur c-Achse (a-Achse) gemessen

von ε, gemessen in Richtung der spontanen Polarisation ε_c und senkrecht dazu ε_a, für $BaTiO_3$ dargestellt.

Von hohen Temperaturen kommend, ist an der Abbildung das Anwachsen von ε im paraelektrischen Bereich und sein starkes Abfallen nach dem Phasenübergang (bei $T = 120\,°C$) gut zu erkennen. Interessanter Weise ist dabei $\varepsilon_a > \varepsilon_c$. Das kann man folgendermaßen verstehen: Nach der Entstehung einer spontanen Polarisation im Kristall in c-Richtung verringert sich die Polarisierbarkeit in dieser Richtung, da das starke Feld der spontanen Polarisation praktisch zur „Sättigung“

führt. ε besitzt wichtige Anomalien nahe 0 und −80 °C, die (wie auch nahe 120 °C) in der erhöhten Beweglichkeit der Struktur beim Phasenübergang begründet sind.

Bei Triglyzinsulfat ist ebenfalls ein scharfer Peak im Gebiet des Phasenüberganges charakteristisch. In diesen Kristallen jedoch, wie überhaupt in Kristallen mit sich ordnenden Strulturelementen, besitzt ε nur in Richtung der spontanen Polarisation eine Anomalie (starkes Anwachsen). Senkrecht zur Polarisationsrichtung tritt für ε keine Anomalie wie im $BaTiO_3$ auf. Das ist verständlich, da der Phasenübergang in solchen Kristallen nicht mit einer Verschiebung der Teilchen entlang der spontanen Polarisierungsrichtung einhergeht, sondern mit einem Ordnungsvorgang der Strukturelemente senkrecht zur

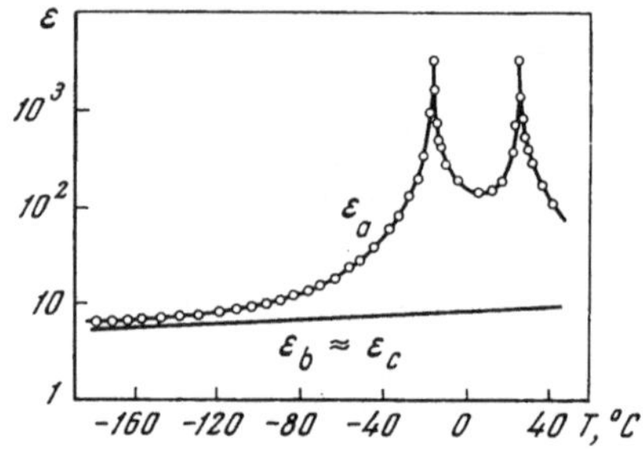

Abb. 45. Temperaturabhängigkeit der Dielektrizitätskonstanten für Seignettesalz-Kristalle.

ε_a — in Richtung der spontanen Polarisation; die Feldstärke beträgt 4 V/cm.

ε_b und ε_c — in Richtung senkrecht zur spontanen Polarisation (in Richtung der b- und c-Achse); die Feldstärke beträgt 50 V/cm

spontanen Polarisierungsrichtung zusammenhängt. Die Polarisation in Richtung der P_{sp}-Achse (b-Achse für TGS und a-Achse für Seignettesalz, s. Abb. 45) ist nicht gesättigt. Daher folgt nicht solch ein starker Abfall für ε nach dem Auftreten einer spontanen Polarisation im ferroelektrischen Gebiet (wie beim $BaTiO_3$). In TGS ist oberhalb $T_k = 49\,°C$ und im Seignettesalz oberhalb der oberen CURIE-Temperatur (+24 °C) und unterhalb der unteren CURIE-Temperatur (−18 °C) das CURIE-WEISS-Gesetz gut erfüllt ($C \sim 10^3$ Grad).

Die Temperaturabhängigkeit der Dielektrizitätskonstanten für KH_2PO_4-Kristalle ist in Abb. 46 wieder-

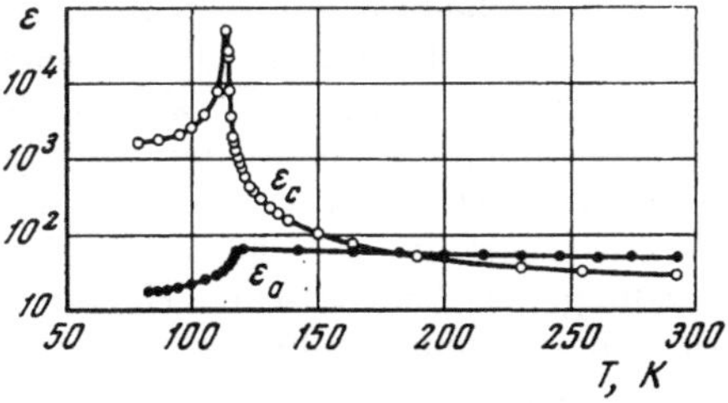

Abb. 46. Temperaturabhängigkeit der Dielektrizitätskonstanten für KH_2PO_4

gegeben. Die Dielektrizitätskonstante der Ferroelektrika in schwachen Feldern ist frequenzabhängig. Mit wachsender Freuqenz kann ε in einen Bereich absinken, in dem die Frequenz des Feldes der Resonanzfrequenz der Kristallschwingungen nahekommt. Beim Überschreiten der Resonanzfrequenz geht der Kristall aus dem mechanisch freien in einen mechanisch deformierten Zustand über, was zu einer Abnahme von ε führen muß. In der Regel tritt eine Erniedrigung von ε durch mechanische Kompression bei vergleichsweise niedrigen Frequenzen (bis zehn MHz in Abhängigkeit von der Probengeometrie) ein.

Der zweite Bereich (Relaxation), in dem ε erniedrigt wird, ist in Ferroelektrika mit der Trägheit der Domänen, dem „Abschalten" des Domänenpolarisationsmechanismus verbunden. Für $BaTiO_3$ z. B. liegt diese Frequenz im Dezimeter- und Zentimeter-Wellenbereich. Bei TGS geschieht das Abschalten des Domänenpolarisationsmechanismus bei 10^5—10^7 Hz und beim Seignettesalz bei 10^8—10^9 Hz.

Die Abnahme von ε in den Ferroelektrika bei 10^{12} Hz hängt mit den Eigenfrequenzen der Gitterschwingungen des Kristalles zusammen

Polarisation in starken Feldern und dielektrische Hysterese. Die nichtlineare Abhängigkeit der Polarisation vom elektrischen Feld, die für Ferroelektrika typisch ist, führt in elektrischen Wechselfeldern zur dielektrischen Hysterese (s. Abb. 37), d. h., die Phasen der elektrischen Polarisation P und des elektrischen Feldes E fallen nicht zusammen. Die Hystereseschleife ist eines der wichtigsten Charakteristika und vermittelt eine Vorstellung über die dynamische Polarisierbarkeit der Ferroelektrika. Daher ist die Verwendung der dielektrischen Hysterese zur Untersuchung der Polarisation der Ferroelektrika in starken Feldern weit verbreitet.

Die Hysteresekurve ermöglicht es, eine anschauliche Vorstellung von der Rolle der Domänenprozesse bei der Polarisation der Ferroelektrika zu erhalten. Schematisch läßt sich das folgendermaßen beschreiben: In sehr schwachen Feldern (Abschnitt OA der Kurve in Abb. 37) wächst die Polarisation ungefähr proportional zum Feld und hängt praktisch nicht von den Domänenprozessen ab. Im Abschnitt AB bewirkt das elektrische Feld ein starkes Anwachsen der Polarisation. Im Punkt B erreicht die Polarisation, die durch die Domänenprozesse verursacht wird, den Sättigungswert, und der Kristall besteht aus einer einzigen Domäne. Der Abschnitt BC zeigt erneut einen linearen Zusammenhang zwischen P und E. Hier tritt eine induzierte Polarisation auf, die nicht mit Domänenprozessen zusammenhängt.

Bei Verringerung des elektrischen Feldes nach Erreichen seines Maximalwerts im Punkt C tritt vom Punkt B ab nicht die ursprüngliche Polarisation (in umgekehrter Reihenfolge wie bei wachsendem elektrischen Feld) wieder auf. Erreicht das Feld den Wert Null, so verschwindet die Polarisation nicht, sondern bleibt etwa gleich dem Wert, den sie bei der Sättigungsfeldstärke (im Punkt B) besaß. Das bedeutet — der Eindomänenzustand bleibt auch ohne äußeres Feld fast vollständig erhalten. Nur ein geringer Teil der umorientierten Domänen kehrt in den Anfangszustand zurück. Ein schwaches Feld in entgegengesetzter Richtung erniedrigt die Polarisation nur unbedeutend. Daraus folgt, daß der Kristall immer noch nahezu aus einer Domäne besteht und die Domänenprozesse nur eine geringe Rolle spielen. Die Polarisation fällt jedoch für Felder nahe der Koerzitivfeldstärke (Feld OF) stark ab, geht durch Null und erreicht nach Vorzeichenänderung wieder große Werte. Bei Feldern nahe der Koerzitivfeldstärke geht eine intensive Umpolarisierung vor sich, was eine Änderung des Vorzeichens der Polarisation zur Folge hat. Eine weitere Erhöhung der Feldstärke führt wiederum zu einem linearen Zusammenhang zwischen P und E, d. h., es treten hier ebenfalls keine Domänenprozesse mehr auf. Eine Verringerung des Feldes führt vom Punkt G an zu einer Wiederholung der Prozesse im Abschnitt BF. Im Punkt B endet der Hysteresezyklus. Bei den folgenden Perioden des elektrischen Feldes wiederholt sich der betrachtete Polarisationszyklus.

Da die Polarisierungsprozesse von der Feldstärke und der Einwirkungsdauer des Feldes abhängen, wird auch die Koerzitivfeldstärke E_c sowohl von der Stärke als auch von der Frequenz des Feldes abhängen. Die allgemeine Frequenzabhängigkeit der Koerzitivfeldstärke E_c (bei fester Wechselstromamplitude) muß in einer Erhöhung der Koerzitivfeldstärke mit wachsender Frequenz bestehen. Eine Vergrößerung der Feldstärke muß ebenfalls zu einer Erhöhung der Koerzitivfeldstärke führen, da in starken Feldern die Umpolarisierung des Kristalles während eines halben Zyklus vollständiger vor sich geht und daher die Keimbildung der neuen Domänen im folgenden halben Zyklus erschwert wird.

Die Koerzitivfeldstärke der Ferroelektrika hängt von der Temperatur ab. Die allgemeine Gesetzmäßigkeit besteht darin, daß die Koerzitivfeldstärke bei sinkender Temperatur vom Curie-Punkt an infolge der abnehmenden Domänenbeweglichkeit wächst. Die Koerzitivfeldstärke hängt in komplizierter Weise von der Qualität des Kristalles, den verwendeten Elektroden und der Dicke der umzupolarisierenden Probe ab. Diese Abhängigkeit ist durch verschiedenartige Oberflächenschichten bedingt, die die Bildung und das Wachsen der neuen Domänen beeinflussen.

Die Koerzitivfeldstärke E_c für $BaTiO_3$-Kristalle beträgt 500—2000 V/cm. In Kristallen mit c-Domänen ist sie kleiner, in solchen mit a-Domänen größer. Für TGS ist $E_c \approx 400$ V/cm, für Seignettesalz ungefähr 200 V/cm. Selbstverständlich wird die Hysterese der Polarisation von einer entsprechenden Hysterese der Domänenstruktur der Ferroelektrika begleitet (Abb. 47).

Aus den Experimenten folgt, daß E_c von der Kristalldicke abhängt. In erster Näherung wächst E_c umgekehrt proportional zur Kristalldicke d. Diesen Effekt kann man mit dem Auftreten von Oberflächenschichten erklären, die in Abhängigkeit von den gewählten Modellvorstellungen entweder geladen sind, eine geringere Dielektrizitätskonstante besitzen o. ä. In den Ferroelektrika vom Sauerstoffoktaedertyp ist die Oberflächenschichtbildung mit Strukturdefekten in der Anordnung der Sauerstoffatome verbunden.

Die Domänenstruktur hat einen bestimmten Einfluß auf die elektrische Leitfähigkeit und die dielektrischen Verluste der Ferroelektrika. Diese Fragen werden jedoch hier nicht betrachtet.

Phasenübergänge und die Polarisation der Antiferroelektrika. Die Temperaturabhängigkeit der spezifischen Wärme für $NH_4H_2PO_4$ (Abb. 48) zeigt, daß beim Phasenübergang von der paraelektrischen in die antiferroelektrische Modifikation in diesem Kristall eine latente Wärme auftritt. Folglich liegt hier ein Phasenübergang

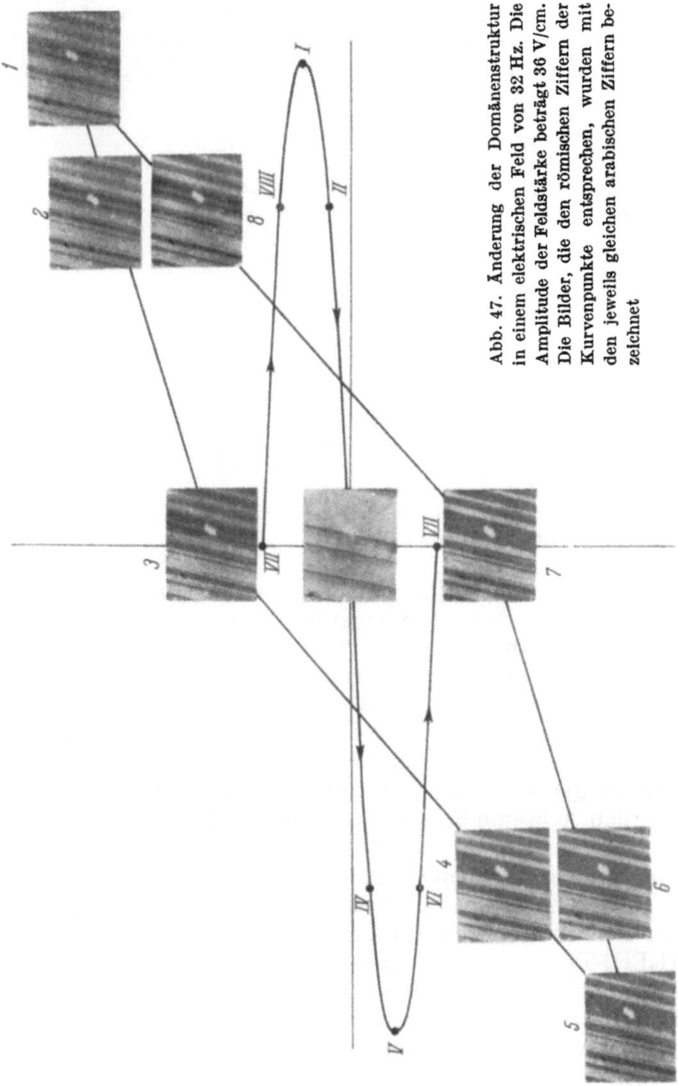

Abb. 47. Änderung der Domänenstruktur in einem elektrischen Feld von 32 Hz. Die Amplitude der Feldstärke beträgt 36 V/cm. Die Bilder, die den römischen Ziffern der Kurvenpunkte entsprechen, wurden mit den jeweils gleichen arabischen Ziffern bezeichnet

1. Art vor. Der große Wert der Umwandlungsentropie und ihre praktische Unabhängigkeit von der Übergangstemperatur für die Antiferroelektrika vom KH_2PO_4-Typ

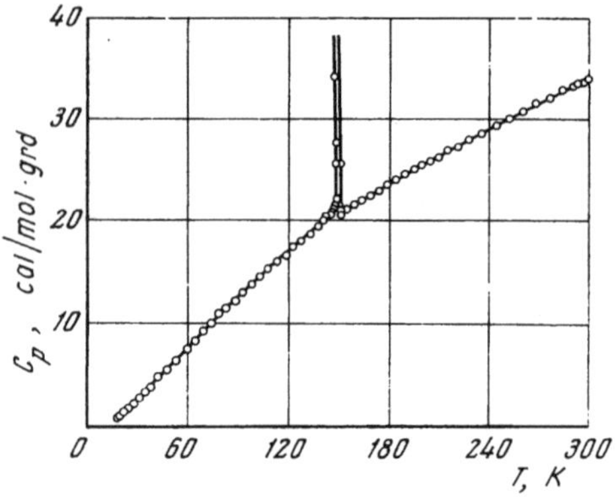

Abb. 48. Temperaturabhängigkeit der spezifischen Wärme für antiferroelektrisches $NH_4H_2PO_4$

weist darauf hin, daß der Phasenübergang mit einer Ordnung von Strukturelementen zusammenhängt. Der Phasenübergang 1. Art in $PbZrO_3$ wird von einer Anomalie der spezifischen Wärme begleitet, die analog zu der in Abb. 48 dargestellten Anomalie für $NH_4H_2PO_4$ ist.

In schwachen Feldern folgt die Dielektrizitätskonstante des Ammoniumdihydrogenphosphates in den Richtungen der Untergitterpolarisation (*a*- und *b*-Achse mit den Achsenindizes 100 und 010) und senkrecht dazu (*c*-Achse in der 001-Richtung) oberhalb der Umwandlungstemperatur dem Curie-Weiss-Gesetz.

Eine Vorstellung über die Temperaturabhängigkeit der Polarisierbarkeit für Antiferroelektrika vom $NH_4 \cdot H_2PO_4$-Typ vermittelt Abb. 49, in der die Temperaturabhängigkeit von ε_a und ε_c für $NH_4D_2PO_4$ dargestellt ist. Die sprunghafte Änderung von ε beim Phasenübergang und die stark ausgeprägte Temperaturhysterese zeigen an, daß die Antiferroelektrika vom $NH_4H_2PO_4$-

Typ einen Phasenübergang 1. Art erfahren. Die Strukturänderung ist dabei so heftig ausgeprägt, daß der Kristall beim Übergang zerspringt.

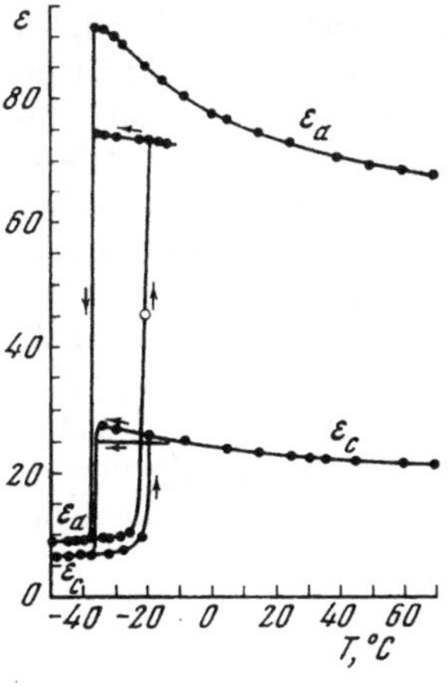

Abb. 49. Temperaturabhängigkeit der Dielektrizitätskonstanten ε_a und ε_c für antiferroelektrisches $ND_4D_2PO_4$

Von den Antiferroelektrika des Sauerstoffoktaedertyps sind die dielektrischen Eigenschaften für $PbZrO_3$-Kristalle am genauesten untersucht worden. Die Untersuchungen zeigten, daß die Dielektrizitätskonstante in der paraelektrischen Modifikation dem CURIE-WEISS-Gesetz genügt. Die CURIE-Temperatur ist 190 °C und somit wesentlich niedriger als die wirkliche Übergangstemperatur von 230 °C. Im Unterschied zu anderen Antiferroelektrika, für die sich ordnende Strukturelemente entscheidend sind, erreicht die Dielektrizitätskonstante in $PbZrO_3$ sehr hohe Werte (Abb. 50). Die CURIE-Konstante besitzt die gleiche Größenordnung wie beim $BaTiO_3$ ($C = 1{,}59 \cdot 10^5$ °C). Der Übergang ist ein Phasenübergang 1. Art, für den das Auftreten einer Temperaturhysterese typisch ist (der Temperaturunterschied bei Erwärmung und Abkühlung beträgt 4 °C).

In Übereinstimmung mit der thermodynamischen Theorie führt ein konstantes elektrisches Feld zu einer

Abnahme der Übergangstemperatur. Für 20 kV/cm beträgt die Erniedrigung 1,5 °C. In starken elektrischen Wechselfeldern zeigt die Polarisation des $PbZrO_3$ eine doppelte Hystereseschleife (Abb. 51). Das kritische Feld der Doppelschleife E_{kr} charakterisiert jenes Feld, bei dem das Antiferroelektrikum in den ferroelektrischen Zustand übergeht. Ein starkes Feld (größer als E_{kr}) ist in der Lage, die einzelnen Unterzellen im Antiferroelektrikum in einer Richtung zu orientieren. Unterhalb E_{kr} sind die Unterzellen wieder entgegengesetzt polarisiert. In diesem Zustand liefert die spontane Polarisation keinen Beitrag zur Gesamtpolarisation, die bis an E_{kr} heran linear von E abhängt. Das Auftreten einer doppelten Hystereseschleife zeigt die Zugehörigkeit der Substanz zur Klasse der Antiferroelektrika an. E_{kr} hängt von der Temperatur ab und sinkt bei Annäherung an die Übergangstemperatur des Kristalles.

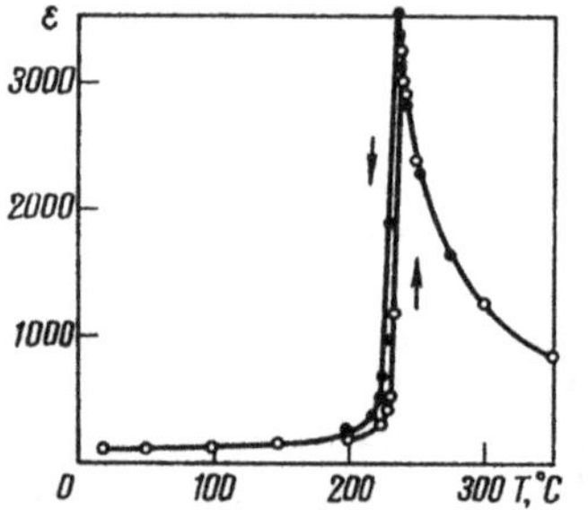

Abb. 50. Temperaturabhängigkeit der Dielektrizitätskonstanten für polykristallines $PbZrO_3$

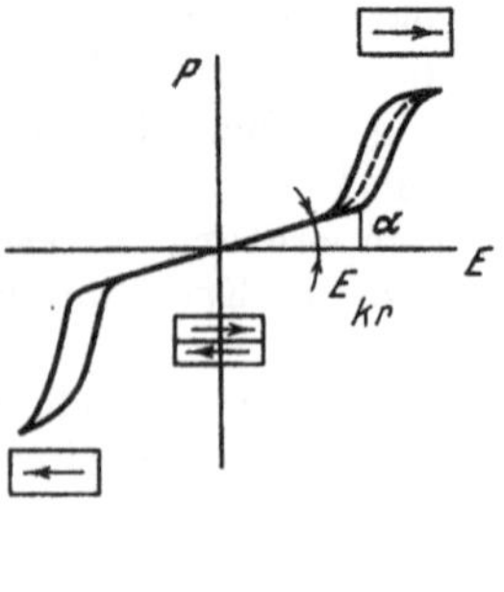

Abb. 51. Doppelte dielektrische Hystereseschleife

3. Umwandlung von Wärme in elektrische Energie

3.1. Pyroelektrische Erscheinungen

Vor relativ langer Zeit — vor etwa 150 Jahren — fand man, daß sich einige Kristalle bei Erwärmung „elektrisieren" können. Diese „Elektrisierung" bedeutet, daß auf dem Kristall elektrische Ladungen beider Vorzeichen auftreten — an einem Ende die positiven Ladungen, am anderen die negativen. Damit begann die Untersuchung der pyroelektrischen Erscheinungen (pyro kommt aus dem Griechischen und bedeutet Wärme). Zunächst befaßte man sich hauptsächlich mit Turmalin-Kristallen (s. Abb. 6a). Später wurde der Pyroeffekt quantitativ untersucht und man fand seine allgemeinen Gesetzmäßigkeiten. Es zeigte sich, daß die dielektrischen Kristalle aller 10 polaren Klassen 1, 2, 3, 4, 6, *m*, *mm*2, 3*m*, 4*mm*, 6*mm* pyroelektrische Eigenschaften besitzen müssen. Im wesentlichen ist die letzte Feststellung mit der Behauptung gleichwertig, daß alle Kristalle, die eine spontane Polarisation besitzen, pyroelektrische Eigenschaften aufweisen. Die Änderung der spontanen Polarisation mit der Temperatur ist somit der Pyroeffekt.

Die Betrachtung der thermodynamischen Beziehungen, die den Pyroeffekt beschreiben, führt zu der Schlußfolgerung, daß auch die Umkehrung des Pyroeffektes existieren muß, d. h. eine an den Kristall angelegtes elektrisches Feld, oder eine Änderung seiner Polarisation führt zu einer Temperaturänderung. Diese Erscheinung wurde als *elektrokalorischer Effekt* bezeichnet.

Lange Zeit wurden die pyroelektrischen und elektrischen Erscheinungen lediglich als physikalisch interessante Effekte betrachtet, die kaum eine Anwendung finden würden. Die Ursache für diese Situation lag hauptsächlich darin begründet, daß man die genannten Effekte früher an linearen Pyroelektrika untersuchte. Das Interesse an den pyroelektrischen und elektrokalorischen Erscheinungen nahm zu, nachdem man diese Effekte an den Ferroelektrika untersuchte. In den Ferroelektrika sind diese beiden Effekte infolge der starken Temperaturabhängigkeit der spontanen Polarisation besonders im Gebiet des Phasenüberganges sehr ausgeprägt. Pyroelektrische Kristalle werden heute als empfindliche Empfänger für Infrarotstrahlung verwendet. Man arbeitet an Geräten, die eine direkte Umwandlung von Wärmeenergie (z. B. von Sonnenenergie) in elektrische Energie ermöglichen.

Die Gleichung für den Pyroeffekt beschreibt den Zuwachs der spontanen Polarisation ΔP_{sp} infolge einer bestimmten Temperaturänderung ΔT. In erster Näherung ist der Zusammenhang zwischen diesen beiden Größen linear,

$$\Delta P_{\mathrm{sp}} = p\,\Delta T\,, \tag{3.1}$$

wobei p den pyroelektrischen Koeffizienten bedeutet. Betrachtet man unendlich kleine Änderungen von T und P_{sp}, so folgt die differentielle Beziehung

$$\frac{\partial P_{\mathrm{sp}}}{\partial T} = p\,. \tag{3.2}$$

Der pyroelektrische Koeffizient p ist somit gleich der partiellen Ableitung der spontanen Polarisation nach der Temperatur. Die Größe p ist daher gleich dem Tangens des Winkels zwischen der Tangente der $P_{\mathrm{sp}}(T)$-Kurve bei einer bestimmten Temperatur und der Temperaturachse.

Es ist einfach zu sehen, daß die Temperaturänderung von P_{sp} zwei verschiedene Ursachen haben kann. Vor allen Dingen ändert der Kristall seine Ausdehnung mit der Temperatur. Er dehnt sich aus oder zieht sich zusammen. Offensichtlich ändert sich bei solch einer Ausdehnung (Zusammenziehung) die spontane Polarisation sogar dann, wenn im Kristall keine Strukturänderung infolge der Temperaturänderung auftritt, weil sich die

Zahl der Ladungen und Dipole pro Volumeneinheit (durch die die Größe der spontanen Polarisation bestimmt ist) ändert. Daraus folgt, daß in den Pyroeffekt sozusagen ein Deformationsanteil eingehen muß. Dieser Teileffekt wird gewöhnlich wie der Piezoeffekt[1]) behandelt, d. h. wie ein Beitrag, der durch Deformation entsteht, wobei man nicht explizit berücksichtigt, daß die Deformation eine Folge der Erwärmung (Abkühlung) des Kristalles ist. Den Deformations- oder piezoelektrischen Beitrag zum Pyroeffekt nennt man manchmal den sekundären oder Pseudopyroeffekt und den entsprechenden pyroelektrischen Koeffizienten bezeichnet man mit p''.

Zunächst hatte man angenommen, daß sich der gesamte Pyroeffekt (charakterisiert durch den Koeffizienten p) vollständig auf den sekundären Effekt reduziert. Es konnte jedoch gezeigt werden, daß neben dem Sekundäreffekt eine Temperaturänderung sogar dann zu einer Änderung von P_{sp} führt, wenn der Kristall überhaupt nicht deformiert wird. Diesen Effekt, der nicht mit einer Deformation des Kristalles verbunden ist, bezeichnet man als den primären oder wahren Pyroeffekt und beschreibt ihn durch den Koeffizienten p'. Die Natur des wahren Pyroeffektes ist nicht so klar. Seine Ursachen liegen in einem Umbau des Gitters infolge der Temperaturänderung. In den Fällen, in denen der Umbau der Kristallstruktur des Ferroelektrikums beim Phasenübergang nicht mit dem Piezoeffekt zusammenhängt, muß man vorwiegend den wahren Pyroeffekt[2]) erwarten.

In linearen Pyroelektrika ist der wahre Pyroeffekt in der Regel klein und beträgt nur ungefähr 2—5% des gesamten Effektes.[3])

Berücksichtigt man die Aufteilung in den primären

---

[1]) Der Piezoeffekt beinhaltet eine elektrische Polarisation des Kristalles, die durch seine Deformation verursacht wird (s. Abschn. 4).

[2]) Bei TGS z. B. besteht der Pyroeffekt im Gebiet des Phasenüberganges vorwiegend aus dem wahren Pyroeffekt.

[3]) Solch ein Verhältnis liegt in der Nähe der Zimmertemperatur bei Turmalin, Lithiumsulfat und einigen anderen linearen Dielektrika vor.

und sekundären Effekt, so erhält man für die Gleichung des Pyroeffektes

$$\Delta P_{sp} = (p' + p'')\,\Delta T\,. \tag{3.3}$$

Da P_{sp} ein Vektor ist, müssen auch die Größen p, p', p'' Vektoren sein. Wir geben hier jedoch nur eine zahlenmäßige Darstellung des Effektes. Selbstverständlich liegt die Änderung ΔP_{sp} auf der gleichen Geraden wie P_{sp} selbst.

Nahe Zimmertemperatur ist der pyroelektrische Koeffizient p für lineare Dielektrika in der Regel nur schwach temperaturabhängig, was auf eine nur schwache Temperaturabhängigkeit von P_{sp} in diesen Kristallen hinweist.[1]) Der Absolutwert von p beträgt ungefähr eine elektrostatische Einheit. Für Turmalin z. B. folgt für den Koeffizienten des gesamten Pyroeffektes $p = -1{,}3$ ESE. Eine anschauliche Vorstellung über die Pyropolarisation des Turmalins kann man aus dem folgenden Beispiel erhalten. Ein Turmalinplättchen von 0,1 cm Dicke, das senkrecht zur pyroelektrischen Achse herausgeschnitten wurde, besitzt nach Erwärmung um 10 °C eine elektrische Ladung von ungefähr $5 \cdot 10^{-9}$ Coulomb pro cm² und die Potentialdifferenz zwischen den Oberflächen beträgt etwa 1200 V.

Bei Temperaturen unterhalb Zimmertemperatur insbesondere im Bereich von −50 bis −30 °C sinkt der pyroelektrische Koeffizient für viele lineare pyroelektrische Kristalle spürbar. In der Nähe des absoluten Temperaturnullpunktes nimmt p sehr kleine Werte an. In einigen Kristallen (Lithiumsulfat, Bariumnitrit u. a.) geht der pyroelektrische Koeffizient bei bestimmten Temperaturen gegen Null und ändert sein Vorzeichen. Dieser Fall entspricht dem Durchgang durch ein Maximum (Minimum) von P_{sp} (Abb. 52). Eine Vorstellung

---

[1]) Angaben über die Größe der spontanen Polarisation sind für einige lineare Dielektrika am Ende des ersten Abschnitts angegeben.

über das Verhältnis zwischen dem wahren, dem Pseudo- und dem totalen Pyroeffekt kann man mit Hilfe von Abb. 53 gewinnen. Aus dem Kurvenverlauf folgt, daß

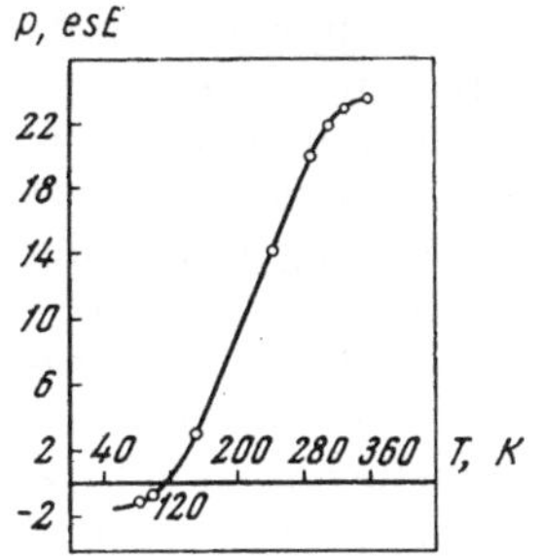

Abb. 52. Temperaturabhängigkeit des pyroelektrischen Koeffizienten p für Lithiumsulfat ($Li_2SO_4 \cdot H_2O$)

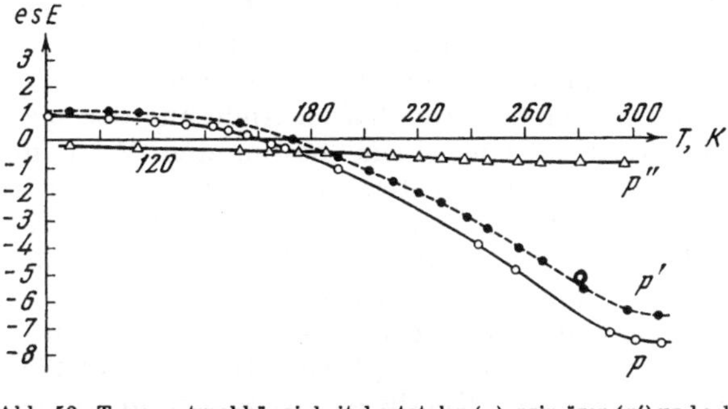

Abb. 53. Temperaturabhängigkeit des totalen (p), primären (p') und sekundären (p') pyroelektrischen Koeffizienten für Bariumnitrit

im Bariumnitrit der Hauptbeitrag zum Pyroeffekt vom wahren bzw. primären Pyroeffekt herrührt. Weiter oben haben wir angemerkt, daß in den linearen Pyroelektrika in der Regel der sekundäre Effekt überwiegt. Bariumnitrit (wie auch einige andere Kristalle) stellt bezüglich dieser „Regel" eine Ausnahme dar. Offenbar liegt die Ursache darin, daß die ziemlich starke Änderung der spontanen Polarisation mit der Temperatur von einer entsprechenden Strukturänderung begleitet wird.

Die Ferroelektrika besitzen nur im Eindomänenzustand pyroelektrische Eigenschaften, d. h., es müssen alle Domänen in einer Richtung orientiert sein. Wie bereits bemerkt, besitzt ein in Domänen zerfallener ferroelektrischer Kristall die Symmetrie eines pyroelektrischen nichtpolaren Kristalles und zeigt daher kein pyroelektrisches Verhalten. Ein sogenannter unipolarer Kristall, das ist ein Kristall mit einer bevorzugten Domänenorientierung in irgendeiner Richtung, kann jedoch pyroelektrische Eigenschaften besitzen. Er ist aber in unipolaren Kristallen nicht von besonderem Interesse, da er einen speziellen Zustand des Ferroelektrikums charakterisiert, während der Eindomänenkristall Eigenschaften aufweist, die für die gegebene Substanz charakteristisch sind.

Im Bariumtitanat entsteht bei 120 °C sprunghaft eine spontane Polarisation. Ihr Wert springt im CURIE-Punkt (von Null) auf 18 μC/cm². Offensichtlich hat es keinen Sinn, bei einer sprunghaften Änderung der spontanen Polarisation von einem bestimmten Wert des pyroelektrischen Koeffizienten zu sprechen, da er in diesem Punkt[1]) formal unendlich wird. In $BaTiO_3$ wächst die spontane Polarisation P_{sp} von der CURIE-Temperatur beginnend bis zur Zimmertemperatur stetig an und erreicht nach den zuverlässigsten Messungen an guten Kristallen den Wert 26 μC/cm². Der mittlere Wert des pyroelektrischen Koeffizienten p ist in diesem Temperaturintervall durch die Beziehung

$$p = \frac{\Delta P_{sp}}{\Delta T} = \frac{(26 - 18) \cdot 3 \cdot 10^9}{(120 - 20) \cdot 10^6} \text{ ESE/grd} = 240 \text{ ESE/grd}$$

gegeben.

Nahe T_k liegt p etwas oberhalb und nahe 20 °C etwas unterhalb dieses Wertes. Ein Vergleich der Gitter-

---

[1]) In der paraelektrischen Modifikation ist für alle Ferroelektrika $p = 0$, da angenommen wird, daß alle paraelektrischen Phasen nichtpolar sind.

deformation mit der Änderung von P_{sp} im Temperaturbereich von 120 bis 20 °C zeigt, daß der Pyroeffekt in diesem Intervall praktisch vollständig gleich dem sekundären oder Pseudopyroeffekt ist, d. h., er stellt die Änderung P_{sp} dar, die bei 120 °C auftritt.

In TGS ist in der Nähe der Übergangstemperatur (+49 °C) der Piezoeffekt entscheidend. Wie aus Abb. 40 zu erkennen ist, beträgt im Temperaturintervall von 49—37 °C der Zuwachs der Polarisation etwa $6 \cdot 10^3$ ESE (2 μC), womit man

$$p = \frac{6 \cdot 10^3}{12}\,\text{ESE/grd} = 500\,\text{ESE/grd}$$

abschätzen kann.

TGS zeigt oberhalb T_k keinen Piezoeffekt. Deshalb darf man den Zuwachs der Polarisation in diesem Kristall nicht als eine Folge des Piezoeffektes (wenn man dabei berücksichtigt, daß der Sprung von P_{sp} bei T_k nicht auftritt) betrachten. Das bedeutet, der Pyroeffekt in TGS hat in der Nähe des Phasenüberganges vorwiegend seine Ursache im wahren bzw. primären Pyroeffekt. Im Temperaturintervall von 37 bis 20 °C beträgt der pyroelektrische Koeffizient für TGS etwa 150 ESE/grd.

Seignettesalz ist in beiden paraelektrischen Modifikationen (oberhalb des oberen und unterhalb des unteren Curie-Punktes) piezoelektrisch. Daher kann man annehmen, daß der Pyroeffekt vorwiegend vom sekundären bzw. Pseudopyroeffekt herrührt. Die Temperaturabhängigkeit der spontanen Polarisation (s. Abb. 39) ist nicht sehr stark. Deshalb ist der Wert des pyroelektrischen Koeffizienten für das Seignettesalz nicht sehr groß. Im Gebiet der Curie-Temperaturen erreicht p den Wert von 300 ESE/grd und wird in der Nähe von 3—5 °C Null (Abb. 54).

Weiter oben haben wir bereits mehrfach die Besonderheiten des Phasenüberganges in KH_2PO_4 betont. Die starken Änderungen von P_{sp} (ungefähr gleich 10^4 ESE/cm^2)

geht bei diesem Kristall in einem schmalen Temperaturintervall ($\sim 2°$) vor sich (s. Abb. 41). Das führt zu einem sehr großen pyroelektrischen Koeffizienten

$$p = \frac{10^4}{2}\,\text{ESE/grd} = 5000\ \text{ESE/grd}.$$

Oben haben wir als Beispiel die Berechnung des Pyroeffektes in Turmalin angegeben. Dabei ist die hohe Potentialdifferenz bei relativ kleinen Oberflächenladungen bemerkenswert. Für das Seignettesalz sind die hohen

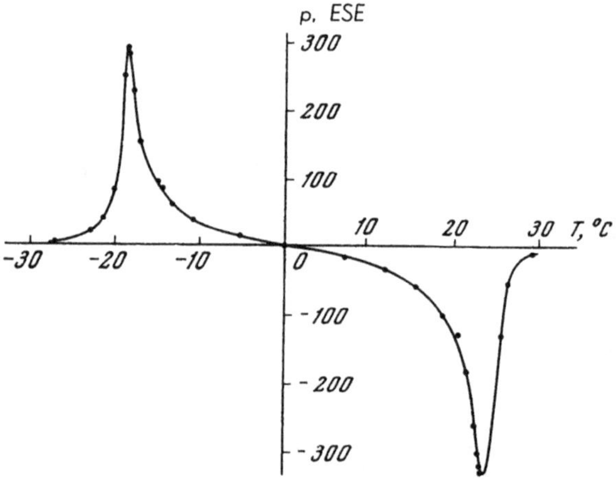

Abb. 54. Temperaturabhängigkeit des pyroelektrischen Koeffizienten *p* für Seignettesalz

p-Werte (100—1000mal größer als für lineare Pyroelektrika) charakteristisch, die relativ hohe Oberflächenladungen (1 oder sogar 10 $\mu C/cm^2$) bei einer Temperaturänderung von 10 °C zur Folge haben. Gleichzeitig ist dabei die Potentialdifferenz wegen der hohen Dielektrizitätskonstanten nicht immer groß. So besäße z. B. ein KDP-Plättchen unter den gleichen Bedingungen wie für das Turmalinplättchen eine Potentialdifferenz von 300 V. Im Falle des TGS kann die Potentialdifferenz demgegenüber wegen der relativ kleinen Dielektrizitätskonstanten im Gebiet des Phasenüberganges einige hundert kV betragen. TGS-Plättchen zeigen bei schneller Abkühlung aus der paraelektrischen Modifikation häufig einen elektrischen Durchschlag infolge ihres eigenen von der spontanen Polarisation herrührenden Feldes (Pyroeffekt).

Weiter oben wurde bereits über die Projektierung von Geräten gesprochen, mit deren Hilfe eine direkte Umwandlung von Wärmeenergie in elektrische Energie durch Pyroelektrika realisiert werden soll. Im Prinzip muß solch ein Energiewandler — pyroelektrischer Kristall — zyklisch arbeiten: Erwärmung unter Abgabe einer bestimmten Leistung an einen Arbeitswiderstand des äußeren Stromkreises (die durch eine Änderung der Polarisation des Kristalles entsteht) und Abkühlung mit dem gleichen Resultat, aber einem Strom in entgegengesetzter Richtung.

Am effektivsten ist jedoch ein anderer Zyklus. Ein spontan polarisiertes Ferroelektrikum, dessen Temperatur sich kurz unterhalb der Curie-Temperatur befindet, wird bis über die Curie-Temperatur erwärmt. Bei der Erwärmung wird dann die Ladung der spontanen Polarisation an den äußeren Stromkreis abgegeben.[1]) Bei der anschließenden Abkühlung unter die Curie-Temperatur entsteht am Arbeitswiderstand ein Strom in entgegengesetzter Richtung. Dieser Zyklus besitzt wie jeder Wärmekreisprozeß einen Wirkungsgrad (Teil der in elektrische Energie umgewandelte Wärmeenergie), der höchstens gleich dem Wirkungsgrad des idaelen Carnot-Prozesses ist. Dieser maximale Wirkungsgrad hängt seinerseits von der Temperatur ab, bei der die Energieumwandlung vor sich geht. Die Rechnung zeigt, daß der Wirkungsgrad bei der pyroelektrischen Umwandlung für

[1]) Gemeint ist ein Kristall im Eindomänenzustand.

$BaTiO_3$ z. B. nahezu 2% und für TGS nahezu 1% beträgt.

Eine Apparatur für die Anwendung pyroelektrischer Kristalle kann man sich am einfachsten so vorstellen, daß die Erwärmung durch eine äußere Quelle (z. B. die Sonne) geschieht, und die Abkühlung durch Abstrahlung in den umgebenden Raum vor sich geht, während sich der pyroelektrische Kristall im Schatten befindet (rotierender Energiewandler). Die Effektivität eines solchen Wandlers hängt im allgemeinen von vielen Eigenschaften ab: von der thermischen Leitfähigkeit des Elementes, dem Bereich der Arbeitstemperatur, der Rotationsgeschwindigkeit u. a. Abschätzungen zeigen jedoch, daß die Verwendung pyroelektrischer Energiewandler, ungeachtet ihres geringen Wirkungsgrades, unter gewissen Bedingungen durchaus sinnvoll sein können. Ihrer spezifischen Leistung nach (Leistung pro Gewicht des Materials) kommen die pyroelektrischen Wandler den auf Halbleiterbasis arbeitenden nahe.

Dünne pyroelektrische Plättchen können als sehr emfpindliche Empfänger zur Registrierung infraroter Strahlung verwendet werden. Um das Signal einfacher verstärken zu können und um einen Ladungsabfluß vom registrierenden Kristall zu verhindern, schaltet man gewöhnlich einen Chopper (Zerhacker) vor, der die einfallende Strahlung moduliert.

3.2. Elektrokalorische Erscheinungen

Der elektrokalorische Effekt besteht in einer Temperaturänderung ΔT des pyroelektrischen Kristalles bei Anlegen eines elektrischen Feldes ΔE. Demnach wird der elektrokalorische Effekt durch die Gleichung

$$\Delta T = q \, \Delta E \tag{3.4}$$

oder in differentieller Form

$$q = \partial T / \partial E \tag{3.5}$$

beschrieben, wobei q den elektrokalorischen Koeffizienten bedeutet. Elektrokalorische (wie auch pyroelektrische) Eigenschaften treten nur bei den Kristallen der polaren Klassen, 1, 2, 3, 4, 6, m, $mm2$, $3m$, $4mm$, $6mm$ auf.

Man kann leicht einen Zusammenhang zwischen dem elektrokalorischen Koeffizienten q und dem pyroelektrischen Koeffizienten p finden. Zu diesem Zweck betrachten wir einen pyroelektrischen Kristall mit einer spontanen Polarisation P_{sp} und nehmen an, daß eine Änderung von P_{sp} nur eine Änderung der gesamten Wärmeenergie des Kristalls zur Folge hat (die durch die Entropie S beschrieben wird). Die innere Energie des Kristalls bleibt in diesem Fall konstant. Daraus ergeben sich die folgenden Beziehungen:

$$\left.\begin{aligned} \mathrm{d}U &= 0 = E\,\mathrm{d}P + T\,\mathrm{d}S \\ T &= -E\frac{\mathrm{d}P}{\mathrm{d}S} \end{aligned}\right\} \tag{3.6}$$

$$\frac{\partial T}{\partial E} = -\frac{\mathrm{d}P}{\mathrm{d}S} = -\frac{\partial P}{\partial T}\cdot\frac{\partial T}{\partial S}. \tag{3.7}$$

Berücksichtigt man $\partial T/\partial E = q$ und $\partial P/\partial T = p$, so erhält man aus der thermodynamischen Beziehung $\mathrm{d}S = \mathrm{d}Q/T$, wo $\mathrm{d}Q = \mathrm{d}T\varrho CJ$ die reversible Änderung der Wärmeenergie bedeutet (ϱ ist die Dichte und C die Wärmekapazität des Kristalls, J ist das mechanische Wärmeäquivalent):

$$q = -p\frac{T}{\varrho CJ}. \tag{3.8}$$

Wie zu erwarten war, sind der elektrokalorische und pyroelektrische Koeffizient einander proportional und besitzen entgegengesetzte Vorzeichen. Demnach haben Kristalle, die einen großen pyroelektrischen Effekt besitzen, auch einen großen elektrokalorischen Effekt. Der Kristall ist ein einheitliches System: Wird er erwärmt (abgekühlt), so führt die dabei entstehende Änderung von P_{sp} dank des elektrokalorischen Effektes zu einer Abkühlung (Erwärmung). Als Folge davon ist der Kristall bestrebt, seine Temperatur zu erhalten. Die latente Umwandlungswärme bei ferroelektrischen Phasenübergängen ist daher nichts anderes als die zur Kompensierung des elektrokalorischen Effektes erforderliche Wärme. Die Umwandlung läßt sich dabei folgendermaßen beschreiben: Der Kristall wird erwärmt, verliert seine spontane Polarisation und wird dadurch infolge des elektrokalorischen Effektes abgekühlt. Insgesamt wird daher Wärme zugeführt, ohne daß die Temperatur des Kristalles zunimmt.

Der elektrokalorische Effekt infolge von äußeren Feldern kann sowohl zu einer Erwärmung als auch zu einer Abkühlung des Kristalles führen. Das Resultat hängt dabei vom Vorzeichen von q und der Richtung des Feldes E ab. Ist q positiv und fällt die Feldrichtung mit der Polarisierungsrichtung P_{sp} zusammen, wächst die Temperatur des Kristalles. Ist q positiv und ist das Feld zur Polarisation entgegengesetzt gerichtet, kühlt sich der Kristall ab usw.

Da der pyroelektrische Effekt in den linearen Pyroelektrika klein ist, ist auch der elektrokalorische Effekt klein. Die Rechnung ergibt z. B. für ein Turmalinplättchen von 1 mm Dicke bei einer Spannung von 300 V nur eine Temperaturänderung von $5 \cdot 10^{-5}$ Grad.

Offensichtlich sind die elektrokalorischen Erscheinungen bei den Ferroelektrika im Gebiet des Phasenüberganges wesentlich. Betrachten wir vor allem den spontanen elektrokalorischen Effekt in einigen Ferroelektrika, d. h. den Effekt, der mit dem spontanen Entstehen (Verschwinden) einer Polarisation P_{sp} verbunden ist. Für KH_2PO_4 ergibt eine Abschätzung für q den Wert $-0{,}06$ ESE im Gebiet des Phasenüberganges. Berücksichtigt man, daß das Feld der spontanen Polarisation in diesem Gebiet etwa 1,7 ESE (500 V/cm) beträgt, so findet man, daß der Kristall bei der Abkühlung aus der paraelektrischen Modifikation infolge des elektrokalorischen Effektes um etwa 0,06 · 1,7° ≈ 0,1° erwärmt wird. (Um den gleichen Wert kühlt sich der Kristall beim Übergang von der ferroelektrischen in die paraelektrische Modifikation ab.) Dieser Effekt ist hinreichend groß. Tatsächlich kann man bei Verwendung durchaus erreichbarer Felder der Größenordnung 10000 V/cm in KDP-Kristallen eine Temperaturänderung von 2° infolge des elektrokalorischen Effektes erreichen. Solch eine Temperaturänderung bezeichnet man gewöhnlich als CURIE-Punktverschiebung durch das Feld. Diese Änderung führt zu einer Verschiebung der Temperatur des Phasenüberganges zu höheren Temperaturen. Experimentell wird solch eine CURIE-Punktverschiebung an KDP-Kristallen für starke Felder beobachtet.

Bei $BaTiO_3$ entsteht die spontane Polarisation im CURIE-Punkt sprunghaft, weshalb die Größe der Koeffizienten (das gilt auch für q) in diesem Punkt nicht bestimmt werden kann. Jedoch die aus der Verschiebung von T_k bestimmte Größe q beträgt im Gebiet des Phasenüberganges —0,45 ESE. Daher ist es erstens möglich, den spontanen elektrokalorischen Effekt dieses Kristalles im CURIE-Punkt zu bestimmen und zweitens nach Gl. (3.8) die Größe p in diesem Punkt abzuschätzen.

Das Feld der spontanen Polarisation in $BaTiO_3$ beträgt etwa 2 ESE (∼ 600 V/cm). Nach der Beziehung (3.3) führt daher der spontane elektrokalorische Effekt zu einer Temperaturänderung von ungefähr 1°.

Bei der Erwärmung des Kristalles vom ferroelektrischen Gebiet ausgehend kühlt sich der Kristall infolge des genannten Effektes ab, und bei Abkühlung vom paraelektrischen Gebiet ausgehend erwärmt er sich um 1°. Wir bemerken, daß man aus dieser Temperaturänderung bei Kenntnis der Wärmekapazität des Kristalles unmittelbar die latente Wärme abschätzen kann. Die Wärmekapazität von $BaTiO_3$ beträgt bei 120 °C etwa 25 cal/mol · grd. Daraus ergibt sich für die latente Umwandlungswärme $\Delta Q \approx 25$ cal/mol, was dem oben angegebenen Wert nahekommt. Die Abschätzung der Größe

p über $q = -0{,}45$ führt für $BaTiO_3$ zu dem Wert $p \approx$ 46000 ESE bei $T = T_k$.

Weiter oben wurde auf die Temperaturhysterese in den Ferroelektrika hingewiesen, die einen Phasenübergang 1. Art besitzen. Diese Hysterese drückt sich insbesondere darin aus, daß die spontane Polarisation P_{sp} bei Erwärmung und Abkühlung bei verschiedenen Temperaturen entsteht (verschwindet). Sie kann auch qualitativ verstanden werden, wenn man die elektrokalorischen Effekte berücksichtigt, die in diesen Kristallen groß sind. Tatsächlich muß der Übergang beim Erwärmen von der ferroelektrischen Phase ausgehend bei einer etwas höheren Temperatur als der wahren Übergangstemperatur vor sich gehen, weil sich der Kristall infolge des elektrokalorischen Effektes etwas abkühlt und daher die Möglichkeit besitzt, bis zu höheren Temperaturen als der Übergangstemperatur ferroelektrisch zu bleiben. Bei Abkühlung von der paraelektrischen Phase ausgehend ist der Kristall umgekehrt bestrebt, paraelektrisch zu bleiben. Immer dann, wenn in ihm eine spontane Polarisation entsteht, erwärmt er sich infolge des elektrokalorischen Effektes und besitzt somit die Möglichkeit, paraelektrisch zu bleiben. Das Experiment zeigt tatsächlich, daß z. B. in $BaTiO_3$ die spontane Polarisation bei Erwärmung bei höheren Temperaturen verschwindet, als sie bei Abkühlung entsteht.

Triglyzinsulfat besitzt einen kleinen Wert $q = -0{,}012$ ESE. Deshalb ist der spontane elektrokalorische Effekt in TGS klein, und ein äußeres Feld beeinflußt nur schwach die Übergangstemperatur. Beim Seignettesalz ist der Koeffizient q in der Nähe der Umwandlungstemperatur relativ klein und in der Mitte des ferroelektrischen Bereiches relativ groß ($q = 0{,}22$ ESE). Ein Feld von 10 kV/cm kann bei diesem Kristall das Maximum der spontanen Polarisation um den beträchtlichen Wert von ungefähr 7° verschieben.

Es ist unschwer zu sehen, daß der elektrokalorische Effekt in Geräten zur Umwandlung von Wärmeenergie in elektrische Energie auf der Basis der Pyroelektrika stört. Aus Gl. (3.8) folgt, daß der störende Einfluß dieses Effektes umso geringer ist, je niedriger (bei sonst gleichen Bedingungen) die Arbeitstemperatur des Energiewandlers und je höher die Dichte und Wärmekapazität des Pyroelektrikums ist.

4. Elektromechanische Energieumwandlung (Piezoelektrischer Effekt)

4.1. Allgemeine Einführung

1880 fanden die französischen Wissenschaftler, die Brüder PIERRE und JACQUES CURIE, daß sich auf der Oberfläche von auf ganz bestimmte Weise abgespaltenen Plättchen einiger Kristalle beim Zusammendrücken elektrische Ladungen bilden. Die Erscheinung erhielt den Namen Piezoeffekt (piezoelektrischer Effekt) nach dem griechischen Wort „piezo“, das soviel wie „drücken“ bedeutet. Die Entdeckung war nicht zufällig. An ihrem Anfang standen Überlegungen über die Symmetrie der Kristalle und über das Zusammenfallen von polaren und singulär-polaren Richtungen mit der elektrischen Polarisation.

Die Untersuchung des Piezoeffektes zeigte sehr schnell, daß diese Erscheinung bei einigen Kristallen zu einer elektrischen Polarisation führt, die durch mechanische Spannungen oder Deformationen hervorgerufen wird. Dieser Effekt wurde später direkter piezoelektrischer Effekt genannt, im Unterschied zu dem bald danach entdeckten reziproken piezoelektrischen Effekt. Letzterer besteht darin, daß einige Kristalle mechanisch deformiert werden, wenn auf sie ein äußeres elektrisches Feld wirkt.

20—30 Jahre lang betrachtete man den piezoelektrischen Effekt lediglich als interessante physikalische Erscheinung. Später jedoch wurden wichtige praktische Anwendungsmöglichkeiten dieser Erscheinung gefunden.

Die wichtigsten Anwendungsmöglichkeiten sind: die Ausnutzung von Kristallen zur Stabilisierung der Sendefrequenz von Rundfunkstationen, für die Schaffung von Kanälen in der Hochfrequenztelephonie, zum Senden und Empfangen von Schall und Ultraschall, zur Messung verschiedener physikalischer Größen u. ä. Die Entwicklung der Radiotechnik und der Elektronik führte zum Entstehen ganzer Forschungsrichtungen und Anwendungsbereiche auf dem Gebiet der piezoelektrischen Kristalle.

Die Grundgleichungen für den Piezoeffekt. Untersuchungen zeigen, daß der Piezoeffekt ein linearer Effekt ist. Das bedeutet zum Beispiel im Falle des direkten Piezoeffektes, daß die mechanische Spannung t der Stärke der von ihr hervorgerufenen elektrischen Polarisation P direkt proportional ist,

$$P = dt, \tag{4.1}$$

wobei d ein Proportionalitätsfaktor ist, der sogenannte piezoelektrische Modul.

Neben mechanischen Spannungen kann die Polarisation auch durch eine mechanische Deformation r des Kristalls hervorgerufen werden. Das ergibt noch eine Gleichung für den piezoelektrischen Effekt,

$$P = er, \tag{4.2}$$

dabei ist e ein anderer piezoelektrischer Koeffizient. Der Zusammenhang zwischen den Koeffizienten d und e ist einfach zu finden, wenn man das aus der Elastizitätstheorie bekannte Hookesche Gesetz anwendet:

$$r = t/C, \tag{4.3}$$

wobei C der Youngsche Modul ist. Somit erhalten wir unter der Verwendung der Gln. (4.1), (4.2) und (4.3)

$$d = e/C. \tag{4.4}$$

Die Polarisation, die beim direkten Piezoeffekt durch die mechanischen Spannungen (Deformationen) hervorgerufen wird, kann durch die Stärke eines elektrischen Feldes E ausgedrückt werden. In diesem Falle haben die Gleichungen des direkten Piezoeffekts die Form

$$\begin{aligned} E &= -gt\,,^{1)} \\ E &= -hr\,. \end{aligned} \tag{4.5}$$

Mit Hilfe des HOOKEschen Gesetzes kann man einen Zusammenhang zwischen den Koeffizienten g und h finden:

$$h = Cg\,. \tag{4.6}$$

Man kann auch „auf der elektrischen Seite“ einen Zusammenhang zwischen den Koeffizienten d, g, e und h finden. Dazu erinnern wir uns daran, daß beim Fehlen äußerer Felder im Falle des direkten Piezoeffektes für einen kurzgeschlossenen[2]) Kristall $E = 0$ ist. Mit (1.7) und (1.10) erhalten wir dann die Beziehung

$$-\sigma_0 = \sigma' = P = \frac{D}{4\pi} = \frac{\varepsilon E}{4\pi}\,. \tag{4.7}$$

---

[1]) Die Wahl der Vorzeichen für die Koeffizienten g, h, d und e beruht hier und im weiteren in bestimmten Maße auf einer Vereinbarung. Durch sie wird das „Vorzeichen“ der Deformation entsprechend der Richtung des Feldes bestimmt.

[2]) Ein Kristall (eine Platte) ist „kurzgeschlossen“, wenn die Oberflächen, an denen die Ladungen der piezoelektrischen Polarisation auftreten, durch einen Leiter miteinander verbunden sind oder wenn sich der Kristall einfach in einem leitenden Medium befindet. Die in diesem Leiter befindlichen freien Ladungen σ_0 kompensieren die Ladung σ'. Beide Ladungen sind gleich groß und haben entgegengesetzte Vorzeichen. Der Kristall ist „offen“, wenn er eine piezoelektrische Polarisation $P = \sigma'$ trägt und sich in einem isolierenden Medium befindet. Außerdem dürfen die Oberflächen, die Ladungen entgegengesetzten Vorzeichens tragen, elektrisch nicht miteinander verbunden sein. In diesem Fall ist die dielektrische Verschiebung $D = 0$ (im Kristall sind keine freien Ladungen). Das mit den Ladungen σ' zusammenhängende Feld hat im Innern des Kristalls die Stärke $E = \dfrac{4\pi P}{\varepsilon}$ (wobei ε die Dielektrizitätskonstante des Kristalls ist).

Wenden wir (4.7) zusammen mit (4.1) und (4.5) an, ergibt sich

$$d = -\frac{\varepsilon}{4\pi} g, \tag{4.8}$$

aus (4.7), (4.2) und (4.5) ergibt sich dann

$$e = -\frac{\varepsilon}{4\pi} h. \tag{4.9}$$

Auf diese Weise sind alle die Koeffizienten d, e, g und h über die Dielektrizitätskonstante ε und den YOUNGschen Modul C miteinander verknüpft. Manchmal wird in den Gleichungen, die den Piezoeffekt beschreiben, an Stelle der Dielektrizitätskonstanten ε ihr Kehrwert $\beta = 1/\varepsilon$ verwendet, und an Stelle des YOUNGschen Moduls dessen Kehrwert, die sogenannte elastische Verformbarkeit $S = 1/C$. Das erlaubt, einige der oben genannten Beziehungen in der Form

$$d = Se, \quad g = -4\pi\beta d, \quad g = Sh, \quad h = -4\pi\beta e \tag{4.10}$$

zu schreiben.

Eine thermodynamische Betrachtung zeigt, daß die Gleichungen des reziproken Piezoeffektes durch die gleichen piezoelektrischen Koeffizienten d, g, e und h beschrieben werden können. Der Zusammenhang hat die Form (man muß berücksichtigen, daß man auf der mechanischen Seite die Größen t und r und auf der elektrischen Seite die Größen P und E betrachten kann):[1])

$$\begin{gathered} t = -hP, \\ r = dE, \quad t = -eE, \quad r = gP. \end{gathered} \tag{4.11}$$

[1]) Beim reziproken piezoelektrischen Effekt versteht man unter P die Oberflächendichte der freien Ladungen, die man durch die dielektrische Verschiebung nach der Beziehung $\sigma_0 = P = D/4\pi$ ausdrücken kann. Unter diesen Bedingungen ist der Kristall offen. Legt man ein äußeres elektrisches Feld E an, ist der Kristall (über die Batterie) kurzgeschlossen.

Damit erhalten wir eine vollständige Beschreibung des direkten und des reziproken Piezoeffektes durch ein System von acht Gleichungen:

$$\begin{aligned} P &= dt, & r &= dE, \\ P &= er, & t &= -eE, \\ E &= -hr, & t &= -hP, \\ E &= -gt, & r &= gP. \end{aligned} \tag{4.11a}$$

Der Zusammenhang zwischen allen piezoelektrischen Koeffizienten ist durch die Gln. (4.4), (4.6), (4.8), (4.9) und (4.10) gegeben.[1])

Alle für den Piezoeffekt angegebenen Gleichungen sind skalare Gleichungen. Sie lassen die Tatsachen unberücksichtigt, daß die elektrische Feldstärke E und die elektrische Polarisation P polare Vektoren sind und daß die mechanische Spannung t und die mechanische Deformation r polare Tensoren zweiten Ranges sind. Die tensorielle Natur der mechanischen Deformation (Spannung) kann man verstehen, wenn man bedenkt, daß sich ein fester Körper (der nicht unbedingt anisotrop sein muß) unter der Wirkung einer äußeren Kraft nicht nur verlängert (verkürzt), sondern auch senkrecht zur Wirkungslinie der Kraft zusammenzieht (verbreitert). Analytisch verknüpfen die Komponenten des Deformationstensors r zwei polare Vektoren miteinander, den Vektor der wirkenden Kräfte und den Vektor, um den die Teilchen des Körpers unter der Wirkung dieser Kräfte verschoben werden. Formal ist der Tensor r_{ij} dem Tensor ε_{ij} (s. (1.14)) analog und hat die Form

$$\begin{matrix} r_{11} & r_{12} & r_{13} \\ r_{21} & r_{22} & r_{23} \\ r_{31} & r_{32} & r_{33}\,. \end{matrix} \tag{4.12}$$

[1]) Im System der CGS-Einheiten haben die Koeffizienten e und h die Dimension einer elektrischen Polarisation ($\mathrm{cm}^{-1/2} \cdot \mathrm{g}^{1/2} \cdot \mathrm{s}^{-1}$), die Dimension der Koeffizienten g und d ist dazu reziprok ($\mathrm{cm}^{1/2} \cdot \mathrm{g}^{-1/2} \cdot \mathrm{s}$).

Selbstverständlich hat der Tensor t_{ij} die Form

$$\begin{matrix} t_{11} & t_{12} & t_{13} \\ t_{21} & t_{22} & t_{23} \\ t_{31} & t_{32} & t_{33}. \end{matrix} \tag{4.13}$$

Jede der Vektorgrößen $\boldsymbol{P}$ und $\boldsymbol{E}$ hat drei Komponenten: P_1, P_2, P_3; E_1, E_2, E_3. Der Zusammenhang zwischen den Vektoren und den Tensoren zweiten Ranges, die (in tensorieller Darstellung) durch Gl. (4.11) gegeben sind, wird durch Tensoren dritten Ranges vermittelt. Letztere sind die piezoelektrischen Koeffizienten d, e, g und h:

$$\begin{aligned} P_n &= d_{nji} t_{ji}, & r_{ij} &= d_{mij} E_m, \\ P_n &= e_{nij} r_{ij}, & t_{ji} &= -e_{mji} E_m, \\ E_m &= -h_{mij} r_{ij}, & t_{ji} &= -h_{nji} P_n, \\ E_m &= -g_{mji} t_{ji}, & r_{ij} &= g_{nji} P_n. \end{aligned} \tag{4.14}$$

Die Piezotensoren d, e, g und h enthalten als Tensoren dritten Ranges im allgemeinen Fall 27 voneinander unabhängige Komponenten. In Tensorform geschrieben hat zum Beispiel die erste der Gleichungen aus (4.14) die Gestalt

$$\begin{matrix} & t_{11} & t_{22} & t_{33} & t_{32} & t_{23} & t_{31} & t_{13} & t_{12} & t_{21} \\ P_1 & d_{111} & d_{122} & d_{133} & d_{132} & d_{123} & d_{131} & d_{113} & d_{112} & d_{121} \\ P_2 & d_{211} & d_{222} & d_{233} & d_{232} & d_{223} & d_{231} & d_{213} & d_{212} & d_{221} \\ P_3 & d_{311} & d_{322} & d_{333} & d_{332} & d_{323} & d_{331} & d_{313} & d_{312} & d_{321}. \end{matrix} \tag{4.15}$$

In praktischen Rechnungen verwendet man Gl. (4.15) meist in einer Matrixform. Dabei haben die Größen $r(t)$ einen Index und die Größen d (e, g, h) zwei Indizes. In dem betrachteten Beispiel ergibt sich

$$\begin{aligned} &t_{11} = t_1; \quad t_{22} = t_2; \quad t_{33} = t_3; \\ &t_{32}, t_{23} = t_4; \quad t_{31}, t_{13} = t_5; \quad t_{12}, t_{21} = t_6. \end{aligned} \tag{4.16}$$

Bei dieser Ersetzung ergibt sich für den gesuchten Tensor d_{nij} (4.15) in der neuen Schreibweise:

$$\begin{array}{ccccccc} & t_1 & t_2 & t_3 & t_4 & t_5 & t_6 \\ P_1 & d_{11} & d_{12} & d_{13} & d_{14} & d_{15} & d_{16} \\ P_2 & d_{21} & d_{22} & d_{23} & d_{24} & d_{25} & d_{26} \\ P_3 & d_{31} & d_{32} & d_{33} & d_{34} & d_{35} & d_{36}. \end{array} \tag{4.17}$$

Ein Vergleich der Komponenten des Tensors aus (4.15) und der Komponenten der Matrix aus (4.17) führt zu folgenden Beziehungen:

$$\begin{aligned}
&d_{111} = d_{11};\ d_{122} = d_{12};\ d_{133} = d_{13};\\
&d_{132}, d_{123} = {}^1/_2 d_{14};\ d_{131}, d_{113} = {}^1/_2 d_{15};\ d_{112}, d_{121} = {}^1/_2 d_{16};\\
&d_{211} = d_{21};\ d_{222} = d_{22};\ d_{233} = d_{23};\ d_{232}, d_{223} = {}^1/_2 d_{24};\\
&d_{231}, d_{213} = {}^1/_2 d_{25};\ d_{212}, d_{221} = {}^1/_2 d_{26};\\
&d_{311} = d_{31};\ d_{322} = d_{32};\ d_{333} = d_{33};\ d_{323}, d_{332} = {}^1/_2 d_{34};\\
&d_{313}, d_{331} = {}^1/_2 d_{35};\ d_{312}, d_{321} = {}^1/_2 d_{36}.
\end{aligned} \tag{4.18}$$

In dieser komprimierten Form erhält die erste der Gln. (4.14) die Gestalt

$$P_n = d_{nj} t_j \quad (n = 1, 2, 3;\ j = 1, 2, \ldots, 6). \tag{4.19}$$

Die Tensorgleichungen (4.14), (4.15) und auch (4.19) sind noch recht unhandlich. In den meisten konkreten Fällen ergibt sich jedoch aus der Symmetrie der Kristalle, daß ein Teil der Komponenten in der Matrix (4.17) gleich Null oder untereinander gleich ist. Den Einfluß der Symmetrie auf die Gestalt der Matrix (4.17) kann man im allgemeinsten Fall auf Grund einfacher Überlegungen verstehen. Tatsächlich ist vor allem leicht zu sehen, daß der Piezoeffekt in zentro-symmetrischen Kristallen nicht auftreten kann. Das folgt aus der Tatsache, daß die „Addition" der Symmetrieelemente eines Kristalls mit einem Symmetriezentrum und der Symmetrieelemente einer mechanischen Einwirkung, unter denen sich ebenfalls ein Symmetriezentrum befindet (Dehnung, Druck und Scherung sind zentro-symmetrische Einwirkungen), nach den Symmetrieprinzipien von CURIE zu einer Symmetriegruppe mit Symmetriezentrum führt. Mit anderen Worten: Ein zentrosymmetrischer Kristall ist auch nach einer Deformation nach zentrosymmetrisch. Das Vorhandensein eines Symmetriezentrums im deformierten Kristall bedeutet jedoch, daß es in diesem Kristall keine polaren Richtungen gibt. Das heißt, es kann keine elektrische Polarisation geben.

In neutral-polaren Kristallen gibt es „kompensierte“ polare Richtungen. In diesen Kristallen gibt es dann einen Piezoeffekt, wenn die Dipolstruktur des Kristalls „dekompensiert“ wird und im Kristall eine elektrische Polarisation entsteht. Vom Standpunkt der Symmetrien aus betrachtet bedeutet das, daß in den neutral-polaren Kristallen der Piezoeffekt dann auftritt, wenn durch die Deformation eine singulär-polare Richtung entsteht. Dieser Fall tritt zum Beispiel bei einer Scherdeformation r_{12} eines Kristalls auf, der zur Gruppe $\bar{4}2m$ gehört (zum Beispiel beim KH_2PO_4). Die Deformation r_{12} ändert die Symmetrie dieses Kristalls. Die neue Gruppe ist die pyroelektrische (polare) Gruppe $mm\,2$. Die Achse 2 ist eine singulär-polare Achse, in deren Richtung die piezoelektrische Polarisation zeigt (Abb. 55b).[1]) Selbst-

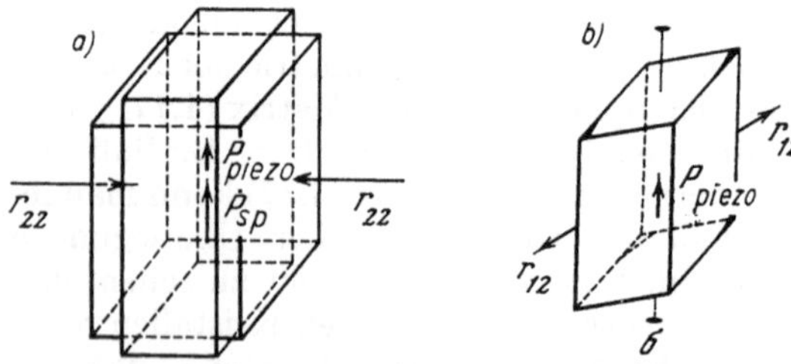

Abb. 55. Piezoelektrische Polarisation von Kristallen der Klasse 42*m* bei einer Deformation r_{12} (*b*) und der Klasse 4*mm* bei der Deformation r_{11} (*a*)

[1]) Der Koeffizient d_{36} ist in dieser Kristallklasse ungleich Null (siehe Tab. 5).

verständlich ändert die Deformation r_{33} die Symmetrie des gleichen Kristalls nicht, und in diesem Fall entsteht dann keine piezoelektrische Polarisation.[1]) Damit enthält die Matrix der Piezokoeffizienten (vom Typ (4.17)) für einen neutral-polaren Kristall Komponenten, die gleich Null sind, und Komponenten, die von Null verschieden sind. Im Zusammenhang damit muß man alle neutral-polaren Kristalle zu den Piezoelektrika zählen[2]). Unter bestimmten Bedingungen kann man in ihnen immer durch mechanische Deformation (Spannung) eine piezoelektrische Polarisation erzeugen.

Betrachtet man die Symmetrie, ist es recht einfach zu verstehen, wie in den polaren Kristallen eine piezoelektrische Polarisation entsteht. Im Unterschied zu den neutral-polaren Kristallen ist hier die piezoelektrische Polarisation das Ergebnis einer Änderung der vorhandenen spontanen Polarisation P_{sp}. Diese Änderung kann sich als eine Änderung des Betrages oder der Richtung von P_{sp} äußern. Zum Beispiel ist die piezoelektrische Polarisation eines Kristalls der Klasse $4mm$, der senkrecht zur Richtung P_{sp} zusammengedrückt wird, in Abb. 55a angegeben. Damit sind alle polaren (pyroelektrischen) Kristalle, die zu den 20 Klassen 1, 2, m, 222, $mm2$, 4, $\bar{4}$, 422; $4mm$, $\bar{4}2m$, 3, 3/2, $3m$, 6, $\bar{6}$; 622, $6mm$, $\bar{6}2$, 23, $\bar{4}3m$ gehören, piezoelektrisch.[3])

Der Einfluß der Symmetrie auf die Form des Tensors der piezoelektrischen Koeffizienten kann auch rein analytisch untersucht werden, indem man die Ein-

---

[1]) Der Koeffizient d_{33} ist in dieser Kristallklasse gleich Null (siehe Tab. 5).

[2]) Eine Ausnahme macht die neutral-polare kubische Kristallklasse 432. In diesen Kristallen kann eine piezoelektrische Polarisation nur dann erzeugt werden, wenn der mechanische Deformationstensor (Spannungstensor) unsymmetrisch ist. Hier werden diese Fälle der piezoelektrischen Polarisation nicht betrachtet und nicht zum gewöhnlichen piezoelektrischen Effekt gezählt.

[3]) Streng genommen können Kristalle, die zu diesen Klassen gehören, piezoelektrisch sein. Praktisch sind jedoch immer geometrische (symmetrische) und elektrische Polarität in Kristallen gleichwertig, und wir machen dazwischen keinen Unterschied.

schränkungen bestimmt, denen die Tensorkomponenten (4.15) auf Grund der Symmetrie unterworfen sind. Dazu schreibt man sich die Koeffizienten d_{nij} nach einer Koordinatentransformation auf, die dem einen oder anderen Symmetrieelement des Kristalls entspricht.[1]) Nach einer solchen Transformation kann sich ergeben: (1) Der Koeffizient ändert sich nicht ($d' = d$); (2) der Betrag des Koeffizienten bleibt unverändert, er hat aber nach der Transformation das entgegengesetzte Vorzeichen ($d' = -d$); (3) der Koeffizient ist gleich einer algebraischen Kombination der Ausgangskoeffizienten. Die Einschränkungen auf die Form des Tensors in diesen drei Fällen bedeuten folgendes: (1) Der Koeffizient ist mit der Kristallsymmetrie verträglich und bleibt im Tensor an seinem Platz; (2) die Gleichheit ist nur dann mit der Kristallsymmetrie verträglich, wenn $d \equiv 0$ ist; (3) der Koeffizient wird eben als irgendeine Kombination von Koeffizienten angesehen. Bei diesen Einschränkungen wird der Koeffizient der Kristallsymmetrie entsprechen.

Die Ergebnisse einer genauen Untersuchung aller piezoelektrischen Klassen ist in Tab. 5 angegeben.[2])

Aus der Tabelle ist ersichtlich, daß für 20 kristallographische Klassen die Koeffizientenmatrix d_{nj} (4.17) lediglich einen von Null verschiedenen Koeffizienten hat. Die Koeffizientenmatrizen g_{mj} und d_{nj} entsprechen einander. Für einige Klassen unterscheidet sich die Form der Matrizen e_{mi} und h_{mi} etwas von der Form der Matrix d_{nj} entsprechend der hier verwendeten Bezeichnung für

---

[1]) Die Komponenten eines polaren Tensors dritten Ranges (speziell der Tensoren des piezoelektrischen Effektes) transformieren sich nach der Formel

$$d'_{njl} = c_{nk} \cdot c_{jl} \cdot c_{lm} \cdot d_{klm},$$

wobei c_{ij} die Komponenten der Transformationsmatrix zwischen den Koordinatensystemen (speziell der Transformation entsprechend dem einen oder dem anderen Symmetrieelement) sind. d'_{njl} ist der neue und d_{klm} der alte Wert für die Komponente des Tensors d.

[2]) Der Übergang von drei Indizes in d zu zwei Indizes wurde entsprechend (4.18) vorgenommen.

Tabelle 5. Die Form der Matrizen der piezoelektrischen Koeffizienten (d_{ij})

Triklines System

Klasse 1

(18)

Monoklines System

Klasse 2, 2 ∥ Y

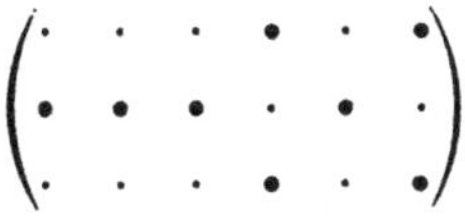
(8)

Klasse 2, 2 ∥ Z

(8)

Klasse m, $m \perp Y$

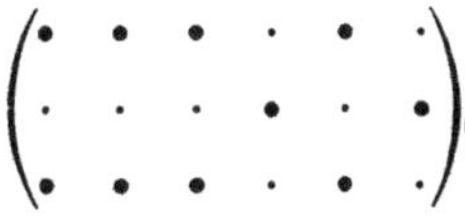
(10)

(10)

Rhomboedrisches System

Klasse 3

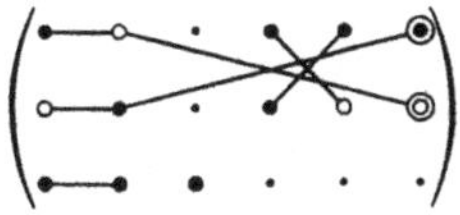
(6)

Klasse 3/2

(2)

Klasse 3m, $m \perp X$

(4)

Klasse 3,m $m \perp Y$

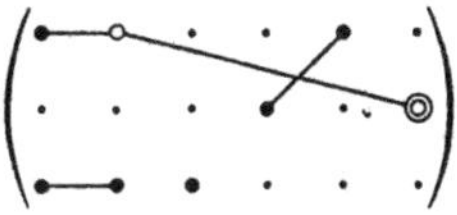
(3)

Tetragonales System

Klasse 6

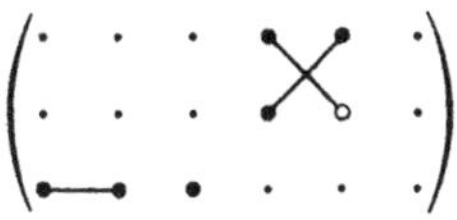
(4)

Klasse 6mm

(3)

Klasse 622

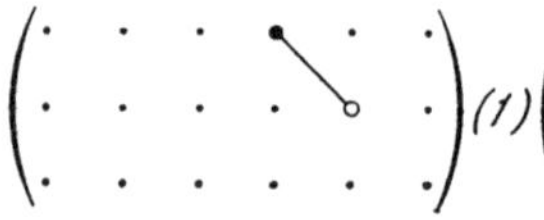

Klasse 6

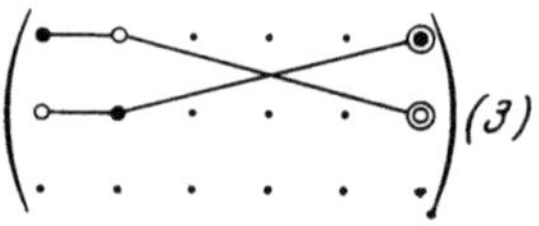

Klasse 62, $m \perp X$

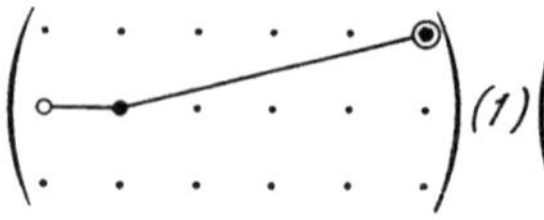

Klasse $\overline{62}$, $m \perp Y$

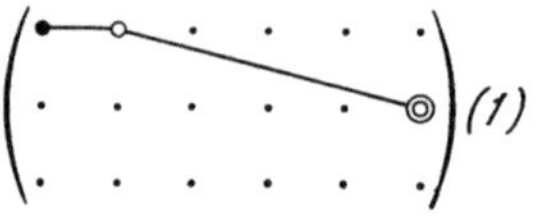

Rhomboedrisches System

Klasse 222

Klasse $mm2$

Tetragonales System

Klasse 4

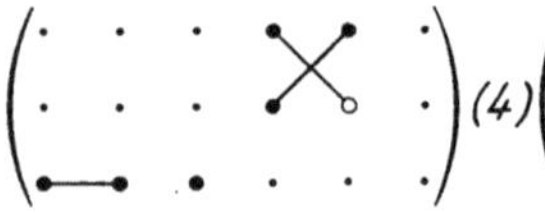

Klasse $\bar{4}$

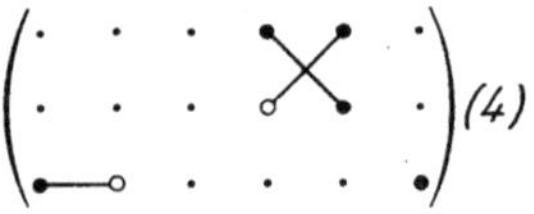

Klasse 422

Klasse $4mm$

Klasse $\bar{4}2m$

Kubisches System

Klasse $\bar{4}3m$, 23

Fortsetzung Tabelle 5. Die Form der Matrizen der piezoelektrischen Koeffizienten (e_{ij}) und (h_{ij})

Klasse 3

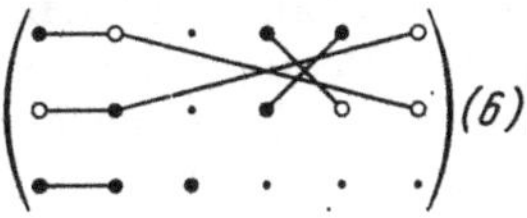

Klasse 3/2

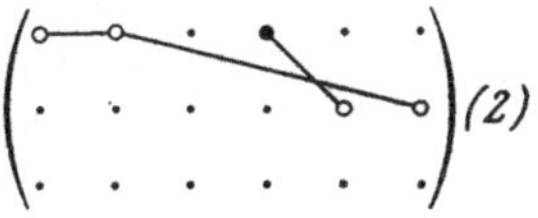

Klasse 6

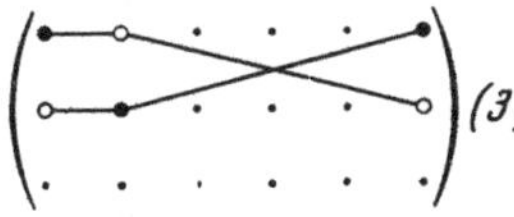

Klasse $3m$, $m \perp YX$

Klasse $\bar{6}m2$

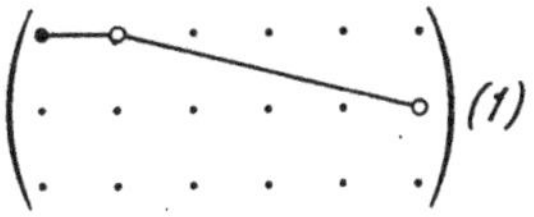

Bezeichnungen: · die Komponente ist gleich Null; ● die Komponente ist von Null verschieden; ●—● gleiche Komponenten; ○—● betragsmäßig gleiche Komponenten mit entgegengesetzten Vorzeichen; ◎ die Komponente ist halb so groß und hat das entgegengesetzte Vorzeichen wie die, mit der sie durch die Linie verbunden ist. Nach jeder Matrix ist in Klammern die Anzahl der voneinander unabhängigen, von Null verschiedenen Komponenten angegeben.

die Scherkomponenten des Deformationstensors r_{ij}.[1]) Wir wollen übrigens noch bemerken, daß beim Übergang von der Darstellung der Koeffizienten mit zwei Indizes zu der mit drei Indizes in den Formeln entsprechend (4.18) der Faktor 1/2 verschwindet.

Die elektromechanische Energieumwandlung. Im allgemeinen ist die Energie eines Kristalles eine Funktion seines thermischen, seines mechanischen und seines elektrischen Zustandes. Als unabhängige Veränderliche zur Charakterisierung des thermischen Zustandes verwendet man die Temperatur T und die Entropie S. Den mechanischen Zustand charakterisiert man durch

[1]) $r_{11} = r_1$; $r_{22} = r_2$; $r_{33} = r_3$; $2 \cdot r_{23} = r_4$; $2 \cdot r_{31} = r_5$; $2 \cdot r_{12} = r_6$

die mechanische Spannung t und die Deformation r; den elektrischen dagegen durch das elektrische Feld E und die dielektrische Verschiebung D. Die elastischen und die dielektrischen Eigenschaften eines Kristalls werden im konkreten Fall unter ganz bestimmten Bedingungen gemessen, die durch seinen thermischen, seinen mechanischen und seinen elektrischen Zustand gegeben sind. In *thermischer Hinsicht* kann das ein Zustand konstanter Temperatur sein (isotherme Bedingungen, $T = \text{const}$) oder ein Zustand mit konstanter Entropie (adiabatische Bedingungen, $S = \text{const}$). In *mechanischer Hinsicht* kann ein freier Zustand (ohne mechanische Spannungen, $t = 0$) vorliegen, oder der Kristall ist eingespannt (die Deformation r ist konstant oder gleich Null). In *elektrischer Hinsicht* kann der Kristall offen oder kurzgeschlossen sein (im ersten Fall ist die elektrische Verschiebung D konstant oder gleich Null, im zweiten Fall das elektrische Feld E). Betrachtet man den Youngschen Modul, kann man von den Größen C^{DS}, C^{DT}, C^{ES} und C^{ET} sprechen. Die erste von ihnen bezeichnet den Youngschen Modul, der unter adiabatischen Bedingungen am offenen Kristall (Indizes D und S) gemessen wurde, die zweite dem unter isothermen Bedingungen am offenen Kristall gemessenen Youngschen Modul usw. Bei der Messung der Dielektrizitätskonstanten muß man auch verschiedene Fälle unterscheiden, zum Beispiel ε^{rS}, ε^{tS}, ε^{rT} und ε^{tT}. ε^{rS} wird unter adiabatischen Bedingungen am eingespannten Kristall gemessen, ε^{tT} dagegen unter isothermen Bedingungen am freien Kristall usw. In der Praxis sind die adiabatischen Bedingungen verwirklicht, wenn man die Konstanten mittels hochfrequenter Schwingungen bestimmt, denn die Schwingungen sind so schnell, daß zwischen den einzelnen Teilen des Kristalls kein Wärmeaustausch stattfinden kann. Bei statischen Messungen dagegen sind in der Regel isotherme Meßbedingungen verwirklicht.

Die elastischen Konstanten (der Youngsche Modul C und die elastische Verformbarkeit S) unterscheiden sich bei der Messung unter verschiedenen thermischen Bedingungen[1]) nicht sehr stark, beispielsweise um 1%. In der Regel ist die adiabatische Verformbarkeit kleiner als die isotherme (der unter adiabatischen Bedingungen gemessene Kristall scheint härter zu sein). Die Dielektrizitätskonstante ist bei verschiedenen thermischen Bedingungen dann unterschiedlich, wenn der Kristall pyroelektrisch ist. Die Differenz zwischen ε^S und ε^T ist dem Produkt der pyroelektrischen Koeffizienten $p_i p_j$ proportional und ihr Vorzeichen hängt von den Vorzeichen von p_i und p_j ab.

Bei den piezoelektrischen Kristallen sind die Größen C^D und C^E und entsprechend S^D und S^E unterschiedlich.[2]) Qualitativ kann man diesen Unterschied verstehen, wenn man berücksichtigt, daß bei der Messung der elastischen Konstanten eine piezoelektrische Polarisation im Kristall erzeugt wird. Im Falle des elektrisch offenen Kristalls ($D = \text{const}$) bedeutet das, daß bei der Messung der elektrischen Konstanten nicht nur die Härte des eigentlichen Kristalls gemessen wird, sondern auch, wenn man das so ausdrücken kann, die „Härte" des elektrischen Feldes, das durch die piezoelektrische Polarisation im Außenraum aufgebaut wird. Mit anderen Worten, in diesem Fall wird ein Teil der Energie zum Aufbau des elektrischen Feldes verbraucht, d. h. $C^D > C^E$ (oder $S^D < S^E$), was auch wirklich so ist. Offensichtlich ist der Unterschied in der Härte (oder Verformbarkeit) ein Mittel, mechanische Energie in elektrische Energie umzuwandeln. Je mehr Energie zum Aufbau des elektrischen Feldes verbraucht wird, desto größer ist der Koeffizient der elektromechanischen Kopplung

$$K^2 = \frac{S^E - S^D}{S^E} = \frac{C^D - C^E}{C^D}. \tag{4.20}$$

---

[1]) Bei im übrigen unveränderten mechanischen und elektrischen Bedingungen

[2]) Bei im übrigen unveränderten thermischen und mechanischen Bedingungen

Schließlich sind in den piezoelektrischen Kristallen bei sonst gleichen Bedingungen ε^r und ε^t verschieden groß. Ist der Kristall frei, so erzeugt ein angelegtes elektrisches Feld außer einer Polarisation auf Grund des Piezoeffektes eine mechanische Deformation des Kristalls. Im eingespannten Kristall gibt es diese Deformation nicht. Das bedeutet, daß die Beziehung $\varepsilon^t > \varepsilon^r$ gelten muß. Die Differenz zwischen diesen beiden Größen ist ebenfalls ein Maß für die elektromechanische Kopplung

$$K^2 = \frac{\varepsilon^t - \varepsilon^r}{\varepsilon^t}. \tag{4.21}$$

Der Koeffizient der elektromechanischen Kopplung ist auch eine tensorielle Größe. Er ist für verschiedene Kristallproben, die unterschiedliche Schwingungen ausführen, verschieden. Die elektromechanische Kopplung ist umso stärker, je größer der Betrag der piezoelektrischen Koeffizienten ist. Für die i-te Komponente des Feldes E (oder der Verschiebung D) und die j-te Komponente der Tensoren t oder r gilt die Beziehung

$$\left.\begin{aligned} K^2 &= \frac{d_{ij}^2}{\varepsilon_{ii}^t S_{jj}^E} = \frac{h_{ij}^2}{\beta_{ii}^S C_{jj}^D}, \\ K^2 &= \frac{e_{ij}^2}{\varepsilon_{ii}^r C_{jj}^E} = \frac{g_{ij}^2}{\beta_{ii}^t S_{jj}^D}. \end{aligned}\right\} \tag{4.22}$$

Die piezoelektrischen Koeffizienten d, e, g und h, die bei konstanter Entropie S (adiabatische Bedingungen) und konstanter Temperatur (isotherme Bedingungen) gemessen werden, unterscheiden sich nur in pyroelektrischen Kristallen voneinander. Für lineare Pyroelektrika ist dieser Unterschied nicht groß, nicht größer als 0,1%.[1]) Anomalien dieser Differenz für die Ferroelektrika im

[1]) Hier wird angenommen, daß in allen Gleichungen die oben angeführten piezoelektrischen Koeffizienten d, g, e und h unter adiabatischen Bedingungen gemessen wurden.

Bereich des Phasenüberganges (wo P groß ist) werden weiter unten betrachtet.

Ein piezoelektrischer Kristall hat also die Fähigkeit, auf Grund mechanischer Einwirkungen polarisiert zu werden und sich beim Anlegen eines elektrischen Feldes zu deformieren. Damit kann man ihn als elektromechanischen Energiewandler ansehen. Die Effektivität dieses Wandlers hängt davon ab, um wieviel sich die Dielektrizitätskonstante eines mechanisch eingespannten Kristalls von der eines mechanisch freien Kristalls unterscheidet und um wieviel sich die elastischen Koeffizienten eines elektrisch kurzgeschlossenen und eines elektrisch offenen Kristalls voneinander unterscheiden.

Definitionsgemäß, d. h. entsprechend der Schreibweise der Gleichungen des Piezoeffektes (4.4), charakterisieren die Koeffizienten d, g, e und h verschiedene Arbeitsbedingungen des elektromechanischen Energiewandlers. So folgt zum Beispiel aus der Gleichung für den Koeffizienten d

$$P = dt, \qquad r = dE, \tag{4.23}$$

daß der Koeffizient d beim direkten Piezoeffekt die Verschiebung (die Ladungsdichte oder die Polarisation $D = 4\pi P = 4\pi\sigma$) beschreibt, die unter der Wirkung einer mechanischen Spannung entsteht. Im Fall des reziproken piezoelektrischen Effekts beschreibt der Koeffizient d die Größe der Deformation, die durch das Anlegen eines elektrischen Feldes hervorgerufen wird. Der Koeffizient g beschreibt beim direkten piezoelektrischen Effekt die Potentialdifferenz, die von einer mechanischen Spannung erzeugt wird, beim reziproken piezoelektrischen Effekt dagegen die Größe der Deformation, die durch elektrische Ladungen auf dem Kristall hervorgerufen wird usw.

Um zu bestimmen, welche Arbeitsbedingungen des Energiewandlers durch den einen oder den anderen piezoelektrischen Koeffizienten beschrieben werden, ist es nützlich, sich die Methoden zur Messung dieses Koeffizienten anzusehen. Diese Methoden sind für den direkten und den reziproken piezoelektrischen Effekt in Abb. 56

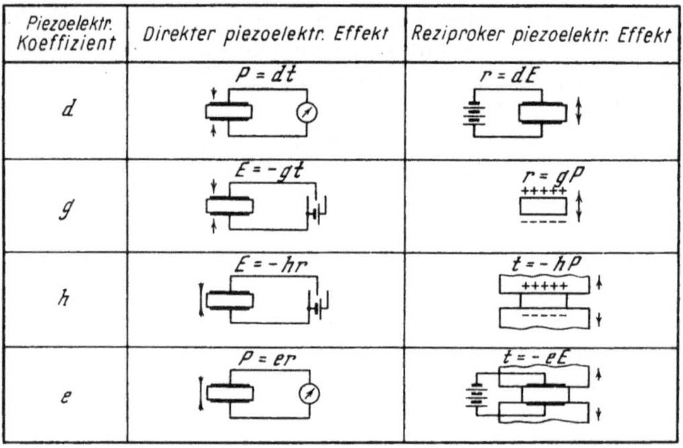

Abb. 56. Schematische Darstellung der Meßbedingungen für die piezoelektrischen Koeffizienten *d*, *g*, *h* und *e*

schematisch dargestellt. Auf der linken Seite jeder dieser schematischen Darstellungen sehen wir die äußere Einwirkung: beim direkten piezoelektrischen Effekt die mechanische Spannung (entgegengesetzt gerichtete Pfeile) und die mechanische Deformation (miteinander verbundene, sich treffende Pfeile) und beim reziproken piezoelektrischen Effekt eine Batterie (als Spannungsquelle) und eine Ladungsquelle. Auf der rechten Seite der Schemata ist das Meßobjekt oder die Meßeinrichtung dargestellt. So wird beim direkten piezoelektrischen Effekt die Ladung mit einem Galvanometer, die Spannung aber mit einem Elektrometer registriert. Beim reziproken piezoelektrischen Effekt messen wir eine Deformation (miteinander verbundene Pfeile, die auseinander zeigen) oder eine Spannung (der Kristall ist eingespannt, die Pfeile sind nicht miteinander verbunden). Es ist leicht zu sehen, daß es experimentell am einfachsten ist, die piezoelektrischen Koeffizienten *h* und *e* beim direkten piezoelektrischen Effekt zu messen und den Koeffizienten *d* beim reziproken.

Den Meßmethoden entsprechen ganz bestimmte Arbeitsbedingungen des Wandlers. So entspricht das Anlegen eines elektrischen Feldes (das zu einer mechanischen Deformation führt) beim reziproken piezoelektrischen Effekt einer Messung des Koeffizienten *d*; eine Deformation des Kristalls, bei der elektrische Ladungen entstehen, entspricht beim direkten piezoelektrischen Effekt einer Messung des Koeffizienten *e* usw. Ist es also zum Beispiel erforderlich, unter der Einwirkung einer mechanischen Spannung eine möglichst hohe elektrische Spannung zu erhalten, muß man Kristalle verwenden, bei denen der Koeffizient *g* möglichst groß ist. Solche Forderungen sind speziell bei Schall- und Ultraschallempfängern zu stellen. Eine hohe Deformation unter der Einwirkung eines elektrischen Feldes entsteht in Kristallen, bei denen der Koeffizient *d* groß ist. Solche Kristalle verwendet man zum Beispiel zum Bau von Sendern für Schall und Ultraschall. Zur Messung von Deformationen mit elektrischen Methoden nimmt man Kristalle, bei denen die Koeffizienten *h* oder *e* möglichst groß sind (piezoelektrischer Seismograph, piezoelektrischer Schallempfänger usw.).

Damit hat der piezoelektrische Kristall unter verschiedenen Arbeitsbedingungen als elektromechanischer Wandler verschieden große piezoelektrische Koeffizienten. Ist jedoch bei einem Kristall irgendein piezoelektrischer Koeffizient groß, müssen nicht unbedingt alle piezoelektrischen Koeffizienten groß sein. Die Effektivität des piezoelektrischen Kristalls ist eine Funktion einer Reihe von Eigenschaften (elektrischen und mechanischen).

Es sei noch bemerkt, daß die Anwendung der piezoelektrischen Kristalle nicht nur durch die Effektivität der Energieumwandlung bestimmt wird. In der Technik zum Beispiel wird die direkte Umwandlung mechanischer

Energie in elektrische Energie mittels piezoelektrischer Kristalle im allgemeinen nicht ausgenutzt. In anderen Anwendungsbereichen aber spielen nicht nur die energetischen Verhältnisse eine Rolle, sondern auch die mechanische und die elektrische Festigkeit der piezoelektrischen Kristalle, ihre Beständigkeit gegen Feuchtigkeit und Temperatureinfluß, die Stabilität der dielektrischen Eigenschaften u. ä. Nichtsdestoweniger ist es bei sonst gleichen Bedingungen immer zweckmäßig, die Kristalle zu nehmen, die unter den entsprechenden Arbeitsbedingungen die größten piezoelektrischen Koeffizienten haben.

4.2. Die piezoelektrischen Eigenschaften der Kristalle

Lineare Piezoelektrika. Das am meisten verwendete und am besten untersuchte lineare Piezoelektrikum ist der Quarz (SiO_2). Alle Kristallmodifikationen des Quarzes sind aus Silizium-Sauerstoff-Tetraedern aufgebaut. Die Tieftemperaturmodifikation des SiO_2 (unterhalb von 573 °C) gehört zum rhomboedrischen System (Punktsymmetriegruppe 3/2). Zu einer Elementarzelle, die bei Zimmertemperatur die Parameter $a = 4{,}90$ und $c = 5{,}39$ Å hat, gehören drei „Moleküle" der Zusammensetzung SiO_2. In der Nähe von T = 573 °C findet im Quarz eine Phasenumwandlung statt. Der Quarz wird bei einer Temperaturerhöhung hexagonal (Punktsymmetriegruppe 622). Diese Modifikation, der α-Quarz, ist im Temperaturintervall 573–870 °C stabil. Zwischen 870 und 1470 °C ist die dritte Modifikation des SiO_2, der Tridymit stabil. Die symmetrischste Modifikation ist die vierte, der kubische Cristobalit, der eine diamantähnliche Struktur hat. Cristobalit ist im Bereich 1470–1710 °C stabil. Ein idealer Polyeder des β-Quarzes (mit den Flächen, die man an natürlichen Proben findet) ist in beiden enantiomorphen Modifikationen (Linksquarz und

Rechtsquarz) mit dem kristallographischen Koordinatensystem in Abb. 57 dargestellt.

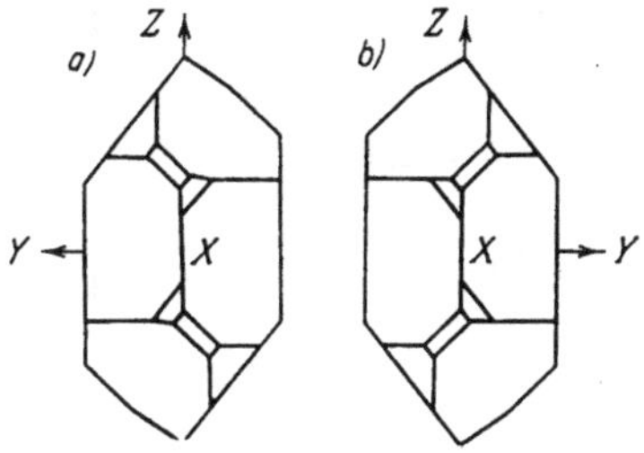

Abb. 57. Idealformen von Linksquarz (*a*) und Rechtsquarz (*b*) und die Wahl des Koordinatensystems

Entsprechend Tab. 5 haben die Gleichungen für die piezoelektrischen Effekte in der Tensorform (bei Verwendung des piezoelektrischen Moduls d) für die Klasse 3/2 die Gestalt

$$\begin{array}{c|cccccc} & t_1 & t_2 & t_3 & t_4 & t_5 & t_6 \\ \hline P_1 & d_{11} & -d_{11} & 0 & d_{14} & 0 & 0 \\ P_2 & 0 & 0 & 0 & d_{14} & 0 & 0 \\ P_2 & 0 & 0 & 0 & 0 & -d_{14} & -2d_{11} \\ P_3 & 0 & 0 & 0 & 0 & 0 & 0 \end{array} \tag{4.24}$$

für den direkten piezoelektrischen Effekt, und

$$\begin{array}{c|ccc} & E_1 & E_2 & E_3 \\ \hline r_1 & d_{11} & 0 & 0 \\ r_2 & -d_{11} & 0 & 0 \\ r_3 & 0 & 0 & 0 \\ r_4 & d_{14} & 0 & 0 \\ r_5 & 0 & -d_{14} & 0 \\ r_6 & 0 & -2d_{11} & 0 \end{array} \tag{4.25}$$

für den reziproken piezoelektrischen Effekt.

Normalerweise schreibt man die Gleichungen folgendermaßen:

$$\begin{aligned} P_1 &= d_{11}\mathfrak{t}_1 - d_{11}\mathfrak{t}_2 + d_{14}t_4, \\ P_2 &= -d_{14}\mathfrak{t}_5 - 2d_{11}\mathfrak{t}_6 \end{aligned} \tag{4.26}$$

für den direkten piezoelektrischen Effekt, und

$$\begin{aligned} &r_1 = d_{11}E_1, \quad r_2 = -d_{11}E_1, \quad r_4 = d_{14}E_1, \\ &r_5 = -d_{14}E_2, \quad r_6 = -2d_{11}E_2 \end{aligned} \tag{4.27}$$

für den reziproken piezoelektrischen Effekt.

Die bemerkenswerteste Besonderheit des piezoelektrischen Effekts im Quarz ist, daß er in Richtung der Z-Achse (der optischen Achse) keine piezoelektrischen Eigenschaften zeigt. Die einfachsten piezoelektrischen Schnitte des Quarzes sind der X-Schnitt (oder CURIE-Schnitt), senkrecht zur kristallographischen Achse a, und der Y-Schnitt.[1]) X-Schnittplättchen verwendet man normalerweise zur Erregung des longitudinalen piezo-

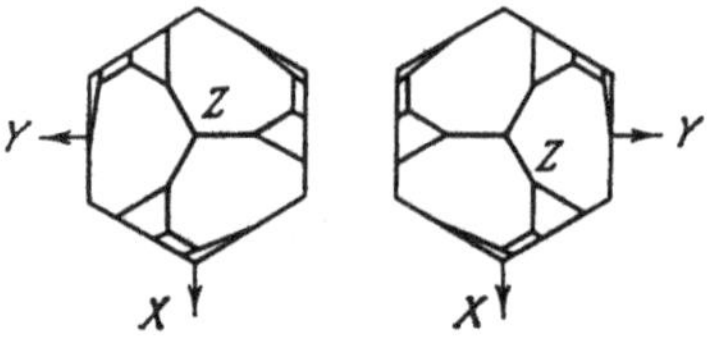

Abb. 58. Direkter piezoelektrischer Effekt in Quarz

a — longitudinaler Effekt; *b* — transversaler Effekt; *c* — piezoelektrischer Effekt, der durch eine Scherdeformation hervorgerufen wird

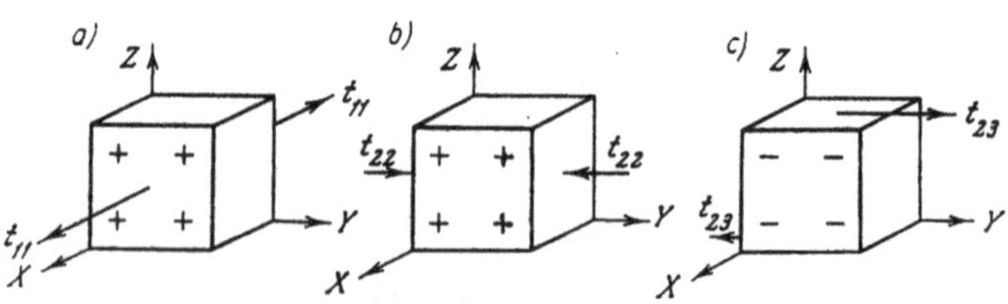

[1]) Hier wird wie überall die X-Achse durch den Index „1", die Y-Achse durch den Index „2" und die Z-Achse durch den Index „3" gekennzeichnet.

elektrischen Effektes (Abb. 58a), Y-Schnittplättchen dagegen zur Erregung des transversalen piezoelektrischen Effektes (Abb. 58b). Die Gleichung der longitudinalen piezoelektrischen Effektes am X-Schnitt lautet

$$P_1 = d_{11}\mathfrak{t}_1 . \qquad (4.28)$$

Für den Y-Schnitt ergibt sich

$$P_2 = -d_{11}\mathfrak{t}_2 . \qquad (4.29)$$

Die durch Schubspannungen hervorgerufene piezoelektrische Polarisation wird durch den piezoelektrischen Modul d_{14} bestimmt (Abb. 58c). Die zuverlässigsten Werte für die piezoelektrischen Koeffizienten des Quarzes sind im CGS-System gleich $d_{11} = -6{,}76 \cdot 10^{-8}$ und $d_{14} = 2{,}56 \cdot 10^{-8}$.

Folgendes Beispiel soll eine Vorstellung über die Größe des piezoelektrischen Effektes im Quarz vermitteln. Legt man an eine X-Schnittplatte der Dicke 1 cm eine Spannung von 1000 V parallel zur X-Achse an, wird die Platte um 21 Å (4.27) dünner. Wirkt andererseits beim direkten piezoelektrischen Effekt auf die gleiche Platte eine mechanische Spannung von 1 kp/cm² in Richtung der X-Achse, entsteht dadurch in Richtung dieser Achse eine Potentialdifferenz von 60 V.

Der YOUNGsche Modul C und die Verformbarkeit S von Quarz für adiabatische und isotherme Meßbedingungen sind praktisch gleich, Ihre Werte bei Zimmertemperatur und konstanter elektrischer Feldstärke sind im CGS-System

$$\begin{aligned}
S_{11}^E &= 127 \cdot 10^{-14}, & C_{11}^E &= 86{,}05 \cdot 10^{10},\\
S_{12}^E &= -15{,}35 \cdot 10^{-14}, & C_{12}^E &= 4{,}85 \cdot 10^{10},\\
S_{13}^E &= -11{,}0 \cdot 10^{-14}, & C_{13}^E &= 10{,}45 \cdot 10^{10},\\
S_{14}^E &= -44{,}6 \cdot 10^{-14}, & C_{14}^E &= 18{,}25 \cdot 10^{10},\\
S_{33}^E &= 95{,}6 \cdot 10^{-14}, & C_{33}^E &= 107{,}1 \cdot 10^{10},
\end{aligned}$$

$$S_{44}^E = 197{,}8 \cdot 10^{-14}, \qquad C_{44}^E = 58{,}65 \cdot 10^{10},$$

$$S_{66}^E = 2(S_{11}^E - S_{12}^E) = 286{,}5 \cdot 10^{14},$$

$$C_{66}^E = \frac{C_{11}^E - C_{16}^E}{2} = 40{,}5 \cdot 10^{10}.$$

Optischer (und elektrischer) Quarz ist ein einachsiger Kristall, der zwei Dielektrizitätskonstanten $\varepsilon_1 = \varepsilon_2$ und ε_3 hat. Bei konstanter mechanischer Spannung sind sie gleich $\varepsilon_1{}^t = 4{,}58$ und $\varepsilon_2{}^t = 4{,}70$.

Als lineares Piezoelektrikum hat der Quarz einen kleinen elektromechanischen Kopplungskoeffizienten. Er beträgt bei X-Schnittplatten für die Anregung longitudinaler Schwingungen etwa 10%. Bei einigen Scherschwingungen von Y-Schnittplatten beobachtet man etwas größere Werte für K (14%).

Die breite Anwendung des Quarzes in verschiedenen Geräten (darunter auch in piezoelektrischen) ist durch die Gesamtheit seiner Eigenschaften zu erklären. So ist die Härte von Quarz nach Mohs gleich 7; er ist wasserunlöslich, ist gegenüber dem Einfluß einer Reihe von Säuren beständig, schmilzt erst bei 1700 °C und hat einen kleinen thermischen Ausdehnungskoeffizienten ($\alpha_1 = 8 \cdot 10^{-6}\,°C^{-1}$, $\alpha_2 = 13{,}4 \cdot 10^{-6}\,°C^{-1}$). Sein spezifisches Gewicht beträgt 2,65. Quarz ist ein guter Isolator. Sein Widerstand beträgt bei Zimmertemperatur 10^{14}—10^{15} Ω cm.

Diese Werte hat der Quarz in einem breiten Temperaturintervall, das nach unten hin praktisch unbegrenzt ist und nach oben hin bis in die Nähe der Umwandlungstemperatur +573 °C reicht. Eine derartige Stabilität erweitert die Anwendungsmöglichkeiten von Quarz; besonders dort, wo eine große Meßgenauigkeit und eine große Parameterkonstanz in nachrichtentechnischen Systemen gefordert wird.

Als Piezoelektrikum verwendet man Quarz vor allem zur Frequenzstabilisierung in Hochfrequenzgeneratoren, in Filtern mit hoher Selektivität, in elektromechanischen Wandlern für hohe Frequenzen, zur Erregung und zum Empfang von mechanischen Schwingungen in Gasen,

Flüssigkeiten und Festkörpern und auch in der Piezometrie. Ein piezoelektrisches Element aus Quarz in seiner technischen Bauform als sogenannter Piezoresonator (Element mit Halter, Schutzkappe u. ä.), besitzt ganz bestimmte äquivalente Parameter, die seine Eigenschaften als elektrischer Schwingkreis charakterisieren: Kapazität C, Induktivität L und Widerstand R. Piezoresonatoren aus Quarz zeichnen sich durch eine außerordentlich hohe Schwingkreisgüte Q aus (Q ist eine Zahl, die angibt, um wieviel Mal höher die Amplitude einer erzwungenen Schwingung bei Resonanz gegenüber der Amplitude einer, von der Resonanzstelle weit entfernten, erzwungenen Schwingung ist). Für Quarzresonatoren erreicht die Schwingkreisgüte Werte von 10^5—10^6. Das bringt zum Ausdruck, wie günstig es ist, bei der Resonanzfrequenz zu arbeiten, die dann auch im Generator erzeugt wird.

Die Schaltskizze für einen Generator, der durch einen Quarzresonator stabilisiert wird (Quarzgenerator), unterscheidet sich prinzipiell nicht von der eines Generators mit gewöhnlichen Schwingkreisen. Prinzipiell sind für Quarzgeneratoren zwei Schaltungstypen möglich: Oszillatorschaltungen (Abb. 59a, b) und Frequenzmitnehmerschaltungen (Abb. 59c). In der Schaltung 59a

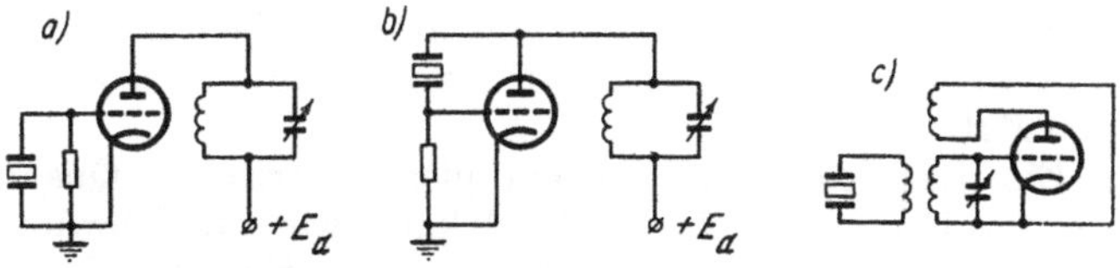

Abb. 59. Schaltbilder für Quarzgeneratoren

ist der Quarz zwischen das Gitter und die Katode der Elektronenröhre geschaltet und wirkt wie ein normaler Schwingkreis mit hoher Güte. Die für die Selbsterregung erforderliche Phasenlage und Amplitude in der Rückkopplungsleitung (die durch die Gitter-Anodenkapazität der Röhre verwirklicht wird) erzeugt man durch einen entsprechenden Aufbau des Schwingkreises im Anodenkreis der Röhre. Im Schaltbild 59b ist der Quarz zwischen Gitter und Anode geschaltet. Der Schwingkreis in der Anodenleitung dient wieder zum Einstellen der Rückkopplung, die durch die Kapazität zwischen Gitter und Katode realisiert wird. In der Mitnehmerschaltung (Abb. 59c) ist der Quarz induktiv an den Schwingkreis des Generators gekoppelt. Die stabilisierende Wirkung des Sekundärschwingkreises mit dem Quarz erfolgt auf Grund der als Mitnehmen bekannten Erscheinung. Diese besteht darin, daß der Quarzkreis, der eine geringe Dämpfung (hohe Güte) hat, seine Frequenz dem ersten Schwingkreis bei unbedeutender Verstimmung seiner Eigenfrequenz aufzwingt. Mitnehmerschaltungen sind weniger stabil und werden in der Praxis nicht verwendet.

Die Frequenzstabilität eines Quarzgenerators wird durch das Verhältnis $\Delta f/f$ (wobei Δf die Abweichung der Frequenz von ihrem Nennwert ist) angegeben. Sie ist etwa gleich 10^{-3}–10^{-5}%. In einigen speziellen Konstruktionen, zum Beispiel in Zeitnormalen-Quarzuhren (die unter speziellen Bedingungen hinsichtlich Temperatur, Feuchtigkeit und Erschütterungen aufbewahrt werden), erreicht man einen relativen Fehler von nur 10^{-10} innerhalb von 24 Stunden. Eine solche Uhr geht nach 70 Jahren höchstens 1 Sekunde falsch. Der Frequenzbereich, in dem Quarzgeneratoren arbeiten, reicht von wenigen kHz bis zur Größenordnung 10, ja sogar 100 MHz.

Ein Bauelement mit einem piezoelektrischen Quarz (in der Form eines Resonators) kann wie ein Schwingkreis als Bandfilter verwendet werden. Ein Bandfilter läßt nur Frequenzen durch, die in der Nähe der Eigenfrequenz des Schwingkreises liegen. Die hohe Güte und Selektivität des Quarzes ermöglicht es, Quarzfilter mit schmaler Bandbreite für einen Frequenzbereich von einem bis einige hundert kHz zu bauen. Quarzfilter verwendet man in Mehrkanal-Telephon- und Telegraphennetzen zur Verteilung der Signale auf die einzelnen Kanäle, aber auch in Rundfunkempfängern zur Erhöhung der Selektivität. Die relative Bandbreite von Quarzfiltern ist (in Abhängigkeit von der konkreten Konstruktion) klein, nicht größer als 0,4—0,8% der Resonanzfrequenz. In einigen Fällen wird eine größere Bandbreite gefordert. Man erhält sie, wenn man mit dem Quarzresonator eine Drosselspule in Reihe schaltet. In solchen Konstruktionen kann die relative Bandbreite bis zu 12% der Resonanzfrequenz betragen. In den letzten Jahren wurde begonnen, in der Radiotechnik und der Telephonie neben Quarzfiltern andere Filter einzusetzen, deren piezoelektrisches Element aus Äthylendiamintartratkristallen, Kristallen aus weinsaurem Kalium oder einer piezoelektrischen Keramikmasse besteht.

Die hohe Stabilität der Quarzgeneratoren hängt vor allem davon ab, wie stark sich die Frequenz des Quarzresonators in Abhängigkeit von der Temperatur ändert. Untersucht man die Wärmeausdehnung von Quarz, zeigt sich, daß man Quarzplättchen schneiden kann, deren Frequenzänderung bei einer Temperaturänderung (charakterisiert durch den Temperaturkoeffizienten der Frequenz TKF) in einem großen Temperaturbereich klein oder sogar gleich Null ist (Schnitte mit verschwindendem TKF). Die Stabilität der Plattenresonatoren wird jedoch auch durch andere Faktoren bestimmt. Es kann möglich sein, daß eine bestimmte Frequenz erzeugt werden muß, daß verschiedene Schwingungen in Abhängigkeit von der Halterung erregt werden können usw. All das führt dazu, daß in der Praxis viele verschiedene Schnitte verwendet werden. Zum Schluß der Betrachtungen der piezoelektrischen Eigenschaften des Quarzes und einiger Anwendungen derselben muß noch bemerkt werden, daß man in der Natur häufig Zwillingskristalle aus Quarz findet. Gut bekannt sind die Quarzzwillinge nach dem Dauphinéer Gesetz und dem Brasilianer Gesetz. Ein Dauphinéer Zwilling besteht aus zwei Quarzkristallen, die beide ein und dasselbe Vorzeichen der

Enantiomorphie haben. Ein solcher idealer Zwilling gehört der Symmetrie nach zum hexagonalen System, zur Klasse 622. Ein Dauphinéer Zwilling besitzt entsprechend seiner Symmetrie piezoelektrische Eigenschaften. Ein Brasilianer Zwilling besteht aus einem Rechtsquarz und einem Linksquarz, die nach einem bestimmten Gesetz zusammengewachsen sind. Er besitzt ein Symmetriezentrum, gehört zur Gruppe $\bar{3}/m$ und zeigt keine piezoelektrischen Eigenschaften.

Es ist noch nicht lange her, daß in der Technik nur natürliche Quarze verwendet wurden. Zur Zeit wird in einer Reihe von Ländern, darunter in der UdSSR, daran gegangen, Quarzkristalle industriell zu ziehen. Die „künstlichen" Quarze stehen in ihren Eigenschaften den natürlichen in nichts nach.

Von den linearen Piezoelektrika werden neben dem Quarz in einigen Konstruktionen Kristalle aus weinsaurem Kalium ($K_2C_4H_4O_6 \cdot {}^1/_2 H_2O$), Äthylendiamintartrat ($C_6H_{14}N_2O_6$), Lithiumsulfat ($Li_2SO_4 \cdot H_2O$)), Turmalin und Ammoniumdihydrogenhosphat ($NH_4H_2PO_4$) verwendet.[1]) Alle diese Kristalle (außer dem letzten) haben auch pyroelektrische Eigenschaften.

Eine Besonderheit der piezoelektrischen Eigenschaften der Pyroelektrika besteht darin, daß sie durch allseitigen (hydrostatischen) Druck (Ausdehnung) elektrisch polarisiert werden. Aus Pyroelektrika stellt man deshalb häufig Meßköpfe für Geräte zum Registrieren von hydrostatischem Druck her. Speziell verwendet man Turmalinplättchen (s. Abb. 7a), die senkrecht zur Achse dritter Ordnung (Z-Achse) geschnitten sind. Man kann den piezoelektrischen Effekt bei hydrostatischem Druck unter Verwendung der normalen Tensoren der piezoelektrischen Koeffizienten (s. Tab. 5) berechnen. Dazu setzt man in den Tensoren $t_1 = t_2 = t_3 = p$ (wobei p der hydrostatische Druck ist), gleichzeitig gilt für den hydrostatischen Druck $t_4 = t_5 = t_6 = 0$. Das ergibt (zum Bei-

[1]) $NH_4H_2PO_4$-Kristalle sind bei Zimmertemperatur lineare Piezoelektrika.

spiel im Falle des Turmalins) folgenden Ausdruck für die Polarisation:

$$P_3 = (d_{33} + 2d_{31})\, p = d_{\text{hydro}} p. \tag{4.30}$$

Daraus ergibt sich für den piezoelektrischen Modul bei hydrostatischen Druck

$$d_{\text{hydro}} = d_{33} + 2d_{31}. \tag{4.31}$$

Für Kristalle, die zur Klasse 2 gehören (Lithiumsulfat u. a.), ist d_{hydro} entsprechend Tab. 5 gegeben durch

$$d_{\text{hydro}} = d_{22} + d_{21} + d_{23} \tag{4.32}$$

$$d_{\text{hydro}} = d_{33} + d_{31} + d_{32} \tag{4.33}$$

(wenn die Achse zweiter Ordnung mit der Z-Achse zusammenfällt). Der Betrag von d_{hydro} ist gleich 7,56 $\times 10^{-8}$ ESE für Turmalin, 4,1 $\cdot$ 10^{-8} ESE für weinsaures Kalium und 38,9 $\cdot$ 10^{-8} ESE für Lithiumsulfat.

Bei den Kristallen der beiden kubischen Klassen 23 und $\bar{4}3m$ sind nur die zu Schubdeformationen bzw. -spannungen gehörenden piezoelektrischen Koeffizienten von Null verschieden. Mehr oder weniger untersucht wurde der piezoelektrische Effekt in Natriumchlorat, das zur Klasse 23 gehört und im Sphalerit (der kubischen Modifikation des ZnS), das zur Klasse $\bar{4}3m$ gehört. Der piezoelektrische Modul d_{14} für den ersten dieser Kristalle ist gleich 6,1 $\cdot$ 10^{-8} ESE und für den zweiten gleich 9,7 $\cdot$ 10^{-8} ESE.

Ferroelektrika. Alle Ferroelektrika zeigen, zumindest in ihrer polaren, ferroelektrischen Modifikation, piezoelektrische Eigenschaften. Betrachtet man einen in Domänen zerfallenen Kristall als Ganzes, können zwei Fälle auftreten. Der Kristall zeigt makroskopisch piezoelektrische Eigenschaften oder auch nicht. Das hängt davon ab, ob der Kristall in der paraelektrischen Modifikation vor dem Phasenübergang piezoelektrische Eigenschaften hatte (d. h. ob der Kristall in dieser Modifikation ein Symmetriezentrum hatte). Angenommen der Kristall hatte kein Symmetriezentrum, d. h., er war vor dem Phasenübergang piezoelektrisch. Dann wird er auch, entsprechend dem Prinzip, daß der Kristall nach dem Zerfall in Domänen wieder zur vorigen Symmetriegruppe gehört (Abschn. 2), nach dem Phasenübergang, nach dem Zerfall in Domänen, in dem Zustand mit vielen Domänen piezoelektrische Eigenschaften zeigen. Typische Beispiele für einen solchen Phasenübergang sind die Übergänge in Kaliumdihydrogenphosphat (KDP) und Seignettesalz, bei denen eine spontane Polarisation entsteht. Für Kristalle, die in der paraelektrischen Phase zentrosymmetrisch sind, ist eine zentrosymmetrische Domänenkonfiguration charakteristisch. Sie zeigen keinen piezoelektrischen Effekt. Diese Formen des Phasenüberganges findet man zum Beispiel im Bariumtitanat und im Triglyzinsulfat (TGS).

Im allgemeinen verursachen die Domänen in den Ferroelektrika eine Reihe spezifischer Besonderheiten in den piezoelektrischen Eigenschaften dieser Substanzen. So ist der reziproke piezoelektrische Effekt nicht nur mit gewöhnlichen Deformationen (oder dem Entstehen von Spannungen) verknüpft, sondern auch mit einer Umorientierung der Domänen. Selbstverständlich ist in einigen Kristallen der direkte piezoelektrische Effekt von einer Umorientierung der Domänen begleitet.

In der Regel sind die piezoelektrischen Eigenschaften in den Ferroelektrika stärker ausgeprägt als in den linearen Piezoelektrika. Das fällt besonders im Gebiet des Phasenüberganges auf. Die Anomalie der piezoelektrischen Eigenschaften der Ferroelektrika in der Nähe des Phasenüberganges ist ihre zweite Besonderheit im Vergleich mit den Eigenschaften der linearen Dielektrika.

Wie bereits weiter oben bemerkt wurde, sind mit dem Entstehen der spontanen Polarisation in den Ferroelektrika Anomalien einer Reihe von Eigenschaften im Bereich des Phasenüberganges verbunden. Dazu gehören elastische, dielektrische, optische u. ä. Eigenschaften. Das kann man jedoch nicht mit Bestimmtheit bezüglich der piezoelektrischen Eigenschaften sagen. Bei den Ferroelektrika kommt es ganz darauf an, durch welchen piezoelektrischen Koeffizienten die piezoelektrischen Eigenschaften in der Nähe des Phasenüberganges beschrieben werden, durch *d* und *e* oder durch *g* und *h*. Die piezoelektrischen Koeffizienten *d* und *e* ändern sich im Gebiet des Phasenüberganges sehr stark, während die Koeffizienten *g* und *h* relativ konstant bleiben.[1]) Die Ursache des unterschiedlichen Verhaltens dieser beiden Koeffizientenpaare kann man leicht verstehen, wenn man ihre Definition berücksichtigt (s. Abb. 56). Beim Messen der Koeffizienten *g* und *h* wird die Wechselwirkung zwischen mechanischer und elektrischer Seite durch keine Nebeneffekte beeinflußt. Bei der Messung der Koeffizienten *d* und *e* dagegen erfordert die Bedingung $E = \text{const}$ bei einer Änderung der Dielektrizitätskonstanten des Kristalls (die besonders charakteristisch für den ferroelektrischen Phasenübergang ist) eine Änderung der Oberflächenladungsdichte, die mit dem piezoelektrischen Effekt als solchen nichts zu tun hat.

Der Unterschied im Verhalten der piezoelektrischen Koeffizienten ist besonders deutlich bemerkbar, wenn man den spontanen piezoelektrischen Effekt betrachtet, d. h. den Effekt, der mit der spontanen Polarisation zusammenhängt. Bei der Messung der piezoelektrischen Koeffizienten *d* und *e* hängt in diesem Fall die Größe der Potentialdifferenz nicht nur von der Größe der spontanen Polarisation, sondern auch von der Größe der Dielektrizitätskonstanten ab. Hier spiegelt ein Vergleich zwischen der Größe der spontanen Deformation (oder der spontanen Spannung) und der Stärke des elektrischen Feldes nicht den unmittelbaren Zusammenhang zwischen

[1]) Bei den Ferroelektrika, die sowohl in der paraelektrischen als auch in der ferroelektrischen Modifikation piezoelektrisch sind, sind die Koeffizienten *g* und *h* in beiden Gebieten annähernd gleich. In Ferroelektrika, die in der paraelektrischen Modifikation zentrosymmetrisch sind, springen diese Koeffizienten beim Phasenübergang auf einen bestimmten Wert und ändern sich auch in der Nähe der Umwandlungstemperatur kaum.

diesen Größen und der spontanen Polarisation wider. Drückt man jedoch den spontanen piezoelektrischen Effekt durch die Koeffizienten g und h aus, so hängt die Größe der spontanen Deformation r oder die der spontanen Spannung t unmittelbar mit der Ladungsdichte auf der Oberfläche der Probe zusammen, d. h. mit P (oder D).[1])

Bis heute sind die piezoelektrischen Eigenschaften einer Reihe von ferromagnetischen Kristallen eingehend untersucht worden. Die Anwendung beschränkt sich jedoch auf eine geringe Anzahl von Ferroelektrika. Weiter unten werden wir die piezoelektrischen Eigenschaften einiger besonders typischer Ferroelektrika betrachten. Dabei werden Vertreter der verschiedenen Verbindungsklassen berücksichtigt werden.

Das Entstehen der spontanen Polarisation im $BaTiO_3$

---

[1]) Bei Proben, die von leitend miteinander verbundenen Elektroden bedeckt sind, ist das Entstehen einer spontanen Polarisation P_{sp} in der Probe einer dielektrischen Verschiebung äquivalent, die durch die Beziehung $D = 4\pi P_{sp}$ gegeben ist. Im Zusammenhang damit kann man die sechste und die achte der Gln. (4.14), wenn man sie zur Beschreibung des spontanen piezoelektrischen Effektes verwendet, in folgender Form schreiben:

$$t_j = -h_{nj}P_{sp}, \qquad r_i = g_{ni}P_{sp}. \tag{4.34}$$

Für Proben, deren Elektroden nicht miteinander verbunden sind, und für gut isolierte Proben gilt, wenn ihr Widerstand hoch ist, die Bedingung $D = 0$. Dann bauen die Ladungen der spontanen Polarisation ein elektrisches Feld $E^{(i)}$ auf, das durch den Ausdruck

$$E^{(i)} = \frac{E}{\varepsilon}$$

gegeben ist, wobei ε die Dielektrizitätskonstante ist. E hängt mit P_{sp} folgendermaßen zusammen:

$$0 = E + 4\pi P_{sp}, \qquad E = -4\pi P_{sp}. \tag{4.35}$$

In diesem Falle gelten beim Phasenübergang die Beziehungen (4.14)

$$r_i = d_{mi}E_m^{(\ )}, \qquad t_j = -e_{mj}E_m^{(i)}. \tag{4.36}$$

Unter realen Bedingungen sind (wegen der Leitfähigkeit der Kristalle und der freien Ladungen in der Umgebung) meistens die Bedingungen verwirklicht, die durch die Gln. (4.34) beschrieben werden.

bei 120 °C ist von einer spontanen elektrostriktiven Deformation begleitet.[1]) Durch die sprunghaft entstehende Polarisation (auf etwa 18 μC/cm²) wird der Kristall piezoelektrisch. Befindet sich der Kristall bereits im piezoelektrischen Zustand, führt eine weitere Abkühlung zu einem zusätzlichen Anwachsen von P_{sp} und der Gitterdeformation. Der Zusammenhang zwischen den beiden letzten Größen ist linear (sie sind zueinander proportional). Das erlaubt es, diesen Vorgang spontanen piezoelektrischen Effekt zu nennen.

Entsprechend der Tatsache, daß die paraelektrische Modifikation ein Symmetriezentrum hat, zeigt der in Domänen zerfallene Kristall in der tetragonalen (ferroelektrischen) Modifikation keinen piezoelektrischen Effekt (natürlich unter der Voraussetzung, daß er nicht unipolar ist). Zur Untersuchung (und Anwendung) des piezoelektrischen Effektes muß man den Kristall in einen Zustand mit einer Domäne bringen. Das erreicht man, vollständig oder teilweise, indem man an den Kristall ein konstantes elektrisches Feld anlegt. Der Kristall bleibt auch nach dem Abschalten des Feldes polarisiert.[2]) Es sei übrigens noch bemerkt, daß in allen ferroelektrischen Modifikationen des $BaTiO_3$ die Domänenstruktur zentrosymmetrisch ist und daß man nur dann den piezoelektrischen Effekt beobachten kann, wenn der Kristall polarisiert wurde. Unter Berücksichtigung des oben gesagten, werden wir stets den piezoelektrischen Effekt in einem Eindomänen-Kristall meinen, wenn wir über den piezoelektrischen Effekt im $BaTiO_3$ sprechen. Dabei hängt der piezoelektrische Effekt nicht mit einer Umorientierung der Domänen (dem Effekt in relativ schwachen Feldern) zusammen.

---

[1]) In kubischen zentrosymmetrischen Kristallen erzeugt die Entstehung von P_{sp} eine Elektrostriktion.

[2]) Das Beibehalten der Domänen nach dem Abschalten des Feldes hängt anscheinend mit einer komplizierten Wechselwirkung von Defekten, Verunreinigungen und Domänengrenzen untereinander und mit dem Feld der spontanen Polarisation zusammen.

Entsprechend der Symmetrie des tetragonalen $BaTiO_3$ (Gruppe $4mm$) werden seine piezoelektrischen Eigenschaften durch folgende piezoelektrischen Koeffizienten (s. Tabelle 5) beschrieben:

$$\begin{pmatrix} 0 & 0 & 0 & 0 & d_{15} & 0 \\ 0 & 0 & 0 & d_{15} & 0 & 0 \\ d_{31} & d_{31} & d_{33} & 0 & 0 & 0 \end{pmatrix}. \tag{4.37}$$

In Tab. 6 sind die Beträge der piezoelektrischen Koeffizienten (und der Dielektrizitätskonstanten) für die tetragonale Modifikation des $BaTiO_3$ angegeben. Es ist noch zu bemerken, daß sich die Größe dieser Koeffizienten (wie auch die von ε) von Kristall zu Kristall leicht ändert.

Tabelle 6. Dielektrische und piezoelektrische Koeffizienten von $BaTiO_3$-Einkristallen in der tetragonalen Modifikation ($T = 25\,°C$)

	$d \cdot 10^6$ ESE	$g \cdot 10^8$ ESE
$\varepsilon^t_{11} = 2920$	$d_{15} = 11{,}76$	$g_{15} = 5{,}07$
$\varepsilon^r_{11} = 1970$	$d_{31} = -1{,}04$	$g_{31} = -7{,}67$
$\varepsilon^t_{33} = 168$	$d_{33} = 2{,}57$	$g_{33} = 19{,}17$
$\varepsilon^r_{33} = 110$		

Aus der Tabelle ist ersichtlich, daß die Größe des piezoelektrischen Koeffizienten d für Bariumtitanat die der besten linearen Piezoelektrika um nicht weniger als eine Größenordnung übersteigt. Entsprechend dem oben gesagten hängen die piezoelektrischen Koeffizienten g und h praktisch nicht von der Temperatur ab. Die Koeffizienten d und e aber wachsen im paraelektrischen Gebiet bei Annäherung an T_k stark an. Oberhalb des Curie-Punktes dagegen sind alle piezoelektrischen Koeffizienten gleich Null. Der große Unterschied in der Größe zwischen ε^t und ε^r zeugt von dem großen elektromechanischen Kopplungskoeffizienten K des $BaTiO_3$ Kristalles, der für einige spezielle Schwingungsmoden 67% erreicht.

Bariumtitanat und einige andere Ferroelektrika, die Sauerstoffoktaeder enthalten, werden in der Industrie viel als Piezoelektrika verwendet, aber nicht in der Form von Einkristallen, sondern in der Form piezoelektrischer Keramiken. Piezoelektrische Keramikmassen bestehen aus einer großen Anzahl von Kristalliten mit kleinen Abmessungen. Unter der Wirkung eines elektrischen Feldes richten sich die Domänen dieser Monokristalle aus (orientieren sich) und bilden eine piezoelektrische Textur (s. Abschn. 5).

Kaliumdihydrogenphosphat (KDP) gehört in der paraelektrischen Modifikation (oberhalb $-150\,^\circ\mathrm{C}$) zur tetragonal-skalenoedrischen Klasse mit der Symmetrie $\bar{4}2m$ und besitzt piezoelektrische Eigenschaften. Die Matrix der piezoelektrischen Koeffizienten hat entsprechend Tab. 5 und entsprechend dem Gitteraufbau des Kristalls für diese Klasse die Form

$$\begin{pmatrix} 0 & 0 & 0 & d_{14} & 0 & 0 \\ 0 & 0 & 0 & 0 & d_{14} & 0 \\ 0 & 0 & 0 & 0 & 0 & d_{36} \end{pmatrix}. \tag{4.38}$$

Aus (4.38) ist zu sehen, daß das KDP keinen longitudinalen und keinen transversalen piezoelektrischen Effekt zeigt, sondern nur bei Scherdeformationen piezoelektrisch ist. Zur Untersuchung dieses Effektes stellt man sich normalerweise sogenannte 45°-Schnitte her. Experimentell findet man für den piezoelektrischen Koeffizienten g_{36} für KDP den Wert $5{,}0 \cdot 10^{-7}$ ESE.

Die spontane Polarisation P_{sp}, die im KDP bei $-150\,^\circ\mathrm{C}$ entsteht, ist von einer Scherung r_6 begleitet, die mit der Polarisation zusammenhängt (4.34):

$$r_6 = g_{36} P_{sp}. \tag{4.39}$$

Diesen ganzen Vorgang kann man wie den spontanen piezoelektrischen Effekt behandeln. Ein Vergleich der beiden Größen r_6 und P_{sp} ergibt einen Wert für g_{36}, nämlich $5{,}5 \cdot 10^{-7}$ ESE. Er stimmt gut mit dem experimentell für den paraelektrischen Bereich gefundenen Wert überein. Es bleibt noch zu bemerken, daß im gesamten ferroelektrischen Bereich (einschließlich der Umgebung des CURIE-Punktes) die Proportionalität zwischen P_{sp} und r_6 erhalten bleibt, wobei sich der Proportionalitätsfaktor g_{36} praktisch nicht ändert. Dieser Umstand, daß nämlich g_{36} beim Übergang durch den CURIE-Punkt keinerlei Anomalie aufweist, weist darauf hin, daß dieser Koeffizient den Kristall wirklich charakterisiert und nicht mit der Anomalie seiner dielektrischen Eigenschaften zusammenhängt. Das gilt jedoch nicht für den piezoelektrischen Modul d_{36}, der bei Annäherung an den CURIE-Punkt nach dem CURIE-WEISS-Gesetz anwächst. Der Wert des piezoelektrischen Moduls d_1 beträgt bei Zimmertemperatur $4 \cdot 10^{-8}$ ESE. Die Dielektrizitätskonstanten sind gleich $\varepsilon_{11} = 4{,}6$ und, $\varepsilon_{33} = 21{,}8$.

Durch das Entstehen der spontanen Polarisation in Richtung der c-Achse wird die Symmetrie des Kristalls niedriger, $\bar{4}2m \to mm2$. Diese Symmetrie eines rhomboedrischen Kristalls hat ein Eindomänen-Kristall und eine einzelne Domäne. Die piezoelektrischen Eigenschaften eines Kristalls in der rhomboedrischen Modifikation (Klasse $mm2$) werden nach Tabelle 5 beschrieben durch

$$\begin{pmatrix} 0 & 0 & 0 & 0 & d_{15} & 0 \\ 0 & 0 & 0 & d_{24} & 0 & 0 \\ d_{31} & d_{31} & d_{33} & 0 & 0 & 0 \end{pmatrix}. \tag{4.40}$$

Die Größe des piezoelektrischen Koeffizienten g_{33} im ferroelektrischen Gebiet kann aus der elektrostriktiven Deformation abgeschätzt werden. Man erhält $8 \cdot 10^{-8}$ESE. Dieser Koeffizient hat natürlich auch keine Anomalie in der Nähe des CURIE-Punktes.

Seignettesalz gehört in der paraelektrischen Modifikation (oberhalb +24 °C und unterhalb −18 °C) zur rhombisch-disphenoidischen Klasse 222 des rhombischen Systems. Seignettesalz ist in dieser Modifikation nicht zentrosymmetrisch und zeigt piezoelektrische Eigenschaften. Die Matrix der piezoelektrischen Koeffizienten

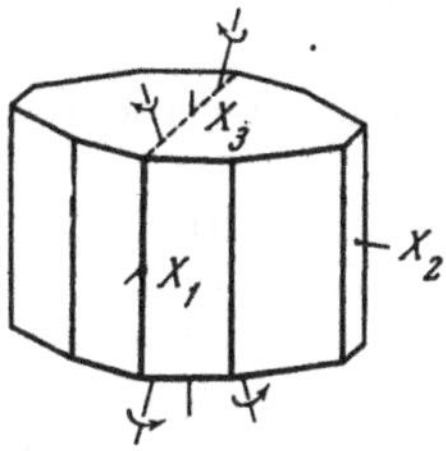

Abb. 60. Seignettesalzkristall und Wahl des kristallographischen Koordinatensystems

dieses Kristalls enthält drei unabhängige Koeffizienten (siehe Tabelle 5 und Darstellung des Kristalls in Abb. 60). Nur der „Schereffekt“ tritt auf:

$$\begin{pmatrix} 0 & 0 & 0 & d_{14} & 0 & 0 \\ 0 & 0 & 0 & 0 & d_{25} & 0 \\ 0 & 0 & 0 & 0 & 0 & d_{36} \end{pmatrix}. \tag{4.41}$$

Das Entstehen einer spontanen Polarisation in x-Richtung führt auch in diesem Kristall zu einem spontanen piezoelektrischen Effekt

$$r_4 = g_{14} P_1 . \tag{4.42}$$

Schätzt man die Größe des Koeffizienten g_{14} mittels der experimentellen Werte für r_4 und P_{sp} ab, erhält man etwa $3-4 \cdot 10^{-7}$ ESE in einem breiten Temperaturintervall, das beide Curie-Punkte einschließt.

Durch die spontane Polarisation im Temperaturbereich $-18\,°C$ bis $24\,°C$ wird der Kristall (genauer eine einzelne Domäne) monoklin mit der Symmetrie 2. Für einen Eindomänen-Kristall aus Seignettesalz ergibt sich dann aber in dem gleichen Koordinatensystem für die

Matrix der piezoelektrischen Koeffizienten

$$\begin{pmatrix} d_{11} & d_{12} & d_{13} & d_{14} & 0 & 0 \\ 0 & 0 & 0 & 0 & d_{25} & d_{26} \\ 0 & 0 & 0 & 0 & d_{35} & d_{36} \end{pmatrix}. \tag{4.43}$$

Eine analoge Form haben auch die Matrizen der anderen piezoelektrischen Koeffizienten.

Experimentell findet man in der Temperaturabhängigkeit des piezoelektrischen Moduls d_{11} eine Anomalie in der Nähe des Überganges, die man genauso wie die oben diskutierten Anomalien erklären kann. Innerhalb des ferroelektrischen Temperaturintervalles findet man in einer polarisierten Probe bei Zimmertemperatur für d_{11} etwa $1-1{,}5\ 10^{-6}$ ESE. Analoge Messungen ergeben $3{,}8 \cdot 10^{-7}$ ESE und $d_{13} = -3{,}78 \cdot 10^{-7}$ ESE.

Am vollständigsten untersucht sind die piezoelektrischen Koeffizienten d_{14}, d_{25} und d_{36}, besonders intensiv wurde d_{14} untersucht. Experimentell wurde nachgewiesen, daß eine Temperaturänderung (auch über beide CURIE-Punkte hinaus) und eine Änderung der elektrischen Feldstärke keinen Einfluß auf die piezoelektrischen Koeffizienten g_{14} und h_{14} im Seignettesalz hat, während sich die Koeffizienten d_{14} und e_{14} ändern. Das beweist noch einmal, daß die Koeffizienten g_{14} und h_{14} den „Kristall an sich" beschreiben. In Tab. 7 sind einige Daten bezüglich der piezoelektrischen und der dielektrischen Eigenschaf-

Tabelle 7. Werte für die piezoelektrischen Koeffizienten und die Dielektrizitätskonstante von Seignettesalzkristallen bei Zimmertemperatur (in CGS-Einheiten)

$d \cdot 10^8$; $g \cdot 10^8$	$e \cdot 10^{-4}$; $h \cdot 10^{-4}$	ε
$d_{14} = 1150$	$e_{14} = 140$	$\varepsilon_{11}^{t} = 480$
$d_{25} = -160$	$e_{25} = -5$	$\varepsilon_{22}^{t} = 12$
$d_{36} = 35$	$e_{36} = 3{,}5$	$\varepsilon_{33}^{t} = 10$
$g_{14} = 31$	$h_{14} = 7{,}58$	$\varepsilon_{11}^{r} = 220$
$g_{25} = -170$	$h_{25} = -5{,}8$	$\varepsilon_{22}^{r} = 11$
$g_{36} = 44$	$h_{36} = 4{,}8$	$\varepsilon_{33}^{r} = 9{,}8$

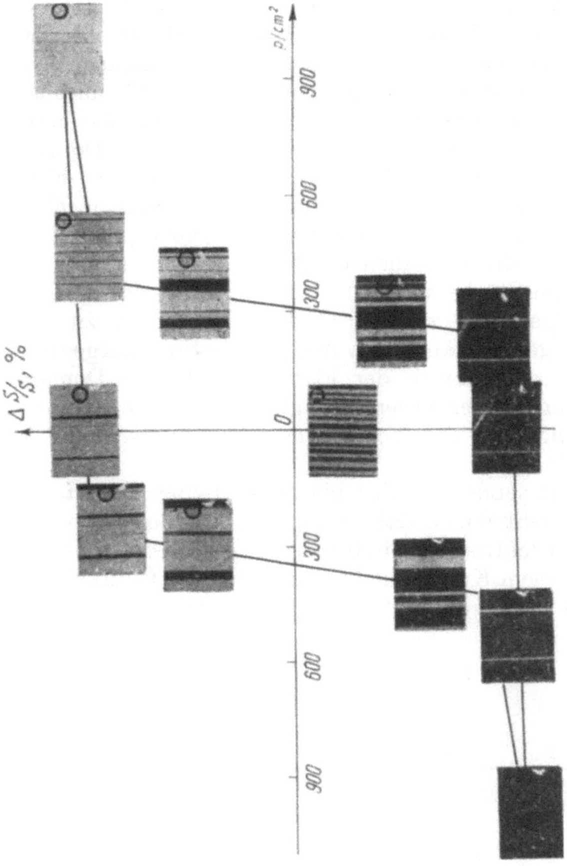

Abb. 61. Zyklisches Umpolarisieren in einem Seignettesalzkristall (X-Schnitt) durch mechanische Belastung. Der Ausgangszustand der Probe ist in der Abbildungsmitte dargestellt

ten von Seignettesalz zusammengestellt. Wie aus der Tabelle ersichtlich ist, ist der piezoelektrische Effekt im Seignettesalz besonders dann ziemlich groß, wenn man ihn durch die Koeffizienten d und g geschreibt. Der große Unterschied zwischen ε^t und ε^r für den Kristall bringt zum Ausdruck, daß für einige Schwingungsmoden eines Elementes aus Seignettesalz der elektromechanische Kopplungskoeffizient 50% übersteigt. Wie bereits mehrfach bemerkt wurde, zeigt auch der in Domänen zerfallene Seignettesalzkristall piezoelektrische Eigenschaften. Dadurch wird es möglich, ihn durch mechanische Spannungen (oder Deformationen) vorzupolarisieren. Man kann die Domänenstruktur umbauen, indem man sowohl die Stärke als auch das Vorzeichen der mechanischen Spannung zyklisch ändert. Das führt zu einer eigenartigen Abhängigkeit der Polarisation (ausgedrückt durch das Verhältnis der Flächenanteile von Domänen entgegengesetzter Orientierung) von der mechanischen Spannung, die die Form einer Hystereseschleife hat (Abb. 61).

Eine Besonderheit des piezoelektrischen Effektes im TGS besteht darin, daß es ihn (wie im $BaTiO_3$) nur in der ferroelektrischen Modifikation gibt. Jedoch entsteht P_{sp} in diesem Kristall nicht sprunghaft am CURIE-Punkt, sondern wächst allmählich mit abnehmender Temperatur

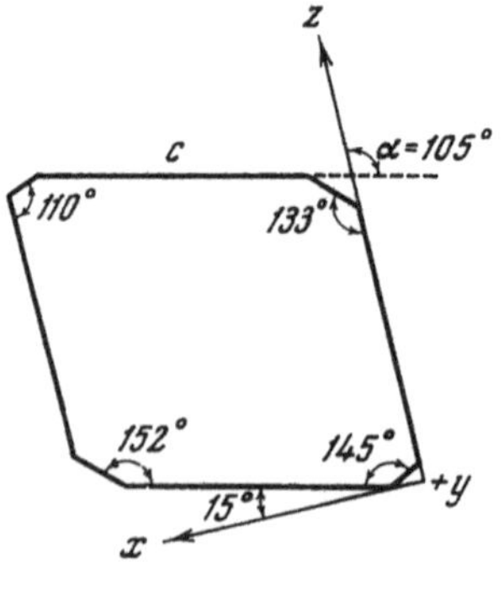

Abb. 62. Wahl des kristallographischen Koordinatensystems in Triglyzinsulfat

($T_k = 49\,°C$). Unterhalb von T_k gehört das TGS zur Klasse 2 und hat (entsprechend Tabelle 5) acht voneinander unabhängige piezoelektrische Koeffizienten. Wählt man das Koordinatensystem entsprechend Abb. 62, ergibt sich für einige Komponenten des Tensors g, die praktisch temperaturunabhängig sind, in TGS

$$\begin{aligned} g_{22} &= -25{,}2 \cdot 10^{-8}\,\text{ESE}, \\ g_{21} &= -59{,}2 \cdot 10^{-8}\,\text{ESE}, \\ g_{23} &= 15{,}2 \cdot 10^{-8}\,\text{ESE}. \end{aligned}$$

Für die Koeffizienten d bei Zimmertemperatur ergibt sich

$$\begin{aligned} d_{22} &= -83{,}8 \cdot 10^{-8}\,\text{ESE}, \\ d_{21} &= -44{,}2 \cdot 10^{-8}\,\text{ESE}, \\ d_{23} &= 136{,}7 \cdot 10^{-8}\,\text{ESE}. \end{aligned}$$

Die dielektrischen Konstanten des TGS für schwache Felder bei Zimmertemperatur sind gleich

$$\varepsilon_{11} = 8{,}7, \quad \varepsilon_{22} = 25, \quad \varepsilon_{33} = 4{,}7, \quad \varepsilon_{13} = 0{,}5.$$

Die oben angegebenen Werte für die piezoelektrischen Koeffizienten des TGS entsprechen einer Probe, die nur eine Domäne enthält. Es ist jedoch noch zu bemerken, daß die TGS-Kristalle in der Regel unipolar sind, d. h., ihre Domänenstruktur ist nicht vollständig kompensiert (sie sind aber nicht zwangsläufig polarisiert), und sie zeigen einen (wenn auch unbedeutenden) piezoelektrischen Effekt.

Antiferroelektrika können im Prinzip auch piezoelektrische Eigenschaften haben. Man kann sie in einem elektrischen Feld nicht polarisieren. Deshalb zeigen auch nur die Antiferroelektrika einen piezoelektrischen Effekt, die vor dem Übergang in der antiferroelektrischen Modifikation kein Symmetriezentrum hatten (und piezoelektrisch waren). Ein Beispiel dafür ist das Ammoniumdihydrogenphosphat $NH_4H_2PO_4$. Dieser Kristall ist bei Zimmertemperatur (in der paraelektrischen Modifikation) entsprechend seiner Symmetrie piezoelektrisch. Auch im antiferroelektrischen Zustand (unterhalb $-123\,°C$), nachdem der Kristall in Domänen zerfallen ist und wieder die ursprüngliche Symmetrie hat, ist der Kristall piezoelektrisch. Bei Zimmertemperatur ist im ADP $d_{36} = 148 \times 10^{-8}$ ESE, $g_{36} = 118 \cdot 10^{-8}$ ESE und $\varepsilon_{33} = 14{,}0$.

ADP-Kristalle werden ziemlich häufig in hydroakustischen Geräten, zur Piezometrie u. ä. verwendet.

Die zentrosymmetrischen Antiferroelektrika mit Perovskitstruktur können nicht piezoelektrisch sein. Der Umstand, daß über einen piezoelektrischen Effekt im $PbZrO_3$ berichtet wurde (wenn die Angaben auch nicht sehr zuverlässig sind), weist darauf hin, daß dieser Kristall in seiner paralelektrischen kubischen Modifikation nicht zentrosymmetrisch ist. So müssen zum Beispiel die kubischen Antiferroelektrika, die Sauerstoffoktaeder enthalten und zu den Klassen $\bar{4}3m$ und 23 gehören, piezoelektrisch sein.

4.3. Elektrostriktion

Die Grundgleichungen der Elektrostriktion. Eine Deformation der Dielektrika, die dem Quadrat des angelegten elektrisches Feldes E proportional ist, heißt *Elektrostriktion*:

$$r = RE^2. \tag{4.44}$$

Berücksichtigt man, daß man auf der „mechanischen Seite" auch die Spannung t und auf der „elektrischen Seite" die Polariation P verwenden kann,[1]) kann man

[1]) Bei der Elektrostriktion verstehen wir unter P, wie auch beim reziproken piezoelektrischen Effekt, die Größe $\sigma_0 = P = \frac{D}{4\pi}$.

noch drei andere Gleichungen für die Elektrostriktion aufschreiben:

$$r = QP^2, \qquad t = GP^2, \qquad t = HE^2. \tag{4.45}$$

Die Größen R, Q, G und H nennt man Koeffizienten der Elektrostriktion. Sie sind Tensoren vierten Ranges. In Tensorschreibweise lauten die Gln. (4.44) und (4.45)

$$\left.\begin{aligned} r_{ij} &= Q_{ijmn} P_m P_n , \\ r_{ij} &= R_{ijmn} E_m E_n , \\ t_{ij} &= G_{ijmn} P_m P_n , \\ t_{ij} &= H_{ijmn} E_m E_n . \end{aligned}\right\} \tag{4.46}$$

Verwendet man den Zusammenhang zwischen den Größen r und t und auch den zwischen P und E (S. 136/137), kann man Beziehungen zwischen den Koeffizienten R, Q, G und H erhalten. Einige dieser Beziehungen sind

$$\left.\begin{aligned} Q_{ijmn} &= S^P_{ijkl} \cdot G_{klmn} , \\ G_{ijmn} &= C^P_{ijkl} \cdot Q_{klmn} , \\ R_{ijmn} &= \left(\frac{1}{4\pi}\right)^2 \cdot \varepsilon_{km} \cdot \varepsilon_{ln} \cdot Q_{ijkl} , \\ R_{ijmn} &= \left(\frac{1}{4\pi}\right)^2 \cdot \varepsilon_{km} \cdot \varepsilon_{ln} \cdot G_{ijkl} . \end{aligned}\right\} \tag{4.47}$$

Die Elektrostriktion darf nicht mit dem reziproken piezoelektrischen Effekt verwechselt werden. Letzterer entsteht, wie im vorigen Abschnitt dieses Kapitels beschrieben wurde, ebenfalls beim Anlegen eines äußeren elektrischen Feldes. Dieser Effekt ist jedoch linear (die Deformation ist dem Feld direkt proportional), die Elektrostriktion aber ist ein quadratischer Effekt. Das bedeutet speziell, daß das Vorzeichen der Elektrostriktion (d. h., ob sich der Körper im Feld ausdehnt oder zusammenzieht) nicht von der Richtung des Feldes abhängt, während durch eine Umkehr der Feldrichtung beim piezoelektrischen Effekt das Vorzeichen der Deformation geändert wird. Im Wechselfeld schwingt der Kristall infolge der Elektrostriktion mit doppelter Frequenz im Vergleich mit der Frequenz des Feldes. Infolge des piezoelektrischen Effektes dagegen fallen die Frequenz der Deformationsschwingung und die Frequenz des Feldes zusammen. Die Elektrostriktion wird durch eine Ladungsverschiebung unter der Wirkung des elektrischen Feldes hervorgerufen. Alle Dielektrika sind, unabhängig von ihrer Symmetrie, elektrostriktiv. Den piezoelektrischen Effekt finden wir dagegen nur in Kristallen, die nicht zentrosymmetrisch sind. Die Stärke der elektrostriktiven Deformation, die ein quadratischer Effekt ist, ist kleiner als die der piezoelektrischen Deformation. Es sei schließlich noch bemerkt, daß in einigen piezoelektrischen Kristallen ein in bestimmten Richtungen liegendes Feld keine piezoelektrische Deformation erzeugt (s. Tabelle 5). In diesem Fall finden wir auch in Piezoelektrika nur eine elektrostriktive Deformation. In zentrosymmetrischen Kristallen finden wir die Elektrostriktion „in reiner Form“ vor, und sie wird durch den piezoelektrischen Effekt nicht überdeckt.

Jeder zentrosymmetrische dielektrische Kristall kann in ein Piezoelektrikum verwandelt werden, indem man an ihn ein äußeres Feld anlegt. Die Größe des piezoelektrischen Koeffizienten, der ein solches künstliches Piezoelektrikum charakterisiert, wird proportional zum Feld sein. Man kann ihn finden, wenn man eine der Gln. (4.46) verwendet, zum Beispiel die erste:[1])

$$\frac{\partial r_{ij}}{\partial P_l} = 2Q_{ijll}P_l. \tag{4.48}$$

[1]) Angenommen, auf einen zentrosymmetrischen Kristall wurde eine starke induzierende freie Ladung $\sigma_0 = P_l = \frac{4\pi}{D}$ aufgebracht. Ändert man nun die Größe dieser Ladung in bestimmten Grenzen und mißt die Deformation, findet man, daß die Deformation proportional dieser kleinen Änderung von σ_0 ist.

Vergleichen wir den letzten Ausdruck mit den acht Gleichungen aus (4.14), erhalten wir

$$g_{lij} = 2Q_{ijll}P_l \,. \tag{4.49}$$

Dadurch können wir für diesen Fall die Gleichung für die Elektrostriktion (4.46) wie die Gleichung des reziproken piezoelektrischen Effektes behandeln:

$$r_{ij} = g_{lij}P_l \,. \tag{4.50}$$

Ein vorpolarisiertes, zentrosymmetrisches Piezoelektrikum zeigt auch den direkten piezoelektrischen Effekt. Im Feld P_l wird dieser Effekt durch die Gleichung

$$E_l = -g_{lij}t_{ij} \tag{4.51}$$

beschrieben, wobei g der durch die Beziehung (4.49) definierte piezoelektrische Koeffizient ist. Den piezoelektrischen Effekt dieser Piezoelektrika kann man natürlich auch durch die anderen (und nicht nur durch (4.50) und (4.51)) Gleichungen des direkten und reziproken piezoelektrischen Effektes beschreiben.

Ein Tensor vierten Ranges, durch den die Elektrostriktion beschrieben wird, enthält im allgemeinsten Fall 81 voneinander unabhängige Komponenten. Berücksichtigt man die Symmetrie, so wird die Anzahl der unabhängigen Komponenten kleiner. Es zeigt sich dabei, daß einige Komponenten gleich Null sind. In der Kristallphysik verwendet man den Elektrostriktionstensor häufig nicht in der allgemeinen Tensorschreibweise, sondern in einer vereinfachten Matrixform. In dieser Form benutzt man einen Index für die Spannung und die Deformation (von 1 bis 6), einen Index für die Komponenten des Feldstärkevektors (von 1 bis 3) und zwei Indizes für die Koeffizienten der Elektrostriktion (von 11 bis 66). Die Matrixform ist kompakter, da man in ihr faktisch die Symmetrie der Tensoren t_{ij} und r_{ij} verwendet. Die Tensoren der Elektrostriktion R, Q, G und H haben maximal 36 und minimal (für einige kubische Kristalle) 3 voneinander unabhängige Komponenten. Diese Koeffizientenmatrizen sind sehr unhandlich, und wir beschränken uns darauf, zwei von ihnen anzugeben. Eine dieser Matrizen entspricht den kubischen Klassen $\bar{4}3m$, 432, $m3$ (zum Beispiel $BaTiO_3$ in der paraelektrischen Modifikation), die andere allen monoklinen (Seignettesalz und TGS in der ferroelektrischen Modifikation):

Kubische Klassen Klasse 2, $2 \parallel Z$

$$\begin{pmatrix} R_{11} & R_{12} & R_{12} & 0 & 0 & 0 \\ R_{12} & R_{11} & R_{12} & 0 & 0 & 0 \\ R_{12} & R_{12} & R_{11} & 0 & 0 & 0 \\ 0 & 0 & 0 & R_{44} & 0 & 0 \\ 0 & 0 & 0 & 0 & R_{44} & 0 \\ 0 & 0 & 0 & 0 & 0 & R_{44} \end{pmatrix}, \quad \begin{pmatrix} R_{11} & R_{12} & R_{13} & 0 & 0 & R_{16} \\ R_{21} & R_{22} & R_{23} & 0 & 0 & R_{26} \\ R_{31} & R_{32} & R_{33} & 0 & 0 & R_{36} \\ 0 & 0 & 0 & R_{44} & R_{45} & 0 \\ 0 & 0 & 0 & R_{54} & R_{55} & 0 \\ R_{61} & R_{62} & R_{63} & 0 & 0 & R_{66} \end{pmatrix}. \tag{4.52}$$

Für einige Kristallklassen ergibt sich, entsprechend den unterschiedlichen Übergängen von zwei Indizes zu einem Index bei r und t, ein kleiner Unterschied in den Koeffizientenmatrizen zwischen R und Q einerseits und G und H andererseits. Die physikalische Bedeutung der Koeffizienten Q, R, G und H ist aus Gl. (4.46) klar. So beschreibt zum Beispiel der Koeffizient R die Deformation eines freien Kristalls beim Anlegen eines elektrischen Feldes usw. Die angegebenen Koeffizienten sind durch andere Koeffizienten des Kristalls (dielektrische und elastische) miteinander verknüpft. Sie charakterisieren die elektrostriktiv umgewandelte Energie unter verschiedenen Bedingungen.

Vor allem sei bemerkt, daß man die Koeffizienten der Elektrostriktion unmittelbar messen kann. So bestimmt man den Koeffizienten Q, indem man die Deformation unter der Wirkung des Verschiebungsfeldes mißt, den Koeffizienten H berechnet man aus dem Verhältnis der mechanischen Spannung zum Quadrat der elektrischen Feldstärke. Die experimentellen Bedingungen zur Bestimmung der Koeffizienten Q, G, R und H entsprechend den Gln. (4.46) kann man aus Abb. 56 entnehmen. Vergleicht man die Meßbedingungen für die Elektrostriktion mit denen für den reziproken piezoelektrischen Effekt, sieht man, daß die Meßbedingungen für den Koeffizienten Q denen für den Koeffizienten g äquivalent sind. Weiterhin entsprechen die Meßbedingungen für den Koeffizienten R denen des piezoelektrischen Moduls d, G entspricht h und H entspricht e.

Neben der direkten Methode zur Messung der Koeffizienten der Elektrostriktion gibt es auch indirekte Methoden. So kann man die Koeffizienten Q und R bestimmen, indem man die Abhängigkeit des piezoelektrischen Koeffizienten g von der Stärke des angelegten Feldes mißt. Den Koeffizienten R kann man messen, indem man die Abhängigkeit des piezoelektrischen Moduls vom elektrischen Feld untersucht usw. (s. weiter unten).

Die elektrostriktiven Eigenschaften der Kristalle. Die elektrostriktive Deformation der Kristalle von linearen Dielektrika ist außerordentlich klein. Darauf ist es zurückzuführen, daß bis vor kurzem in der wissenschaftlichen Literatur keine Werte für die Koeffizienten der Elektrostriktion der Kristalle zu finden waren.

Ein Quarzkristall zeigt keinen piezoelektrischen Effekt, wenn man an ihn in Richtung der Z-Achse ein elektrisches Feld anlegt (s. Tab. 5). Ein solches Feld kann nur eine elektrostriktive Deformation hervorrufen. In diesem Kristall mißt man den Koeffizienten der Elektrostriktion, indem man die Abhängigkeit des von einem konstanten Feld hervorgerufenen piezoelektrischen Effektes (des piezoelektrischen Moduls d_{33}) von der Stärke dieses Feldes, das in Richtung der Z-Achse zeigt, mißt. Bei diesen Versuchen wurde die Größe des piezoelektrischen Moduls bei verschieden großen konstanten Feldern gemessen, indem man an den Kristall ein schwaches Wechselfeld anlegte. Verwendet man für diesen Fall die zweite der

Gln. (4.46), erhält man

$$d_{33} = 2R_{33}RE_3. \tag{4.53}$$

Aus diesem Versuch erhält man die Größe von R_{33} aus dem Anstieg der Geraden $d_{33} = f(E)$. Es ergibt sich $R_{33} = 0{,}3 \cdot 10^{-12}$ ESE.

Es ist interessant festzustellen, daß die Größe von d_{33} bei einem Feld von ca. 100 kV/cm² gleich $2 \cdot 10^{-10}$ ESE ist, was mehr als zwei Größenordnungen kleiner ist als d_{11} von Quarz (ca. $6{,}8 \cdot 10^{-8}$ ESE). Daraus folgt, daß man, um an einem Z-Schnitt von Quarz den gleichen piezoelektrischen Modul wie d_{11} zu erhalten, ein Feld von der Größenordnung 10^7 V/cm anlegen müßte.

Mit analogen Methoden wurden auch die Koeffizienten der Elektrostriktion von Steinsalzkristallen gemessen. Aus der gefundenen Abhängigkeit $d = d(E)$ ergaben sich die Werte

$$R_{11} = R_{22} = R_{33} - 2{,}7 \cdot 10^{-12}\,\text{ESE},$$
$$R_{12} = R_{13} = R_{23} = 1{,}35 \cdot 10^{-12}\,\text{ESE},$$
$$R_{44} = 0{,}9 \cdot 10^{-12}\,\text{ESE}.$$

Vergleicht man die Werte von Quarz und Steinsalz miteinander, sieht man, daß die Elektrostriktion im Steinsalz wesentlich stärker ausgeprägt ist als im Quarz. Ein Steinsalzkristall hat in einem Feld von 100 kV/cm einen piezoelektrischen Modul von $2 \cdot 10^{-9}$ ESE.

Die Koeffizienten der Elektrostriktion für $BaTiO_3$-Kristalle kann man aus den Sprüngen der Gitterparameter und dem Sprung der spontanen Polarisation bei der Temperatur des Phasenüberganges abschätzen. Der Sprung der spontanen Polarisation beträgt in diesem Fall etwa 18 μC/cm². Die relativen Deformationen (die ebenfalls sprunghaft entstehen) sind nach röntgenographischen Messungen gleich $r_3 = 3{,}42 \cdot 10^{-3}$ und $r_1 = 1{,}55 \times 10^{-4}$. Vergleicht man den Sprung von P ($\equiv P_3$) mit dem

Wert von r_{ij}, kann man aus den Gleichungen

$$\left.\begin{aligned} r_3 &= Q_{33}P_3^2, \\ r_1 &= Q_{13}P_3^2 \end{aligned}\right\} \tag{4.54}$$

die Koeffizienten Q_{33} und Q_{12} für $BaTiO_3$ abschätzen: $Q_{33} = 1{,}7 \cdot 10^{-12}$ ESE und $Q_{12} = 0{,}53 \cdot 10^{-12}$ ESE. Die Koeffizienten Q_{33} und Q_{12} beschreiben den Effekt der spontanen Elektrostriktion. Die Werte dieser Koeffizienten liegen in der Nähe der außerhalb des ferroelektrischen Gebietes mit anderen Methoden gemessenen Werte für $BaTiO_3$. Der dritte Koeffizient der Elektrostriktion für $BaTiO_3$ (siehe (4.53)) wurde direkt gemessen: $Q_{44} = 0{,}70 \cdot 10^{-12}$ ESE.

Verwendet man die Beziehung (4.49), so kann man die Größe des Koeffizienten g_{33} für $BaTiO_3$ abschätzen: $g_{33} = 2 \cdot Q_{33} \cdot P_3 = 13{,}0 \cdot 10^{-8}$ ESE. Dieser Wert stimmt mit dem im Tabelle 6 angegebenen experimentelle Wert recht gut überein. Das Entstehen der spontanen Polarisation im KH_2PO_4 ist von einer spontanen Scherung r_6 begleitet. Weiter oben haben wir bereits eine Abschätzung des damit verbundenen spontanen piezoelektrischen Effektes angegeben. Es ist jedoch interessant, daß die in Richtung der Z-Achse entstehende spontane Polarisation P_{sp} von einer spontanen Elektrostriktion begleitet ist. Das kann man leicht verstehen, wenn man die Matrix der piezoelektrischen Koeffizienten in Tabelle 5 für die Klasse $\bar{4}2m$ betrachtet (Modul $d_{33} = 0$). Nach der unmittelbaren Deformation des Kristalls entlang der Z-Achse auf Grund der entstehenden spontanen Polarisation P_{sp} ist der Koeffizient $Q_{33} = 4{,}3 \cdot 10^{-12}$ ESE.

Die Werte der Koeffizienten der Elektrostriktion entsprechen Eindomänen-Kristallen aus $BaTiO_3$ und KH_2PO_4. Sind jedoch Domänen vorhanden und werden diese durch das Wechselfeld umorientiert, mißt man eine starke Vergrößerung der Koeffizienten der Elektrostriktion. In diesem Fall wird der Beitrag der Domänen zur Elektrostriktion im wesentlichen durch den reziproken piezoelektrischen Effekt infolge einer zweimaligen (in der Periode des Feldes) Umorientierung der Domänen (Abb. 63) bestimmt. Dabei ist zu bemerken, daß unter

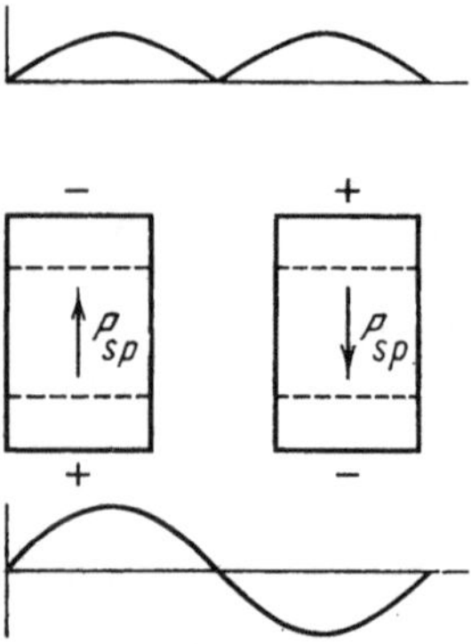

Abb. 63. Schematische Darstellung der Deformation eines Ferroelektrikums in einem Wechselfeld. Der nicht deformierte Zustand der Probe ist punktiert dargestellt; unten – Änderung des elektrischen Feldes; oben – Änderung der Deformation

realen Bedingungen bei praktischen Anwendungen die elektrostriktiven Schwingungen (Verschiebungen) durch Anlegen eines Wechselfeldes $E_{\sim}$ an den Kristall erzeugt werden. Diese Arbeitsbedingungen werden durch den Koeffizienten der Elektrostriktion charakterisiert. Hierbei werden die Domänen umorientiert. Legt man an den Kristall neben dem Wechselfeld ein konstantes (polarisierendes) Feld an, wird der Domänen-Mechanismus „ausgeschaltet" und die Elektrostriktion wird kleiner (siehe weiter unten).

Durch eine direkte Messung der Wärmeausdehnung findet man für die Koeffizienten der Elektrostriktion Q im Seignettesalz

$$Q_{11} = -86{,}5 \cdot 10^{-12}\,\text{ESE}, \quad Q_{12} = 17{,}3 \cdot 10^{-12}\,\text{ESE},$$
$$Q_{13} = -24{,}3 \cdot 10^{-12}\,\text{ESE}.$$

In Abb. 64 ist die Abhängigkeit des Koeffizienten der Elektrostriktion R_{11} von einem konstanten elektrischen Feld für einen Seignettesalzkristall (ferroelektrischer

Schnitt) dargestellt. Deutlich erkennbar ist in der Abbildung, wie die Elektrostriktion, die durch die Umorientierung der Domänen (reziproker piezoelektrischer Effekt mit doppelter Frequenz) entsteht, bei Zunahme des

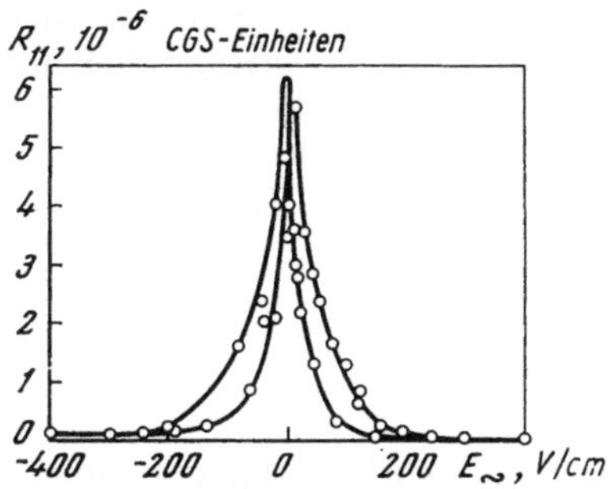

Abb. 64. Koeffizient der Elektrostriktion R_{11} von Seignettesalz in Abhängigkeit von der Stärke des polarisierenden Feldes ($E \sim 140$ V/cm, $T = 12$ °C)

äußeren Feldes „ausgeschaltet" wird. Dieses „Ausschalten" führt zu einer starken Abnahme des Koeffizienten R_{11}. R_{11} ist gleich $6{,}15 \cdot 10^{-6}$ ESE beim Feld Null und $0{,}07 \cdot 10^{-6}$ ESE bei einem Feld von 400 V/cm. Der letztere Wert liegt ganz dicht bei dem oberhalb des Curie-Punktes gemessenen Wert für R_{11} ($\sim 0{,}1 \cdot 10^{-6}$ ESE).

5. Piezoelektrische Texturen und Elektrete

Wenn man von elektrischen Kristallen spricht, muß man auch elektrische Medien einschließen, die keine Kristallstruktur besitzen. Solche Medien stellen die piezoelektrischen Texturen und Elektrete dar. Die nichtkristallinen elektrischen Medien sind anisotrop und besitzen eine Reihe von physikalischen Eigenschaften, die für Kristalle charakteristisch sind. Diese anisotropen Medien können eine remanente (analog zur spontanen) elektrische Polarisation und pyroelektrische Eigenschaften haben. Einige Texturen können eine polare Anisotropie besitzen. Letztere können als polar-neutral bezeichnet werden und können daher Träger piezoelektrischer Eigenschaften sein. Die charakteristischen Eigenschaften der piezoelektrischen Texturen und besonders der Elektrete sind sehr spezifisch. Wir beschränken uns hier jedoch nur auf die Betrachtung derjenigen Eigenschaften, die größere Ähnlichkeiten zwischen den anisotropen Medien und den elektrischen Kristallen zur Folge haben.

5.1. Piezoelektrische Texturen

Homogene Medien mit einer nichtkristallinen Struktur, die aus räumlich regelmäßig orientierten Teilchen aufgebaut sind, nennt man Texturen. Beispiele für Texturen sind kristalline Texturen, die aus orientierten Kristallen bestehen, Faserstoffe (z. B. Holz) und Elektrete, die orientierte elektrische Dipole enthalten. Weiterhin gehören Piezokeramiken (mit einer Vorzugsrichtung der spontanen Polarisation in den Domänen der Einkristalle), Dauermagneten (mit geordneten magnetischen Momenten im Einkristall) und andere dazu. Im allgemeinen können Texturen sowohl isotrop als auch anisotrop sein. Auf die Möglichkeit, daß in den Texturen der Piezoeffekt auftreten kann, hat erstmalig A. W. Schubnikow hingewiesen, als er die Resultate der ersten Untersuchungen an piezoelektrischen Texturen beschrieb.

Die Symmetrie der Texturen, die homogene und „unendlich" ausgedehnte Medien darstellen, wird durch die Symmetrie der Bausteine (Teilchen) und ihrer gegenseitigen Anordnung bestimmt. Zur Beschreibung der physikalischen Eigenschaften der Texturen muß man ihre Punktsymmetrie kennen, die aus der Symmetrie einer aus der Textur herausgeschnittenen Kugel bestimmt werden kann. Texturen mit der niedrigsten Symmetrie werden z. B. aus Kriställchen der ersten Symmetrieklasse bei paralleler Anordnung gebildet (s. Abb. 65a). Die

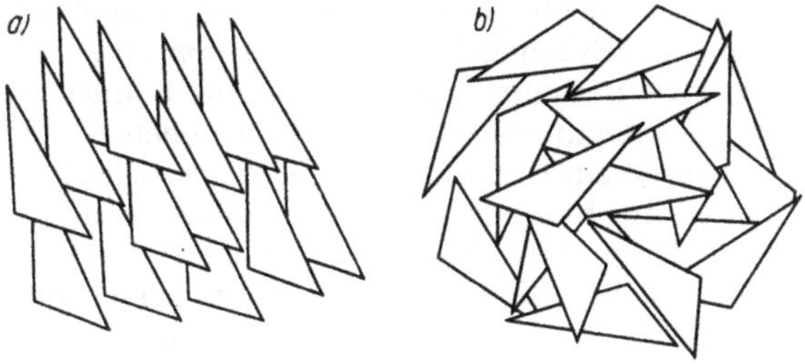

Abb. 65. Formale und bedingte Darstellung einer Textur mit der Symmetrie 1(*a*) und der Symmetrie ∞ (*b*)

Punktsymmetrie einer solchen Textur wird durch die Gruppe 1 beschrieben. Wenn die Kristallite der ersten Klasse jedoch nur in Richtung einer bestimmten Kante parallel und um diese Kante um beliebige Winkel gedreht sind, so besitzt die Textur eine Symmetrieachse unendlich hoher Ordnung und gehört zur Gruppe ∞ (s. Abb. 65b). Die Punktgruppensymmetrie einer solchen Textur wird durch die Symmetrie eines rotierenden Kegels (s. Abb. 4a) beschrieben. Es ist leicht zu sehen, daß Kristallite der Klassen $mm2$, $3m$, $4mm$ und $6mm$, die parallel orientierte singulär polare Richtungen besitzen und um diese Achsen um beliebige Winkel gedreht sind, Texturen mit der Symmetrie eines unbeweglichen Kegels (Gruppe ∞mm, s. Abb. 4b) bilden.

Betrachtet man Kristallite mit einer anderen Symmetrie und mit einer anderen gegenseitigen Anordnung, so kann man offensichtlich Texturen erhalten, die eine Punktsymmetrie besitzen, die durch Rotationskörper (s. Abb. 4) beschrieben wird: $\infty 2$, ∞/m, ∞/mmm, $\infty/\infty 2$, $\infty/\infty/mmm$.[1])

[1]) Mit der angegebenen Methode können natürlch auch Texturen erhalten werden, die zu den kristallographischen Symmetrieklassen gehören (das

Von den sieben verschiedenen Texturen, deren Symmetrie durch Achsen unendlich hoher Ordnung beschrieben wird, sind nur drei piezoelektrisch. Das sind die Texturen, die zu den Gruppen ∞, ∞mm und $\infty 2$ gehören. Texturen mit den Symmetrien ∞/m, ∞/mmm und $\infty/\infty/mmm$ besitzen ein Symmetriezentrum und können auf Grund von Überlegungen, die analog zu denen für den Fall der Kristalle sind (Abschn. 4), nicht piezoelektrisch sein. Texturen der Symmetrie $\infty/\infty 2$ besitzen zwar kein Symmetriezentrum. Eine Polarisation infolge des Piezoeffektes (im üblichen Sinne) kann in ihnen jedoch nicht entstehen. Daher sind diese Texturen ebenfalls nicht piezoelektrisch.

Wenn man davon spricht, daß die Texturen der Symmetrie ∞, ∞mm und $\infty 2$ piezoelektrisch sind, so nimmt man wie auch im Fall der Kristalle an, daß den geometrisch polaren Richtungen in den Texturen elektrisch polare Richtungen entsprechen. Für Texturen ist das natürlich nicht unbedingt der Fall. So besitzt z. B. ein Stoß parallel orientierter metallischer Nägel (mit in ein und dieselbe Richtung gedrehten Köpfen) die Symmetrie ∞mm, ohne daß er piezoelektrisch ist.

Außerdem entspricht einer geometrischen Polarität der dielektrischen Textur eine elektrische, deren Symmetrie durch die Anordnung der elektrisch geladenen Teilchen, die die Textur bilden, bestimmt wird (das ist in Kristallen offenbar immer der Fall).

Piezoelektrische Texturen der Symmetrie ∞ und ∞mm sind polar. Texturen der Symmetrie $\infty 2$ besitzen überhaupt keine polaren Richtungen. In ihnen kann aber durch eine entsprechende Deformation eine polare Richtung entstehen, in deren Richtung sich die piezoelektrische Polarisation orientiert (Abb. 66). Die Matrizen der piezoelektrischen Koeffizienten für die Texturen

---

Beispiel einer Textur der Klasse 1 wurde bereits angeführt). Solche Texturen werden hier jedoch nicht berücksichtigt, da sie keine von den üblichen Kristallen verschiedene makroskopische Eigenschaften besitzen.

haben die Gestalt

$$\overset{\infty}{\begin{pmatrix} 0 & 0 & 0 & d_{14} & d_{15} & 0 \\ 0 & 0 & 0 & d_{15} & -d_{14} & 0 \\ d_{31} & d_{31} & d_{33} & 0 & 0 & 0 \end{pmatrix}}$$

$$\overset{\infty mm}{\begin{pmatrix} 0 & 0 & 0 & 0 & d_{15} & 0 \\ 0 & 0 & 0 & d_{15} & 0 & 0 \\ d_{31} & d_{31} & d_{33} & 0 & 0 & 0 \end{pmatrix}}$$

$$\overset{\infty 2}{\begin{pmatrix} 0 & 0 & 0 & d_{14} & 0 & 0 \\ 0 & 0 & 0 & 0 & -d_{14} & 0 \\ 0 & 0 & 0 & 0 & 0 & 0 \end{pmatrix}}.$$

Der Vergleich dieser Ausdrücke mit den Werten in der Tabelle 5 zeigt, daß die Matrix für die Textur der Symmetrie ∞ mit der Matrix der vierten und sechsten Klasse und die Matrix für die Textur der Symmetrie ∞mm mit

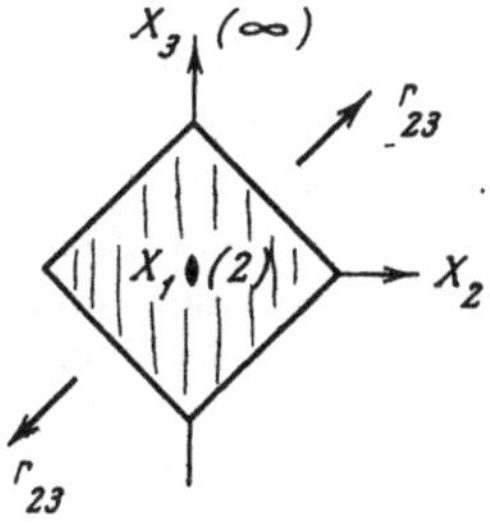

Abb. 66. In Texturen der Symmetrie $\infty 2$ entstehen bei Deformationen r_{23} und r_{31} singulär-polare Richtungen

der Matrix der Klassen $4mm$ und $6mm$ zusammenfällt. Die Matrix für die piezoelektrische Textur der Symmetrie $\infty 2$ stimmt mit den Matrizen der Kristallklasse 422 und 633 überein.

Piezoelektrische Texturen und piezoelektrische Kristalle. Das mögliche Auftreten des Piezoeffektes in Texturen, die aus piezoelektrischen Kristallen aufgebaut sind, ist am offensichtlichsten. Jeder hat die Möglichkeit, eine sehr einfache piezoelektrische Textur aus Zuckerkriställchen herzustellen. Zu diesem Zweck muß man etwas größere Kristallite heraussuchen und sie parallel zur Achse 2. Ordnung (Zuckerkristalle besitzen eine Symmetrie 2. Ordnung) anordnen.[1])

Wenn die entsprechenden polaren Enden der Achsen 2. Ordnung in einer Richtung orientiert sind, besitzt die Textur die Symmetrie ∞; sind sie in beiden Richtungen orientiert, so folgt die Symmetrie $\infty 2$. Solche Texturen werden kaum technische Bedeutung erlangen. Ausführlich untersucht wurden piezoelektrische Texturen, die aus Kristalliten des Seignettesalzes und Bariumtitanats aufgebaut sind.[2]) Texturen dieser letztgenannten Verbindungen besitzen eine außerordentlich große Bedeutung und werden in großem Umfang in der Praxis verwendet. Piezoelektrische Texturen aus Seignettesalz werden aus technisch gewonnenem Pulver hergestellt, indem man letzteres in einem Porzellangefäß in einem Wasserbad bis zum vollständigen Schmelzen erhitzt. Beim Erwärmen beginnen die großen Kristallite zu schmelzen, und gleichzeitig fallen kleinere kristalline Nadeln aus, die den Seignettesalzkristallen nicht ähnlich sind. Bevor man mit der Herstellung der Textur beginnt, muß man bis zu ihrem vollständigen Aufschmelzen warten. Die vollkommen durchsichtige Schmelze wird mit einem Pinsel in Form von parallelen Strichen auf eine Glas- oder Metalloberfläche solange aufgetragen, bis die Schmelze auszukristallisieren beginnt und der Pinsel an der Oberfläche haften bleibt. Diese Prozedur wiederholt man, bis

---

[1]) Die Lage der so orientierten Kristallite kann durch Klebstoff oder eine andere polymerisierende Substanz fixiert werden.

[2]) Die piezoelektrischen Eigenschaften dieser Kristalle sind in Abschn. 4 beschrieben worden.

man eine Texturschicht der erforderlichen Dicke erhält. Beim Auftragen der Schmelze auf die Glas- oder Metalloberfläche, die sich auf Zimmertemperatur befindet, sondern sich zuerst Natriumtartrat-Kristalle ab, die gleichzeitig die orientierte Basis der Textur bilden. Die Zwischenschichten zwischen den Kristallen bestehen aus einer unterkühlten Schmelze des Seignettesalzes und Kaliumtartrats, die eine dichte amorphe Masse bilden.

Im weiteren werden die Natriumtartrat-Kristalle zerstört, und es läuft eine Umkristallisation ab, wobei sich Seignettesalz-Kristalle bilden. Die Umkristallisation geht infolge der großen Viskosität der unterkühlten Schmelze sehr langsam — etwa in drei bis sechs Tagen — vor sich. Bei der Herstellung der Textur empfiehlt es sich, das Seignettesalz so zu schmelzen, daß die Schmelze kein Wasser verliert, denn ein Wasserverlust führt zu einer Vergrößerung der Viskosität. Dadurch wird die Bildung der Textur erschwert und die zur Herstellung notwendige Zeit verlängert.

Die entstandene Textur besitzt eine Vorzugsorientierung der c-Achsen der Kristallite in Richtung der Pinselbewegung. Diese Richtung stellt die Achse unendlich hoher Ordnung der Textur dar. Eine Abschätzung zeigt, daß in Richtung der Achse unendlich hoher Ordnung die c-Achse der Kristallite zweimal so häufig orientiert ist wie senkrecht zu dieser Richtung. Die Dichte der Textur unterscheidet sich praktisch nicht von der Dichte des Kristalles ($\sim$1,78 g/cm^3).

Die physikalischen Eigenschaften der Texturen aus Seignettesalz beschreibt man in einem Koordinatensystem, bei dem als X_3-Achse die Achse unendlich hoher Ordnung der Textur und als X_1-Achse die Richtung senkrecht zur Schicht gewählt wird. Die X_2-Achse wird dann so eingeführt, daß man ein orthogonales Rechtssystem erhält. Die piezoelektrischen Eigenschaften sind im allgemeinen von Probe zu Probe verschieden. Weiter unten werden einige der typischsten Eigenschaften für

Proben angegeben, die für lange gelagerte und gut ausgereifte Texturen erhalten wurden.

Die Anisotropie der Dielektrizitätskonstanten für Texturen aus Seignettesalz ist nur schwach ausgeprägt. Bei Feldern von etwa 1 V/cm und 70 kHz und bei einer Temperatur von 17,5 °C beträgt die Dielektrizitätskonstante ungefähr 20 ($\varepsilon_1 = 18$, $\varepsilon_2 = 19$, $\varepsilon_3 = 20$, das sind die Werte in den Richtungen der Achsen X_1, X_2 und X_3).

Die Untersuchung der Temperaturabhängigkeit von ε_1 ($= \varepsilon_2$) ergab nicht den erwarteten Peak in der Nähe der oberen CURIE-Temperatur. ε_1 wächst jedoch für starke niederfrequente Felder bei Erwärmung von 20 °C an monoton. In schwachen Feldern hängt ε_1 praktisch (bis zu 50 °C) nicht von der Temperatur ab. Der elektrische Widerstand der Textur beträgt bei Zimmertemperatur etwa 10^9—10^{10} $\Omega \cdot$ cm und bei 42 °C etwa 10^7—10^8 $\Omega \cdot$ cm. Die Durchschlagspannung der Textur hat die Größenordnung 50—80 kV/cm.

Auf experimentellem Wege gelingt es, die piezoelektrischen Koeffizienten d_{14}, d_{25}, d_{36} für Texturen aus Seignettesalz zu bestimmen. Die mittels statischer Methoden (aus der piezoelektrischen Ladung bei Belastung) bestimmten Koeffizienten unterscheiden sich nur wenig voneinander. Bei 20 °C folgt $d_{14} = 5{,}5 \cdot 10^{-7}$ ESE und $d_{36} = 2{,}3 \cdot 10^{-7}$ ESE. Bei wachsender Temperatur sinkt der Wert aller piezoelektrischen Koeffizienten ungefähr proportional zur Temperaturerhöhung. Bei 40 °C ergibt sich $d_{14} = 3 \cdot 10^{-7}$ ESE und $d_{36} = 1 \cdot 10^{-7}$ ESE. Die Werte der piezoelektrischen Koeffizienten d_{14} und d_{25} der Textur, die mittels dynamischer Methoden (aus den Resonanz- und Antiresonanzfrequenzen eines schwingenden piezoelektrischen Blocks) gemessen wurden, betragen (bei 20 °C) 5—$6 \cdot 10^{-7}$ ESE.

Wir betonen, daß eine iedeale Textur der Symmetrie $\infty 2$ keinen (von Null verschiedenen) piezoelektrischen Koeffizienten d_{33} besitzen darf. Das Auftreten eines von Null verschiedenen Koeffizienten d_{36} deutet demnach darauf hin, daß eine reale Textur lediglich in erster Näherung durch die Symmetriegruppe $\infty 2$ beschrieben werden kann. In Wirklichkeit besitzt sie eine niedrigere Symmetrie, offenbar gehört sie zur Symmetriegruppe 222. An den oben angeführten ε-Werten konnte man ebenfalls eine niedrigere (als $\infty 2$) Symmetrie der piezoelektrischen Textur erkennen. Zu dieser Schlußfolgerung stehen auch die experimentellen Herstellungsbedingungen der Textur nicht im Widerspruch.

Die piezoelektrischen Texturen aus Seignettesalz (wie auch allgemein piezoelektrische Texturen) besitzen im Vergleich zu kristallinen piezoelektrischen Materialien eine Reihe Vorteile. Der erste dieser Vorteile besteht in der einfachen Herstellung der piezoelektrischen Texturen. Der zweite Vorteil liegt in der Möglichkeit, piezoelektrische Texturen beliebiger (praktisch unbegrenzter) Größe und Form herstellen zu können.

Mit Hilfe piezoelektrischer Texturen aus Seignettesalz kann man Schwingungen verschiedenartiger Platten anregen und anhand der (Chladnischen) Klangfiguren diese Schwingungen untersuchen. Als schwingende Platte kann man dabei direkt die piezoelektrische Textur verwenden. Als Elektrode dient gewöhnlich eine Aquadagauflage.

Die Schwingungen der Platten werden über den inversen Piezoeffekt durch Anschließen der Elektroden an einen Schallgenerator erzeugt. Bei Übereinstimmung der Generatorfrequenz mit der Frequenz einer der Schwingungsmoden der Platte entsteht in der letzteren eine intensive Resonanzschwingung. Der Schwingungscharakter ist aus der Verteilung des Pulvers, das vor der Schwingungsanregung gleichmäßig auf der gesamten Platte verteilt war, zu erkennen.

Neben den ferroelektrischen Einkristallen vom Sauerstoffoktaedertyp finden gegenwärtig sogar in größerem Umfang piezoelektrische Keramiken dieser Verbindungen Anwendung. Häufig werden sie durch Brennen eines fein zermahlenen Gemisches und daraus gepreßten Pulvers aus TiO_2 und $BaCO_3$ (in stöchiometrischem Verhältnis) bei 1450—1470 °C hergestellt. In der Praxis werden auch andere piezoelektrische Keramiken aus Ferroelektrika vom Sauerstoffoktaedertyp, speziell auf der Basis von $BaTiO_3$ mit einigen Beimengungen (z. B. 95% $BaTiO_3$ + 5% $PbTiO_3$) verwendet.

Keramiken bestehen aus einer Vielzahl von Einkristallen, die räumlich beliebig orientiert sind. Die verschiedenen Einkristalle des keramischen Stoffes sind in Domänen zerfallen. Am häufigsten gehören die Domänen zu den Symmetriegruppen $mm2$, $3m$, $4mm$. Die Gesamtheit dieser im Raum beliebig orientierten Domänen bilden eine Textur, die zur Symmetriegruppe $\infty/\infty/mmm$ gehört. Diese isotrope zentrosymmetrische Textur besitzt keine piezoelektrischen Eigenschaften.

Um einem keramischen Stoff piezoelektrische Eigenschaften aufzuprägen, polarisiert man ihn, indem man ihn in ein starkes elektrisches Feld bringt. Dabei orientiert sich die spontane Polarisation P_{sp} der einzelnen Mikrokristalle in Feldrichtung. Die komplizierten Prozesse der Wechselwirkung zwischen den Domänen der Anordnung der Verunreinigungen usw. führen dazu, daß die Richtung der spontanen Polarisation P_{sp} und die piezoelektrischen Eigenschaften im keramischen Stoff auch ohne äußeres Feld erhalten bleiben. Gemäß dem CURIEschen Symmetrieprinzip gehört ein polarisierter keramischer Stoff zur Symmetriegruppe ∞mm („$\infty/\infty/mmm + \infty mm = \infty mm$"), d. h. er stellt eine piezoelektrische Textur dar.

Eine genauere Betrachtung zeigt, daß die spontane Polarisation P_{sp} nicht in allen Einkristallen mit der Richtung des polarisierenden Feldes zusammenfällt. Die polaren Achsen der verschiedenen Einkristalle liegen innerhalb eines gewissen Raumwinkels θ, dessen Größe durch den Polarisierungsmechanismus bestimmt wird. Für den Fall einer gleichmäßigen Verteilung der spontanen Polarisation P_{sp} über den gesamten Raumwinkelbereich θ folgt für die Polarisation des keramischen

Stoffes

$$P^k = \frac{1 + \cos\theta}{2} P_{sp}. \qquad (5.1)$$

Der Winkel θ übersteigt für gut polarisierte Keramiken nicht den Wert von 55°. Die mittleren Werte der piezoelektrischen Koeffizienten für solche Keramiken betragen: $d_{33}^K = 50 \cdot 10^{-7}$ ESE, $d_{31}^K = -20 \cdot 10^{-7}$ ESE, $d_{15}^K = 70 \cdot 10^{-7}$ ESE. Diese Werte sind etwa um einen Faktor zwei kleiner als die d-Werte für Kristalle (s. Tab. 6).

Für bestimmte Zwecke sind nicht so sehr reine keramische piezoelektrische Texturen interessant, sondern Texturen, die keramisches Pulver enthalten. Solch ein zwei- oder mehrkomponentiges heterogenes System erhält durch Polarisation ebenfalls piezoelektrische Eigenschaften. Streng gesehen, stellen auch die piezoelektrischen Keramiken keine homogenen Systeme dar, weil sie ein bestimmtes Volumen an Poren, Schmelzfluß usw. enthalten.

Die dielektrischen und piezoelektrischen Eigenschaften der heterogenen Systeme hängen nicht nur von den Volumenkonzentrationen der Komponenten (θ_i) und ihren spezifischen Eigenschaften (ε_i, d_i) ab, sondern auch von der gegenseitigen Anordnung dieser Komponenten. In einem zweikomponentigen System kann die gegenseitige Teilchenanordnung auf folgende zwei Grundtypen reduziert werden: 1. die Matrixsysteme, bei denen die eine Komponente ein zusammenhängendes Volumen (Matrix) für die voneinander isolierten Teilchen der anderen Komponente darstellt und 2. die Gemische, bei denen die Teilchen jeder Komponente entweder statistisch oder nach einem bestimmten Gesetz verteilt sind und keine der Komponenten eine Matrix bildet. Als Beispiel für Systeme des ersten Typs können eine Flüssigkeit mit Luftblasen und Glas mit Luftporen dienen, als Beispiel für den zweiten Typ ein Gemisch zweier Dielektrika oder Metalle bzw. ein Gemisch aus einem Metall und einem Dielektrikum.

Für Matrixsysteme kann die Dielektrizitätskonstante nach einer Formel von MAXWELL

$$\varepsilon = \varepsilon_0 \frac{2\varepsilon_0 + \varepsilon_1 - 2\theta_1 (\varepsilon_0 - \varepsilon_1)}{2\varepsilon_0 + \varepsilon_1 + \theta_1(\varepsilon_0 - \varepsilon_1)} \tag{5.2}$$

berechnet werden, wobei ε_0 die Dielektrizitätskonstante der Matrix, ε_1 und θ_1 die Dielektrizitätskonstante und Konzentration der eingeschlossenen Komponente bedeuten.

Für Gemische wird die Formel von LICHTENECKER

$$\varepsilon = \varepsilon_1{}^{\theta_1} \varepsilon_2{}^{\theta_2} \tag{5.3}$$

erfüllt, deren logarithmische Form die Gestalt

$$\log \varepsilon = \theta_1 \lg \varepsilon_1 + \theta_2 \lg \varepsilon_2 \tag{5.4}$$

hat, wobei sich der Index „1" auf die erste und der Index „2" auf die zweite Komponente bezieht. Eine befriedigende Übereinstimmung des logarithmischen Ge-

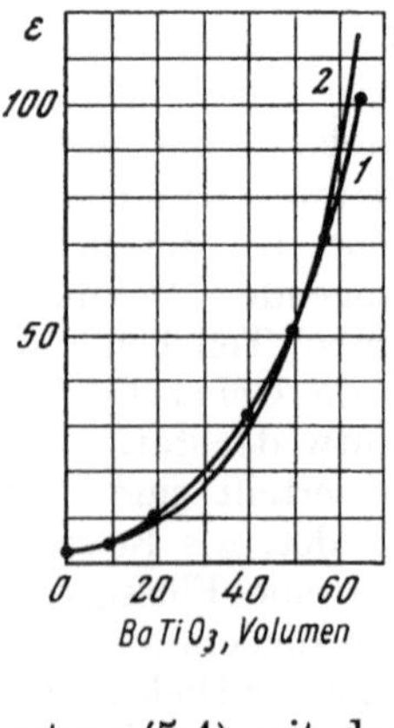

Abb. 67. Dielektrizitätskonstante eines Gemisches aus $BaTiO_3$ und Polystyrol in Abhängigkeit von der $BaTiO_3$-Konzentration

1 — experimentelle Kurve, 2 — nach Gl. (4.4) berechnete Kurve

setzes (5.4) mit dem Experiment kann man an Abb. 67 für ein $BaTiO_3$-Gemisch (Polystyrol) erkennen.

Die piezoelektrischen Eigenschaften heterogener Systeme können durch die Größe der piezoelektrischen Ladung (d. h. durch die Koeffizienten d oder e) oder der Potentialdifferenz (d. h. durch die Koeffizienten g oder h) charakterisiert werden. Da in der Literatur am häufigsten die Werte für die Koeffizienten d angegeben werden, führen wir für zwei Fälle Formeln an, aus denen die Koeffizienten g bei Kenntnis der Koeffizienten d und e berechnet werden können: für ein Matrixsystem mit einer piezoelektrischen Komponente als Einschluß und für ein Gemisch, in dem nur eine Komponente piezoelektrische Eigenschaften besitzt. Unter Berücksichtigung der Beziehungen (4.8) $d \sim \varepsilon g$ und (5.2) erhalten wir für das Matrixsystem

$$g = 4\pi\, d_1 \theta_1 \left[\frac{\varepsilon_0}{\varepsilon_1} \cdot \frac{2\varepsilon_0 + \varepsilon_1 - 2\theta_0\,(\varepsilon_0 - \varepsilon_1)}{2\varepsilon_0 + \varepsilon_1 + \theta_1(\varepsilon_0 - \varepsilon_1)}\right], \qquad (5.5)$$

und für das Gemisch

$$g = 4\pi\, d_1 \theta_1\, \varepsilon_1^{-1}\, [\varepsilon_1^{\theta_1} \varepsilon_2^{\theta_2}]. \qquad (5.6)$$

Die berechneten und experimentell bestimmten d-Werte für ein Matrixsystem aus $BaTiO_3$ ($\varepsilon_1 = 1095$, $d_1 = 3{,}2 \cdot 10^{-6}$) und Karbinolkleber ($\varepsilon_2 = 5{,}7$, $d_2 = 0$) sind in Abb. 68 wiedergegeben. Für ein $BaTiO_3$-Gemisch (Polystyrol) ist die Übereinstimmung ähnlich befriedigend.

Es ist relativ einfach, aus keramischen Materialien piezoelektrische Elemente verschiedener Form und großer Ausmaße anzufertigen. Noch einfacher jedoch können sie aus heterogenen Systemen (die eine geeignete organische Substanz als „Bindemittel" für das Pulver enthalten) durch Pressen hergestellt werden. Solche Systeme werden (wie auch die piezoelektrischen Texturen aus Seignettesalz) in effektiver Weise zur Erzeugung von verschiedenartigen Membranschwingungen verwendet. Man preßt auf die zu untersuchende Membran die Textur auf (die die gesamte Platte oder Teile von ihr bedeckt). Nach der Polarisation regt die Textur eine bestimmte Schwin-

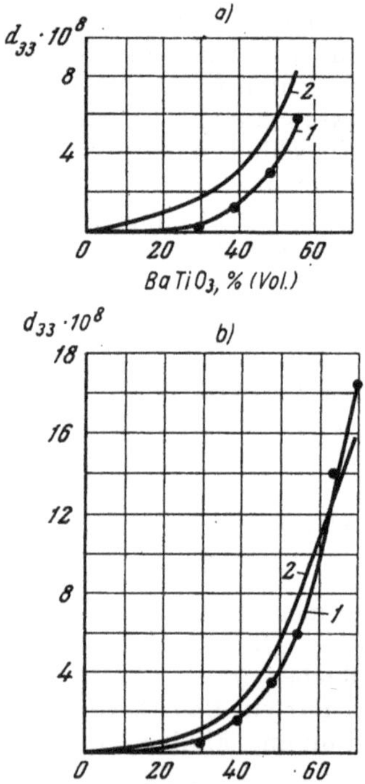

Abb. 68. Piezoelektrische Eigenschaften einiger heterogener $BaTiO_3$-haltiger Systeme

a) Für das Matrixsystem $BaTiO_3$-Karbinalkleber, b) Für ein $BaTiO_3$-Polystyrol-Gemisch. Die Kurven 1 stellen jeweils die experimentellen Werte, die Kurven 2 die nach den entsprechenden Formeln berechneten Werte dar.

gungsmode der Platte an, indem sie sich (infolge des inversen Piezoeffektes) durch das angelegte elektrische Wechselfeld deformiert.

Holzfasern als piezoelektrische Textur. Das Auftreten von piezoelektrischen Eigenschaften in Holzfasern besitzt prinzipielle Bedeutung, weil man bis vor kurzem noch angenommen hat, daß piezoelektrische Eigenschaften nur in Einkristallen oder bestenfalls in piezoelektrischen Texturen aus Kristallkörnern möglich sind.

Holzfasern sind biologischen Ursprungs und besitzen nach den neuesten Daten in ihrer organischen Struktur überhaupt keine kristallinen Bereiche. Die piezoelektrischen Erscheinungen treten vor allen Dingen in der orientierten Komponente der Holzfasern — in der Zellulose auf. Der piezoelektrische Effekt kann in den Stielen der Zellulose enthaltenden Pflanzen in Erscheinung treten. In einigen Fällen ist er bereits quantitativ untersucht worden.

Am einfachsten können die piezoelektrischen Eigenschaften für getrocknetes doppelschichtiges Furnierholz nachgewiesen werden. Solch eine Probe stellt ein spezi-

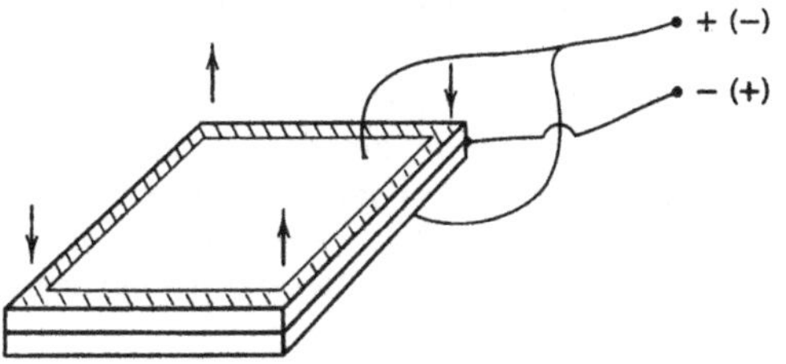

Abb. 69. Bimorphes (zweischichtiges) Piezoelement aus Furnierholz und seine Polarisation

fisches bimorphes Element dar (Abb. 69). Die Orientierung der Schichten in der Probe sind senkrecht zueinander, wodurch bei Verbiegung eine verdoppelte piezoelektrische Polarisation auftritt. Für die Elektroden kann Aquadag verwendet werden. Die äußeren Elektroden tragen Ladungen des einen Vorzeichens und die inneren (die Schichten werden innen ebenfalls mit Aquadag bedeckt) Ladungen des anderen Vorzeichens. Die piezoelektrische Polarisation eines solchen Elementes kann man mit einem gewöhnlichen Elektrometer registrieren.

Zur Beschreibung der piezoelektrischen Eigenschaften

von gefasertem Holz benutzt man ein orthogonales Koordinatensystem (Abb. 70). Als Achsen dieses Koordi-

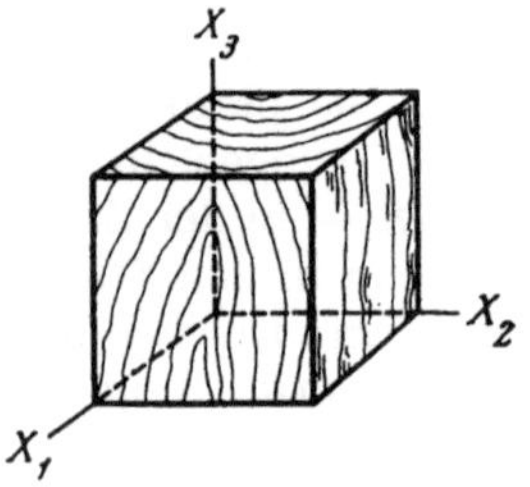

Abb. 70. Orthogonales Koordinatensystem zur Beschreibung der piezoelektrischen Eigenschaften von gefasertem Holz

natensystems dienen die Hauptstrukturrichtungen der Fasern im Stamm: X_1 in Richtung des Stammradius, X_2 in Richtung der Tangente der Jahresringe (tangentiale Richtung) und X_3 in Richtung der Höhe des Stammes (longitudinale Richtung),

Die piezoelektrischen Eigenschaften wurden im statischen und dynamischen Regime gemessen. Die ersten Untersuchungen ergaben, daß bei gefasertem Holz nur zwei piezoelektrische Koeffizienten wesentliche Werte annehmen: d_{14} und d_{25}. Die Werte dieser Größen seien für einige Holzarten angegeben:

Holzarten	d_{14} [ESE]	d_{25} [ESE]
Eiche	–0,25	0,24
Esche	–0,37	0,31
Buche	–0,31	0,26
Birke	–0,55	0,44
Espe	–0,58	0,36
Kiefer	–0,65	0,44
Buchsbaum	—	0,10
Pistazie	–0,04	—

Für die genannten Koeffizienten ist gewöhnlich die Ungleichung $|d_{14}| > |d_{25}|$ erfüllt; seltener gilt $|d_{14}| = |d_{25}|$.[1])

[1]) Gewöhnlich nimmt man an, daß bei positivem piezoelektrischen Koeffizienten d_{25} der Koeffizient d_{14} negativ ist.

Die piezoelektrischen Koeffizienten von gefasertem Holz sind um eine Größenordnung kleiner als für kristallinen Quarz.

In Übereinstimmung mit dem Tensor der piezoelektrischen Koeffizienten für Texturen (s. Tab. 5) deutet die Gleichung $|d_{14}| = |d_{25}|$ die Zugehörigkeit der Textur zur Symmetriegruppe $\infty 2$ an. An Abb. 70 erkennt man, daß die peripheren Proben eine niedrigere Symmetrie besitzen. Unter bestimmten Bedingungen (hinreichend großem Radius der Jahresringe) besitzt die Probe die Symmetrie 222.[1]) Das bedeutet, daß solch eine Probe auch einen von Null verschiedenen piezoelektrischen Koeffizienten d_{36} hat. Dieser Koeffizient wurde in späteren Experimenten nachgewiesen, obwohl er um eine (oder sogar zwei) Größenordnungen kleiner als die Werte der piezoelektrischen Koeffizienten d_{14} und d_{25} ist.

Somit werden die piezoelektrischen Eigenschaften kleiner Holzproben in Abhängigkeit von den morphologischen Besonderheiten des Holzes (dem konischen Faserverlauf, den Jahresringen, ihrer Abweichung von der Ringform und anderem mehr) und in Abhängigkeit davon, an welcher Stelle die Probe aus dem Stamm herausgeschnitten wurde, durch verschiedene Symmetriegruppen charakterisiert. Die Gruppe mit der höchsten Symmetrie ist dabei $\infty 2$ und die mit der niedrigsten Gruppe 1. In jedem Fall erweisen sich aber die zwei piezoelektrischen Koeffizienten d_{14} und d_{25} als die betragsmäßig größten.

Detaillierte Untersuchungen des Aufbaus und der Eigenschaften der Verbindungen, aus denen das gefaserte Holz besteht, zeigten, daß für die piezoelektrischen Eigenschaften die Zellulose verantwortlich ist. Die Zellulose-

---

[1]) Im allgemeinen wird die Symmetrie einer peripheren Probe durch die Gruppe 1 beschrieben. Auf experimentellem Wege fand man piezoelektrische Koeffizienten d_{13} und d_{23}, die eine niedrigere Symmetrie im Vergleich mit der durch die Gruppen $\infty 2$ und 222 beschriebenen Symmetrie für einige Proben anzeigen.

fasern sind im Holz in Richtung der Stammachse orientiert. Indem diese Fasern polar sind und die Symmetrie 1 besitzen, bilden sie (unter der Bedingung, daß die polaren Enden sowohl nach „oben", als auch nach „unten" orientiert sein können) eine piezoelektrische Textur mit der Symmetrie $\infty 2$.

Nachdem man die piezoelektrischen Eigenschaften von gefasertem Holz betrachtet und die Rolle der Zellulose für diese Eigenschaften aufgeklärt hatte, ging man zur Untersuchung der piezoelektrischen Eigenschaften anderer Materialien, die Zellulose enthalten, über. Selbstverständlich fand man nur in solchen Zellulosestoffen piezoelektrische Eigenschaften, die eine geordnete Anordnung der Zellulosefasern (Zellen) aufweisen. Daten über die piezoelektrischen Eigenschaften einiger Zellulosematerialien seien wiedergegeben. Diese Werte sind in % angegeben, bezogen auf den Koeffizienten d_{14} für Erle, der gleich $0{,}242 \cdot 10^{-8}$ ESE ist.

Material	d_{14} in %
Erlenholz	100
Zellophan	3,7
Zelluloid	27,2
Papier aus Holzzellulose	12,8
Orientierte Viskosefäden in erhärtendem БФ-2-Kleber	78,5
Weißes Zellulosesulfat	11,4
Orientiertes Zellulosesulfat einer speziellen Schmelze	103,0
Papier aus Baumwollfasern	10,0

Piezoelektrische Erscheinungen in natürlichem Gestein. Bei einer bestimmten gegenseitigen Orientierung der Kristalle im Naturgestein kann eine Textur entstehen, die piezoelektrische Eigenschaften besitzt. Gegenwärtig kennt man etwa 70 Mineralien, die entsprechend ihrer Symmetrie piezoelektrische Eigenschaften besitzen müssen.

Der Piezoeffekt ist qualitativ in einer Reihe von Mineralien nachgewiesen worden, so z. B. in Boracit, Wurtzit, Klinoedrit, Kronstädtit, Quarz, Langbeinit, Leukophan, Melinophan, Skolezit, Stibiotantalit, Struvit, Hämatit, Turmalin, Zunyit, Schorlit, Edingtonid, Epistilbit, Esmotit. Quantitativ wurde der piezoelektrische Effekt an Quarz, Sphalerit, Turmalin, Nephelin, Konkrinit, Boracit u. a. gemessen.

Am meisten verbreitet sind in der Natur das gesteinsbildende Quarz und Nephelin. Quarz stellt die Grundsubstanz für die Quarzite und Sandsteine dar. Außerdem trifft man bedeutende Quarzmengen in solchen vulkanischen Gesteinen wie Granit, Quarzporphyr, Granitporphyr, Liparit usw. an. Quarz bildet häufig Adern der verschiedensten Ausmaße. Nephelin ist Bestandteil der alkalischen Gesteine, die vulkanischen Ursprungs sind, z. B. Nephelinsienaerden, Urtriten, Hibbeniten, Zeolithen usw.

Das Naturgestein ist in den natürlichen Ablagerungen den verschiedensten tektonischen Einwirkungen ausgesetzt. Sie führen zu bestimmten Gesetzmäßigkeiten der Kornanordnung in den Mineralien, d. h. zur Texturbildung.

In der Literatur wird auf verschiedene Orientierungstypen der Quarzkörner hingewiesen. Dabei sind die lineare Orientierung (die optischen Achsen sind in einer Richtung orientiert) und die streifenförmige Orientierung, bei der die Orientierung der optischen Achsen der Quarzkörper parallel zu einer bestimmten Ebene ist, sehr verbreitet. Quarz ist enantiomorph, und man trifft in der Natur Vertreter der rechten und linken Modifikation mit der gleichen Häufigkeit an. Im Prinzip können aus Quarzkristallen alle drei Typen von piezoelektrischen Texturen, die Achsen unendlich hoher Ordnung besitzen, ∞, ∞mm, $\infty 2$, gebildet werden.

Texturen vom Typ ∞ werden durch alle möglichen Verschiebungen der Kristallite (die nur zu einer enantiomorphen Modifikation gehören) parallel zur elektrischen

Achse X_3 und anschließender Drehung um diese Achse um beliebige Winkel gebildet. Die X_3-Achse stellt die Achse der Textur dar. Texturen vom Typ ∞mm werden ähnlich gebildet wie die Texturen vom Typ ∞. Der einzige Unterschied besteht darin, daß zum Aufbau der Texturen vom Typ ∞mm Kristallite beider enantiomorpher Modifikationen erforderlich sind. Texturen vom Typ $\infty 2$ werden aus Kristalliten einer enantiomorphen Modifikation gebildet. Die Drehung der verschobenen Kristallite erfolgt in diesem Fall um die optische Achse X_3, die die Achse der Textur darstellt.

Die Bildung der betrachteten drei Texturtypen auf der Basis von Quarzkristallen ist unter realen Bedingungen wenig wahrscheinlich. Berücksichtigt man die Existenz beider enantiomorpher Modifikationen des Quarzes in der Natur, so kann man nur die Textur vom Typ ∞mm als real ansehen. Wir bemerken, daß jedoch auch bei der Bildung dieser Texturen recht harte Bedingungen gestellt werden müssen: die lineare Orientierung der elektrischen Achsen (wobei die „positiven" Enden in ein und dieselbe Richtung zeigen müssen) und die Orientierung der optischen Achse in einer Ebene.

Ungeachtet der geringen Realisierungsmöglichkeit für die betrachteten Texturtypen in der Natur muß man mit dem Auftreten des Piezoeffektes in einigen Quarzgesteinen rechnen. Am wahrscheinlichsten ist die Bildung von piezoelektrischen Texturen (die Quarz enthalten) mit der Symmetrie $\bar{6}2$ unter natürlichen Bedingungen. Solche Texturen entstehen, wenn die Quarzkristallite beider enantiomorphen Modifikationen parallel zu den optischen Achsen (ohne Drehung) orientiert sind. In der Textur wird eine lineare Orientierung der optischen Achsen der Körner vorliegen, wie sie in einigen Proben aus Naturgestein beobachtet wird. Wir betonen, daß allein aus der streifenförmigen (wie im Falle der Texturen vom Typ ∞mm) oder linearen (wie im Falle der Texturen vom Typ $\infty 2$) Orientierung der optischen Achsen nicht unbedingt folgt, daß die Textur piezoelektrisch ist. Dazu ist eine bestimmte Orientierung der elektrischen Achsen notwendig.

Man kann auch ohne besondere Schwierigkeiten Texturen, die andere piezoelektrische Kristallite enthalten, wie Turmalin, Sphalerit und Nephelin, betrachten.

Insbesondere aus Turmalin (Symmetriegruppe $3m$) kann man besonders einfach Texturen vom Typ ∞mm erhalten. Die Sphalerit-Kristalle (Symmetriegruppe $\bar{4}3m$) bilden nur dann piezoelektrische Texturen, wenn alle Kristallite parallel zueinander angeordnet sind (ebenfalls die Gruppe $\bar{4}3m$). Aus Nephelin (Symmetriegruppe 6) kann man am einfachsten Texturen vom Typ ∞ anfertigen. Die Existenz der eben genannten Texturen ist bereits nachgewiesen worden.

Die piezoelektrischen Eigenschaften von Naturgestein wurden zuerst mittels dynamischer Methoden (unter Verwendung eines Ultraschall-Seismoskopes) qualitativ untersucht. Der Piezoeffekt wurde an quarzhaltigem Naturgestein wie Granit, Gneisen, Quarziten und Gangquarzen mit Hilfe von statischen Methoden (Zusammendrücken der Probe mit einer Presse und gleichzeitiger Messung der Potentialdifferenz mit einem Elektrometer) qualitativ gemessen. Dabei wurde in erster Linie der Koeffizient des longitudinalen Piezoeffektes bestimmt. Angaben über die Größe des transversalen Piezoeffektes existieren praktisch noch nicht. Auch Angaben über die piezoelektrischen Koeffizienten bei Anliegen einer Scherspannung gibt es noch nicht. Wir betonen, daß zur Messung des Piezoeffektes an Naturgestein mit Hilfe von statischen Methoden eine äußerst gründliche Präparation der Proben erforderlich ist. Aus den Proben müssen sämtliche Verunreinigungen entfernt werden. Außerdem müssen sie so lange getrocknet werden, bis jegliche Feuchtigkeit entwichen ist.

Quantitative Resultate für Granitproben ergaben, daß der Piezoeffekt in kleinen grobkörnigen Proben kein für Texturen typisches Verhalten zeigt. Der Piezoeffekt wird in diesem Fall durch die nichtkompensierten einzelnen

Körner bestimmt. Um zuverlässige Angaben zu erhalten, muß man daher die Probengröße geeignet wählen, den Quarzgehalt, die Korngröße und den Grad ihrer Orientierung bezüglich der optischen Achse beachten.

Tabelle 8. Piezoelektrische Koeffizienten für Granite in ESE

Besonderheiten der Struktur und Nummer der Fundstätte	Probenvolumen in cm³	$d'_{33} \cdot 10^{10}$	$d'_{11} \cdot 10^{10}$	$d'_{22} \cdot 10^{10}$
grobkörnig (I)	108	0,7	0,6	0,1
	274	2,3	0,9	0,48
grobkörnig (II)	830	0,6	0,4	0,2
mittelkörnig (I)	200	1,6	1,5	1,2
mittelkörnig (II)	501	0,5	0,2	0,1
feinkörnig	137	0,7	0,4	−0,2
	334	0,6	0,4	0,1

In Tab. 8 sind piezoelektrische Koeffizienten wiedergegeben, die an hinreichend großen Granitproben gemessen wurden, so daß man den Piezoeffekt infolge der Texturbildung und nicht den Beitrag der nichtkompensierten Körner erhält. Das Koordinatensystem X', Y', Z' ist willkürlich. Aus der Tabelle folgt, daß der Piezoeffekt für Granite klein ist. Er beträgt nur (gemäß den piezoelektrischen Koeffizienten) ca. 0,1% des Piezoeffektes von Quarz. Gangquarz zeigt einen größeren Piezoeffekt als Granit. So beträgt der piezoelektrische Koeffizient d'_{33} in einer der Proben, deren Z'-Achse nahezu in Richtung der Texturachse (offenbar eine Achse unendlich hoher Ordnung) liegt, etwa 5% des Koeffizienten für Quarz. Die piezoelektrischen Koeffizienten d'_{11} und d'_{22} sind um eine Größenordnung kleiner als d'_{33}. Die Untersuchung der Orientierung der optischen Achsen ergab, daß sie eine (wenn auch nicht eindeutig ausgeprägte) streifenförmige Anordnung besitzen. Daraus kann man schließen, daß die Textur vom Typ ∞mm ist.

Bei den anderen Proben wurde eine achsenförmige Anordnung der optischen Achsen gefunden, die zusammen mit den piezoelektrischen Eigenschaften auf eine $\bar{6}2$ Symmetrie der Textur hinweist. Für solche Proben wurde der Piezoeffekt nicht nur in Richtung der Texturachse (der piezoelektrische Koeffizient d_{33}) gemessen, sondern auch senkrecht zu ihr die Koeffizienten d_{11} und d_{22}. Dabei wurden verschiedene Probenschnitte parallel zur Texturachse angefertigt. Als erste Orientierungen der Schnittflächen wurden diejenigen gewählt, die ein Maximum für den Koeffizienten d_{11} und ein Minimum für den Koeffizienten d_{22} ergaben. Danach wurden weitere Schnitte angefertigt, die um 5° usw. bezüglich der ersten Schnittebenen gedreht sind.

Es sei hier ein Beispiel für die Abhängigkeit der piezoelektrischen Koeffizienten von dem Drehwinkel der Schnittebene für Gangquarz mit einer achsenförmigen Orientierung der optischen Achsen wiedergegeben. Gangquarz stellt eine Substanz dar, bei der der größte Teil der Körner die Form eines plattgedrückten Ellipsoides mit mittleren Achsen von 0,07, 0,1 und 0,02 mm besitzen. Die Berechnung der Änderung des Piezoeffektes für die Klasse $\bar{6}2$ in der Ebene senkrecht zur Achse 3. Ordnung ergibt eine gute Übereinstimmung der relativen Änderungen der piezoelektrischen Koeffizienten mit dem Experiment. Letzteres erlaubt die Annahme, daß einige Proben aus Quarzit und Gangquarz tatsächlich piezoelektrische Texturen darstellen, die zur Gruppe $\bar{6}2$ gehören.

Drehwinkel der Schnittebene bezogen auf den Anfangszustand	d_{11}	d_{22}
0°	28	4
5°	23	10
10°	12	19
15°	7	24
20°	6	33

Neben quarzhaltigem Naturgestein wurde auch turmalin- und nephelinhaltiges Gestein mittels dynamischer Methoden untersucht. Der mit dieser Methode bestimmte

Wert des piezoelektrischen Koeffizienten d'_{33} für einen natürlichen Nephelineinkristall wird mit $4 \cdot 10^{-8}$ ESE angegeben. Der Piezoeffekt für nephelinhaltiges Gestein wie Apatititnephelin, Stolpenit, Urtit hat die gleiche Größenordnung wie für die Granite.

Die piezoelektrischen Eigenschaften von Naturgestein finden in der Geophysik praktische Anwendung. Gegenwärtig sind Verfahren für das Auffinden von Gangquarzen und Pegmatolithadern unter der Erde ausgearbeitet. Das Prinzip dieser Verfahren reduziert sich auf folgendes. Es werden elastische Wellen (z. B. durch eine Explosion) erzeugt, die beim Auftreffen auf das Gestein infolge des Piezoeffektes elektromagnetische Wellen anregen. Die elektrische Komponente dieser Wellen wird mit einer speziellen Apparatur registriert.

Einige Bemerkungen über den Piezoeffekt in Menschen- und Tierknochen. Gefasertes Holz und andere zellulosehaltigen Stoffe sind nicht die einzigen Materialien aus dem biologischen Bereich, die piezoelektrische Eigenschaften besitzen. Vor relativ kurzer Zeit wurde der Piezoeffekt an Knochen und Sehnen des Menschen und einiger Tiere beobachtet. Der Effekt wurde mit statischen und dynamischen Methoden quantitativ ausgemessen.

Man fand, daß die piezoelektrischen Eigenschaften der Sehnen und Knochen des Menschen, von Pferden und Kühen stärker ausgeprägt sind als die piezoelektrischen Eigenschaften von gefasertem Holz. Diese Materialien stellen piezoelektrische Texturen der Symmetrie ∞ dar und werden durch die erste der auf der Seite 189 angeführten Matrizen beschrieben.

Es ist intersesant, daß die Knochenachse und die Achse der Ordnung ∞ der Textur nicht zusammenfallen, sondern um einen Winkel (bis zu 10°) gegeneinander geneigt sind. Betrachtet man jedoch die natürliche räumliche Orientierung des einen oder anderen Knochen, so stellt sich heraus, daß die Achse der Ordnung ∞ der Textur etwa in Richtung senkrecht zur Erdoberfläche liegt.

Die piezoelektrischen Koeffizienten d_{14} und d_{25} der Knochen betragen etwa $6 \cdot 10^{-9}$ ESE. Für Sehnen sind diese Werte größer. Für eine der Proben besaßen sie die Werte

$$d_{14} = -8{,}2 \cdot 10^{-8}\,\text{ESE}, \quad d_{15} = 4{,}2 \cdot 10^{-8}\,\text{ESE},$$
$$d_{31} = 2 \cdot 10^{-9}\,\text{ESE}, \quad d_{33} = 2{,}6 \cdot 10^{-9}\,\text{ESE}.$$

Die Mikrostruktur der Knochen wird von dünnen Schichten aus Kollagenfibrillen gebildet, die beliebig im Sinne einer Rechts- oder Linksschraube gedreht sind. Die piezoelektrischen Eigenschaften der Knochen und Sehnen werden mit einer geordneten Anordnung der Kristallite der Kollagenfibrillen erklärt. Texturen mit der Symmetrie ∞ erlauben, daß die Kristallite zu den Gruppen 1, 2, 3, 4 und 6 gehören können. Um Texturen mit den oben genannten piezoelektrischen Eigenschaften in den Kristalliten der Gruppen 1 und 2 zu erhalten, ist ihre willkürliche Anordnung in der Ebene senkrecht zur Achse der Ordnung ∞ notwendig, bei der Bedingung, daß bestimmte Richtungen (die Richtung von P_{sp}) in den Kristalliten der Gruppe 1 und die Achse 2. Ordnung in den Kristalliten der Gruppe 2 in Richtung der Achse unendlich hoher Ordnung orientiert sind.

Durch Anfeuchten der Proben sinkt der Piezoeffekt (offenbar durch die Zunahme der Leitfähigkeit). Bei Erwärmung der Proben auf mehr als 100—120 °C verschwindet der Piezoeffekt, was durch das Schmelzen der Kristallite erklärt wird. Wir bemerken jedoch, daß auf Grund der Überlegungen, die bei der Beschreibung der piezoelektrischen Texturen aus gefasertem Holz angeführt wurden, eine kristalline Struktur in den Knochen und Sehnen nicht unbedingt notwendig ist für die Erklärung des Piezoeffektes. Diese Eigenschaften können auch durch eine bestimmte Ordnung der Eiweißmoleküle bewirkt werden.

Es wurde die Vermutung ausgesprochen, daß beim Piezoeffekt der Knochen und Sehnen Wasserstoffbindungen eine gewisse Rolle spielen können.

5.2. Elektrete

Elektrete sind armophe oder polykristalline Stoffe, bei denen eine durch ein äußeres elektrisches Feld erzeugte elektrische Polarisation (nach Abschalten des äußeren Feldes) erhalten bleibt. Solch eine Polarisation nennt man remanente Polarisation. Die Herausbildung einiger Elektrete ist mit einer thermischen Einwirkung auf die Substanz im elektrischen Feld verbunden. Elektrete, die auf diesem Wege hergestellt werden, nennt man manchmal Thermoelektrete.[1]) Eine remanente Polarisation kann auch infolge von Photoleitfähigkeit in der Substanz entstehen. Elektrete, die auf der Grundlage der Photoleitfähigkeit erhalten werden, werden bei Anwesenheit eines äußeren elektrischen Feldes belichtet. Solche Elektrete werden gewöhnlich als photoelektrische Elektrete bezeichnet.

Elektrete sind somit ebenso wie die Pyroelektrika und Ferroelektrika polarisierte dielektrische Substanzen. Während letztere spontan polarisiert sind, stellen die Elektrete Dielektrika mit einer „erzwungenen“ Polarisation dar, die (nach dem Abschalten der äußeren Einwirkung) erhalten bleibt.

Thermoelektrete. Die Entdeckung der Elektrete geschah in Verbindung mit der Suche nach dem elektrischen Analogon der Dauermagneten. Im Abschn. 1 wurden bereits einige Aspekte dieser Analogie betrachtet. Auf die mögliche Herstellung des elektrischen Analogons der Dauermagneten wies Ende des vergangenen Jahrhunderts der englische Physiker HEAVISIDE hin. Die Bezeichnung „Elektret“ wurde von ihm in die Fachliteratur eingeführt.

Die ersten erfolgreichen Versuche, bei denen Elektrete erhalten worden sind, wurde im Jahre 1922 von dem japanischen Physiker EGUCHI durchgeführt. Er fertigte das erste Elektret aus einem Gemisch von Karnauba-

---

[1]) Hier werden die Thermoelektrete häufig einfach als Elektrete bezeichnet.

wachs (Harz einer bestimmten Palmenart), Kolophonium und Bienenwachs an. Das Herstellungsverfahren für die ersten Elektrete war praktisch das gleiche wie in der Gegenwart für Elektrete aus organischen Harzen. Dem Herstellungsverfahren liegt die Tatsache zugrunde, daß man ein Elektret durch die leichte Drehbarkeit der elektrischen Dipole in der Substanz durch ein äußeres elektrisches Feld im geschmolzenen Zustand erreicht und anschließend diese Dipole im orientierten Zustand nach Abkühlung im elektrischen Feld „eingefroren“ werden. Eine Vorstellung über die Formierung thermischer Elektrete kann man anhand Abb. 71 erhalten. Bei den Ver-

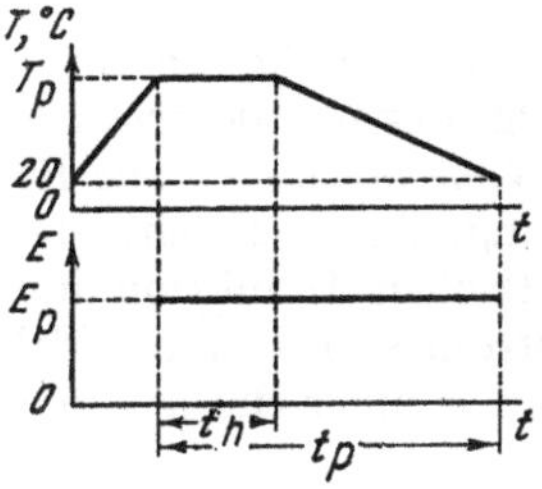

Abb. 71. Bildung von Thermoelektreten

T_p ist die Polarisationstemperatur, t_p ist die Polarisierungsdauer und t_h ist die Haltedauer, E_p ist das Polarisierungsfeld.

suchen von Eguchi wurde das Karnaubawachs bis auf 130 °C erhitzt. Die Dichte der Oberflächenladung σ' der erhaltenen Elektrete betrug $10^{-3}-10^{-2}$ μC/cm². Die Größe der Oberflächenladung blieb im Verlauf von einigen Jahren praktisch ungeändert.

Lange Zeit wurden die thermischen Elektrete aus solchen organischen Substanzen wie Kolophoniun, Harz und Bienenwachs hergestellt. Im Jahre 1953 wurden die ersten Elektrete aus Polymeren (Plexiglas, Neylon u. a.) angefertigt. Etwas später stellte man Elektrete aus Naphthalin, Schwefel und Hartgummi her. Erst im Jahre 1956 erhielten A. N. Gubkin und G. J. Skanavi die ersten Elektrete aus anorganischen keramischen Materialien ($CaTiO_3$, $MgTiO_3$ u. a.).

Ausgehend von den ersten Untersuchungen nahm man

an, daß Elektrete nur aus Dielektrika mit festen elektrischen Dipolen und einer kleinen elektrischen Leitfähigkeit (10^{-16}—10^{-18} $\Omega^{-1} \cdot cm^{-1}$) hergestellt werden können. Später fand man im Zusammenhang mit der Entdeckung von Restladungen in den Elektreten, die im Volumen der Elektrete verteilt sind, daß die Anwesenheit einer Ionenleitung in den Ausgangssubstanzen für die Elektrete wichtig ist. Da man jedoch auch aus nichtpolaren keramischen Dielektrika, die eine relativ hohe elektrische Leitfähigkeit (10^{-10}—10^{-1} $\Omega^{-1} \cdot cm^{-1}$) besitzen, Elektrete erhalten kann, folgt, daß die Klasse von Substanzen, aus denen man Elektrete herstellen kann, sehr groß ist und die wesentlichen Eigenschaften der Elektret-Materialien nur schwer bestimmbar sind.

Weiter oben wurde bereits ein Beispiel für die Größe der Oberflächenladungsdichte infolge der Restpolarisation der Elektrete angegeben. Es gibt viele Methoden zur Bestimmung dieser Oberflächenladung. Am verbreitetsten sind die Methode der elektrostatischen Induktion und die Messung des Depolarisationsstromes. Im ersten Fall wird die Oberflächenladungsdichte σ' über die an einer

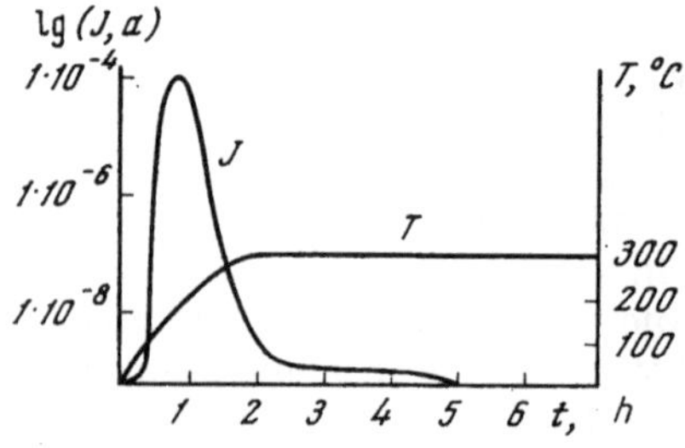

Abb. 72. Abhängigkeit des Depolarisationsstromes J von der Zeit t und der Temperatur T für ein keramisches Elektret aus $CaTiO_3$

Elektrode (die sich unweit von der Oberfläche des Elektretes befindet) induzierte Ladung σ_{ind} gemessen. Bei einer Änderung der Spaltbreite fließt im äußeren Stromkreis ein Strom, aus dessen Größe man den Wert σ' berechnen kann. Bei der Depolarisationsmethode wird die Stromänderung gemessen, die beim Abbau der Restladung infolge von Erwärmung im äußeren Stromkreis auftritt. Eine Vorstellung über die Temperaturabhängigkeit des Depolarisationsstromes kann man anhand Abb. 72 erhalten. Aus der Größe der Fläche unterhalb der Stromkurve bestimmt man die Ladung, die im Elektret als Folge der Polarisation erhalten wird. Aus dieser Ladung folgt dann die Oberflächenladungsdichte σ'. Die nach dieser Methode gemessenen σ'-Werte betragen für Elektrete aus Karnaubawachs $\sim 10^{-1}\,\mu C/cm^2$ und für keramische Elektrete $10-10^2\,\mu C/cm^2$. Diese Werte liegen in den gleichen Grenzen wie die Werte $P_{sp} = \sigma'$ für Pyroelektrika und Ferroelektrika.

Die Restladung σ' bestimmt das äußere und innere elektrische Feld des Elektretes. Für ein ebenes offenes (freies) Elektret mit Elektroden, deren lineare Ausdehnung wesentlich größer als der Abstand zwischen ihnen ist, wird das Feld außerhalb des Elektretes Null ($E_e = 0$). Das Feld im Inneren des Elektretes E_i hängt in diesem Falle von der Größe σ' und der Dielektrizitätskonstanten ε des Elektretes ab. Da eine Ladung σ' im Vakuum die Feldstärke (s. 1.3)

$$E_0 = 4\pi\sigma' \tag{5.7}$$

erzeugt, folgt, daß die Feldstärke in einem Medium mit der Dielektrizitätskonstanten ε um das ε-fache geringer ist:

$$E_i = 4\pi\,\frac{\sigma'}{\varepsilon}. \tag{5.8}$$

Ein freies Elektret endlicher etwa gleich großer Ausdehnung in allen drei Dimensionen besitzt ein Streufeld (s. Abb. 12). Das bedeutet, daß für solch ein Elektret das äußere Feld nicht überall verschwindet. Es kann insbesondere an den Rändern Werte annehmen, die mit dem Feld innerhalb des Elektretes vergleichbar sind.

In einem elektrisch kurzgeschlossenenen Elektret ist das Feld der Restladung σ' durch freie Ladungen $\sigma_0 = \sigma'$ neutralisiert. In diesem Fall ist das Feld innerhalb und außerhalb des Elektretes Null.[1])

Von besonderem Interesse ist ein Elektret mit einem Luftspalt zwischen der einen Elektrode und der Elektretoberfläche (die andere Elektrode hat in diesem Fall einen engen Kontakt mit der anderen Oberfläche des Elektretes). Offensichtlich wird im Falle eines hinreichend schmalen Luftspaltes (Abb. 73) an der kontaktlosen

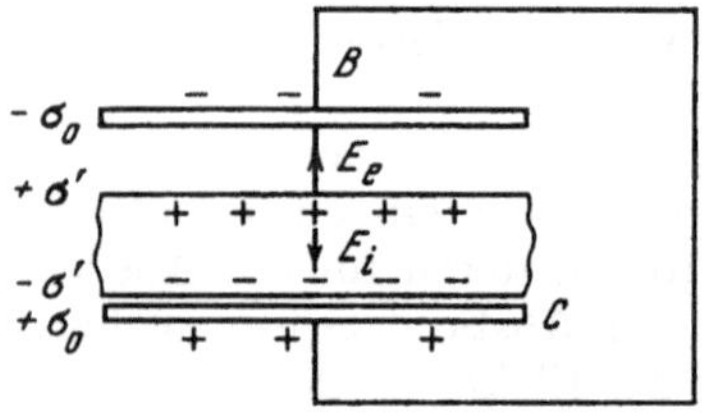

Abb. 73. Elektrisches Feld in einem Elektret mit einem Spalt

Elektrode eine Ladung σ_0 induziert, die dem Wert von σ' nahekommt. Im Luftspalt wird die Feldstärke etwa den Wert

$$E_e = E_0 = 4\pi\sigma_0 \tag{5.9}$$

annehmen.

Mit wachsender Spaltbreite verringert sich die Ladung σ_0. Bei einer hinreichend großen Spaltbreite wird sich die Feldstärke E_e im Spalt dem Wert Null nähern.

Das Feld innerhalb des Elektretes und im Luftspalt kann auch bei kleinen σ'-Werten groß sein. So beträgt z. B. für $\sigma' = 10^{-2}\ \mu C/cm^2$ und $\varepsilon = 10$ das Feld in einem ausgedehnten dünnen Elektret die Feldstärke 10 kV/cm

[1]) Die remanente Polarisation wird in diesem Fall durch die freien Ladungen verschleiert, verschwindet aber nicht. Wenn man die freien Ladungen entfernt, kann man erneut die remanente Polarisation der Elektrete nachweisen und messen und die ihr entsprechende Feldstärke berechnen.

und in einem sehr engen Luftspalt etwa 100 kV/cm. Die angeführten Besonderheiten des Feldes in den Elektreten müssen bei ihrer Aufbewahrung und Anwendung beachtet werden.

Die Untersuchungen zeigen, daß die Polarisation der Elektrete ein Volumeneffekt ist. Zerschneidet man ein Elektret parallel zu seiner Ebene in zwei Teile, so erhält man stets zwei Elektrete. Der Volumeneffekt der Polarisierung in den Elektreten kann sowohl im „Einfrieren" der Dipole im gesamten Volumen als auch in der Fixierung der verschobenen Ionen seine Ursache haben. Im letzten Fall können die zwei Hälften zunächst Ionen nur eines Vorzeichens enthalten. Das Feld dieser Ionen bewirkt aber dank der äußeren Ladungen einen Zustand, der dem Anfangszustand (als das Elektret noch nicht zerteilt war) nahekommt.

Bereits im ersten Abschnitt haben wir bei der Erörterung der Analogie zwischen den elektrischen Stoffen (Elektreten) und den Dauermagneten darauf hingewiesen, daß die Elektrete letzten Endes depolarisiert werden. Das bedeutet jedoch nicht, daß der Elektretzustand in ihnen zerstört wird. Die Depolarisierungszeit wird in erster Linie durch die Leitfähigkeit des Elektretes bestimmt.

In diesem Zusammenhang betonen wir vor allen Dingen, daß auf der Oberfläche der Elektrete Ladungen beiderlei Vorzeichens auftreten können: sogenannte Heteroladungen und Homoladungen. Heteroladungen — das sind an die Oberfläche des Elektretes gebundene Ladungen, die sich bei der Formierung des Elektretes bilden. Sie besitzen das zur Elektrode (die bei der Formierung angeschlossen ist) entgegengesetzte Vorzeichen. Homoladungen — das sind freie Ladungen, die in einem bestimmten Maße die Heteroladungen abschirmen. Das Vorzeichen der Homoladungen stimmt mit dem Vorzeichen der Elektroden überein, die bei der Formierung des Elektretes angeschlossen waren. Auf diese Weise ist verständlich, warum die Ladung eines Elektretes aus

Karnaubawachs, gemessen mit der Methode der elektrostatischen Induktion, kleiner ist als bei der Bestimmung aus dem Depolarisationsstrom bei Erwärmung. Im ersten Fall wird faktisch nicht die gesamte Restladung (Heteroladung), sondern die Differenz zwischen der Hetero- und der (freien, abschirmenden) Homoladung gemessen.

Das Verhältnis zwischen der Hetero- und der Homoladung ändert sich mit der Zeit. Für verschiedene Elektrete ist diese Zeitabhängigkeit dabei verschieden. In einigen Elektreten wird nach der Polarisation eine Heteroladung beobachtet, die allmählich bis auf den Wert Null sinkt (Abb. 74a). In anderen Elektreten tritt

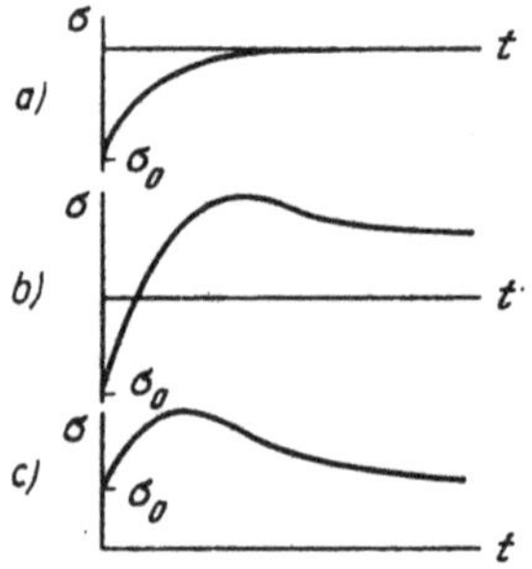

Abb. 74. Zeitabhängigkeit der Elektretladung nach der Polarisierung

nach einem schnellen Abfall der Ladung auf Null eine Homoladung auf, die lange Zeit erhalten bleibt (Abb. 74b). Es gibt auch Elektrete, in denen sofort eine Heteroladung entsteht, die zunächst wächst und dann langsam abnimmt (Abb. 74c). Elektrete, bei denen nur abnehmende Heteroladungen auftreten, entstehen in polarisierenden Feldern von 5 kV/cm. Bei Feldern größer als 10 kV/cm bilden sich Elektrete, die nur Homoladungen besitzen (dritter Fall). In Feldern zwischen 5und 10 kV/cm entstehen Elektrete, bei denen die Heteroladung allmählich in eine Homoladung übergeht. Solch eine Abhängigkeit des Feldes der Ladungen von der Größe des polarisierenden Feldes (sie ist nicht immer erfüllt) liegt darin begründet, daß die Ladungen aus den Elektroden oder die Ionen aus dem Spalt bei schwachen Feldern nicht zum Dielektrikum übergehen. In starken Feldern kommen solche Ladungsübergänge bereits während des Polarisierungsprozesses vor.

Die verschiedenen Elektrete konservieren die Restladungen auf unterschiedliche Weise. Elektrete aus Karnaubawachs besitzen eine Lebensdauer von einigen Jahren. Keramische Elektrete behalten ihre Ladungen ungefähr zwei Jahre. Elektrete aus Polymeren sind weniger stabil (einige Monate). Einige Elektrete können im kurzgeschlossenen Zustand besser konserviert werden. Das innere Feld eines solchen Elektretes ist, wie bereits angemerkt wurde, Null, weshalb keine Entladung infolge der inneren Leitfähigkeit eintreten kann. Die Lebensdauer der Elektrete hängt auch von solchen äußeren Bedingungen wie ionisierende Strahlung, Feuchtigkeit, Temperatur usw. ab.

Gegenwärtig ist die phänomenologische Theorie der thermischen Elektrete gut ausgearbeitet. Diese Theorie geht von der Existenz einer großen und langsam abnehmenden remanenten Polarisation im Elektret aus. Die „Abklingzeit“ der remanenten Polarisation bestimmt die Lebensdauer des Elektretes. Die freien Ladungen innerhalb und außerhalb der Elektretes können sich nur unter dem Einfluß des Feldes der Restladungen ändern. Das Verhältnis zwischen der Abklingzeit der remanenten Polarisation und der Leitfähigkeit des Elektretes bestimmt die Lebensdauer des letzteren.

Aus der Theorie folgt, daß für Elektrete mit einer schnell abnehmenden remanenten Polarisation und mit einer kleinen elektrischen Leitfähigkeit die Lebensdauer des Elektretes durch die Leitfähigkeit bestimmt wird. Unter entsprechenden Bedingungen kann der Ladungsabfall von einer Vorzeichenänderung der Ladung begleitet werden. Elektrete dieses Typs sind z. B. Elektrete aus Polystyrol, Teflon und anderen Materialien.

Für Elektrete mit einer großen Abklingzeit der remanenten Polarisation und mit einer relativ großen elektrischen Leitfähigkeit wird umgekehrt die Lebensdauer des Elektretes durch erstere bestimmt. In diesem Fall entstehen unmittelbar nach der Herstellung des Elektretes auf seiner Oberfläche freie Ladungen und neutralisieren die Restladung. Danach nimmt die Restladung allmählich ab. Wegen des langsameren Abfalls der Restladung im Vergleich zum Abfall der gebundenen Ladung stellt sich eine stabile von Null verschiedene Homoladung des Elektretes ein. Diese Ladung ist somit das Ergebnis eines dynamischen Gleichgewichtes zwischen freien und gebundenen Ladungen. Ihr Wert beträgt ungefähr 10^{-3} $\mu C/cm^2$. Beispiele für solche Elektrete sind die keramischen Elektrete, die gegenüber einem Kurzschließen unempfindlich sind.

Von einem formalen Standpunkt aus betrachtet, stellen die thermischen Elektrete polare piezoelektrische Texturen dar.[1]) Die thermischen Elektrete müssen zur Symmetriegruppe ∞ oder ∞mm gehören. Solche Texturen besitzen pyro- und piezoelektrische Eigenschaften. Im Prinzip kann in den Elektreten sowohl der wahre als auch der pseudo-pyroelektrische Effekt auftreten. Als eine triviale Form des wahren irreversiblen pyroelektrischen Effektes in Elektreten kann man die teilweise Zerstörung ihrer remanenten Polarisation bei Erwärmung betrachten. Einfach zu verstehen ist auch der pseudopyroelektrische Effekt, der in einer Änderung der remanenten Polarisation infolge einer Geometrieänderung in Abhängigkeit von der Temperatur (praktisch also infolge des Piezoeffektes) besteht.

Der Piezoeffekt ist in Thermoelektreten nachgewiesen worden. Er ist relativ schwach, da er von Ladungen verursacht wird, die um zwei Größenordnungen kleiner

---

[1]) Aus den gleichen Gründen kann man die polaren piezoelektrischen Texturen (die sowohl zu der Gruppe ∞ als auch ∞ mm gehören) als Elektrete bezeichnen.

sind, als das in den gewöhnlichen piezoelektrischen Materialien der Fall ist.

Die thermischen Elektrete haben bestimmte praktische Anwendungen gefunden. Die wichtigste Anwendung gründet sich auf eine entsprechende Stromerzeugung im äußeren Netz, wenn eine der Elektroden in der Nähe der Elektretoberfläche schwingt. Hierzu gehört das elektronische Mikrophon. Auf der Grundlage des gleichen Prinzips baute man Vibrationsmesser. Mit Hilfe von Elektreten kann man Kondensatoren bis zu relativ hohen Spannungen aufladen, indem man wiederholt die an der beweglichen Elektrode induzierte elektrische Ladung abführt. Im elektrischen Feld eines Elektretes kann man einen Elektronenstrahl ablenken. Weiterhin kann das Feld eines Elektretes zur Auslenkung eines Elektrometerfadens benutzt werden, aus der man dann die anliegende Potentialdifferenz bestimmen kann. Das sind nur einige der möglichen Anwendungen.

Fotoelektrete. Für die Elektrete ist ein Zustand mit einer remanenten Polarisation charakteristisch. Dieser Zustand kann bei bestimmten Bedingungen in einigen Kristallen über die Fotoleitfähigkeit erzeugt werden. Solche Elektrete werden im Unterschied zu den gewöhnlichen Thermoelektreten allgemein als Fotoelektrete bezeichnet. Die ersten Arbeiten, die sich mit der Herstellung und Untersuchung von Fotoelektreten befaßten, wurden im Jahre 1937 von G. NADSHAKOVY an monokristallinem Schwefel durchgeführt.

Wie auch im Fall der thermischen Elektrete wird bei der Herstellung der Fotoelektrete der fotoleitende Kristall in ein elektrisches Feld gebracht. Dabei wird er gleichzeitig durch eine der Elektroden, die durchsichtig oder halbdurchsichtig ist, belichtet (Abb. 75). Bei solchen Bedingungen entstehen durch die Lichteinwirkung im Kristall freie elektrische Ladungsträger, die durch das elektrische Feld wandern und an Haftstellenniveaus (z. B. an Gitterdefekten) lokalisiert werden. Nach der Erzeugung der Polarisation im Kristall wird die Belichtung unterbrochen und das polarisierende Feld abgestellt. Die erzeugte Polarisation (Fotopolarisation) kann bei Lagerung des Kristalles in Dunkelheit ziemlich lange aufrechterhalten werden. So fällt die auf fotoelektrischem Wege erzeugte Ladung bei polykristallinem Schwefel im Verlauf von 10 Tagen auf etwa 75% des Anfangswertes ab.

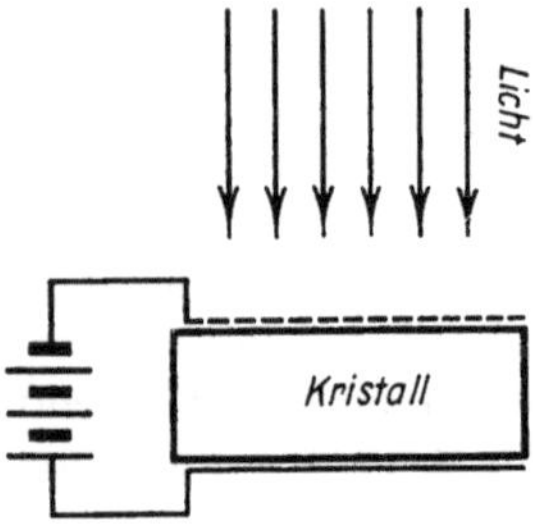

Abb. 75. Prinzipielles Schema einer Apparatur zur Erzeugung einer Fotopolarisation in einem Kristall

Eine stabile Fotopolarisation kann nicht in allen Kristallen erzeugt werden. Vor allen Dingen muß der Kristall eine Fotoleitfähigkeit besitzen. Damit der polarisierte Zustand eine entsprechende Zeit erhalten bleibt, muß der Kristall außerdem tiefe Haftstellenniveaus besitzen. Nur unter diesen Bedingungen werden die bei der Fotopolarisation entstandenen Ladungszentren durch thermische Anregungen mit anschließender Rekombination nicht zerstört (oder werden nur sehr langsam zerfallen). Kristalle, in denen eine Fotopolarisation existiert, besitzen im allgemeinen eine bipolare Fotoleitfähigkeit. Offensichtlich ist in diesem Fall für die Entstehung einer stabilen Fotoleitfähigkeit eine Lokalisierung der positiven und negativen Ladungsträger notwendig.

Eine wichtige Bedingung für die Existenz einer stabilen Fotopolarisation ist das Vorhandensein von Sperrkontakten im Kristall, die eine Injektion von freien Ladungsträgern aus den Elektroden in den Kristall ausschließen. Sind alle diese Bedingungen erfüllt, so entsteht die Polarisation des Fotoelektretes infolge einer Teilung der Ladungsträger mit entgegengesetztem Vorzeichen. Der Kristall bleibt dabei praktisch elektrisch neutral. Die Ladungen der Fotopolarisation an der Elektretoberfläche haben unter diesen Bedingungen zu den polarisierenden Elektroden entgegengesetzte Vorzeichen und können als Heteroladungen bezeichnet werden.

Sowohl während des Polarisierungsprozesses als auch nach seiner Beendigung können sich am Fotoelektret Heteroladungen oder Homoladungen bilden. Die Homoladung entsteht als Folge einer durchgehenden Leitfähigkeit des Kristalles oder durch Ladungsträgerinjektion von den Elektroden, aus dem Spalt zwischen Elektrode und Kristall u. a. m. Allgemein wird die Ladung des Fotoelektretes (wie auch bei den Thermoelektreten) durch die Differenz zwischen Heteroladungen und Homoladungen bestimmt. Die Lebensdauer des Elektretzustandes wird im Falle der Fotoelektrete letztlich durch die Lebensdauer der durch die Heteroladungen verursachten Polarisation festgelegt. Die Rolle der Homoladungen ist in den Fotoelektreten im Vergleich zu den Thermoelektreten im allgemeinen weniger wichtig.

Die mögliche Erzeugung einer stabilen Fotopolarisation ist gegenwärtig für Kristalle aus Schwefel, Kadmiumsulfat, Kaliumbichromat, additiv gefärbte Kaliumchlorid-Kristalle u. a. gesichert. Bei der Mehrzahl von ihnen sind die Natur und die Besonderheiten der Fotopolarisation untersucht worden.

Die Größe der Ladung des Fotoelektretes hängt von der Intensität und der Wellenlänge des zur Fotopolarisation verwendeten Lichtes, von der Belichtungszeit und von dem Wert der angelegten Feldstärke ab. Die Ladung der Fotoelektrete wird mit den gleichen Methoden wie im Falle der thermischen Elektrete gemessen. Bei der Untersuchung der Ladung eines Schwefelkristalles in Abhängigkeit von der Belichtungszeit fand man, daß der Sättigungswert der Ladung (ausgedrückt durch den anfänglichen Depolarisationsstrom) unter bestimmten Bedingungen nicht von der Intensität des verwendeten Lichtes abhängt. Das bedeutet, daß die Ladung dieses Fotoelektretes unter diesen Bedingungen eine Funktion der Größe $J \cdot t$ ist (wo J die Lichtintensität und t die Polarisationsdauer bedeuten) und nicht von jeder Größe einzeln (J und t) abhängt. Bei Kristallen, die diese Bedingung erfüllen, kann man somit gleiche Ladungen erhalten, indem man die Intensität J und die Polarisationsdauer t verwendet, die doppelte Lichtintensität benutzt, das äußere Feld nur die halbe Zeit einwirken läßt usw. In Abb. 76 ist als Beispiel die Feldabhängigkeit der La-

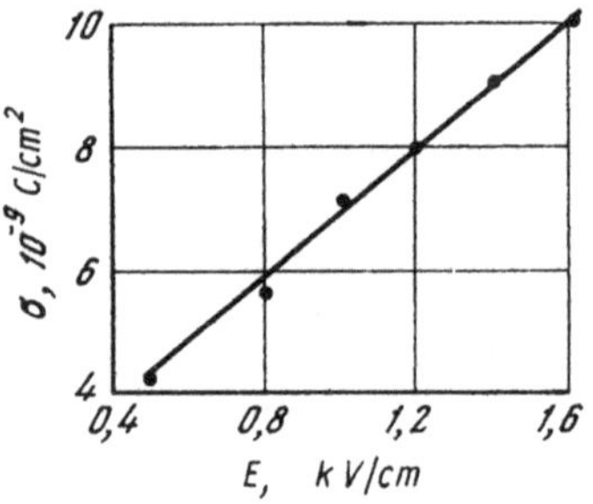

Abb. 76. Abhängigkeit der Ladung eines Fotoelektretes aus einem Schwefeleinkristall von der Größe des polarisierenden Feldes. Die Polarisierungszeit beträgt 10 min und die Beleuchtung während der Polarisierung 10^{-4} W/cm²

dung eines Schwefelelektretes angegeben. An der Abbildung ist zuerkennen, daß die Ladung des Elektretes in einem weiten Bereich proportional zur Feldstärke verläuft.

Die Heteroladung in den Fotoelektreten kann über das gesamte Kristallvolumen verteilt sein (Abb. 77a). In einigen Fällen ist die Heteroladung der Fotoelektrete in einer Schicht nahe der Elektrode konzentriert (Ladungsbarriere Abb. 77b). Der unterschiedliche Charakter in der Ladungsverteilung in den Fotoelektreten wird letzten Endes durch den Auffüllungsgrad der Haftstellenniveaus bestimmt. Das Auftreten einer Ladungsbarriere entspricht dem Fall einer geringen Auffüllung der Haftstellenniveaus. Bei einer räumlichen Ladungsverteilung sind umgekehrt die Haftstellenniveaus stark aufgefüllt. Auf die Art der Ladungsverteilung in den Fotoelektreten können die durchgängige Leitfähigkeit und die Homoladung Einfluß haben. Insbesondere wurde gezeigt, daß in einigen Kristallen (Kaliumbichromat, CdS u. a.) bei Anwesenheit von Sperrkontakten[1]) eine Ladungsbarriere (von Heteroladungen) entsteht und bei fehlenden Sperrkontakten infolge der Durchgangsleitfähigkeit oder von Ladungsträgerinjektion eine räumliche Verteilung von Homoladungen.

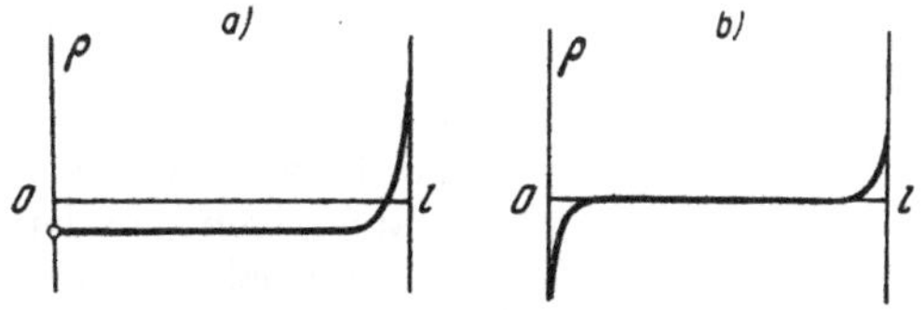

Abb. 77. Volumenartige (*a*) und barrierenartige (*b*) Ladungsverteilung in einem Fotoelektret

Wie die polaren piezoelektrischen Texturen (die ihrer Symmetrie nach zu einer der Untergruppen ∞mm gehören) müssen auch die Fotoelektrete (wie übrigens auch polykristalline) piezoelektrische Eigenschaften besitzen. Diese Eigenschaften wurden an Fotoelektreten aus monokristallinem Schwefel und Anthrazen gefunden. Für Anthrazenkristalle mit einer Elektretladung von $\sigma = 0{,}6\ \mu C/cm^2$ beträgt der piezoelektrische Koeffizient d_{23} (als Achse Nr. 3 wurde die Richtung der Fotopolarisation gewählt) $4{,}7 \cdot 10$ ESE.

Offensichtlich ist es auch möglich, den wahren irreversiblen Pyroeffekt in den Fotoelektreten zu untersuchen. Der Pyroeffekt wird in diesem Fall durch die Temperaturabhängigkeit der remanenten Fotopolarisation bestimmt. Wie bereits bemerkt wurde, kann die Erhitzung des Kri-

---

[1]) Sperrkontakte kann man auch auf künstlichem Wege schaffen, indem man zwischen den Kristall und die Elektroden Glimmerplättchen bringt.

stalles zu einem „thermischen Ausglühen", zu einer Änderung der Leitfähigkeit usw. führen.

Im Prinzip können die Fotoelektrete in ähnlichen Apparaturen eingesetzt werden wie auch die thermischen Elektrete. Die Besonderheit der ersteren besteht jedoch darin, daß sie nur bei Dunkelheit verwendet werden können. Diese Besonderheit eröffnet andererseits die Möglichkeit, die Fotoelektrete als lichtempfindliche Schichten zu benutzen. Der „Fotografie" mit Fotoelektreten liegt die Möglichkeit der Ladungsneutralisierung an den belichteten Stellen zugrunde.

Die „Entwicklung" der belichteten Fotoelektrete geschieht mit Hilfe von elektrisch aufgeladenem Pulver, das nur die Teile des Elektretes bedeckt, die ihre Ladung behalten haben. Mit Hilfe der Fotoelektrete kann man nicht nur mit Licht „Fotografien" anfertigen, sondern auch mit geladenen Teilchen. Die Grundprinzipien dieser „Fotografie" sind ganz analog wie die oben angeführten.

6. Steuerung eines Laserstrahles (Elektrooptischer Effekt)

Verschiedene physikalische Erscheinungen erweisen sich häufig als sehr eng miteinander verknüpft. Wir sahen, wie die elektrische Polarisation mit thermischen und mechanischen Einwirkungen (pyroelektrischer und piezoelektrischer Effekt) zusammenhängt. Die elektrische Polarisation beeinflußt viele optische Eigenschaften der Kristalle, und ihre Änderung (unter der Wirkung eines äußeren oder eines spontanen Feldes) führt zu einer Änderung der optischen Eigenschaften der Kristalle. Erscheinungen, die durch eine Verknüpfung der elektrischen und der optischen Eigenschaften der Kristalle beruhen, heißen elektrooptische Erscheinungen. In einigen Kristallen ist diese Verknüpfung ziemlich stark ausgeprägt, was die Anwendung ihrer optischen Eigenschaften in der Praxis ermöglicht. Diese Anwendung wurde besonders in letzter Zeit im Zusammenhang mit der Entwicklung der Quantenelektronik erweitert. Elektrooptische Kristalle verwendet man zur Steuerung von sehr starken Quellen kohärenten Lichtes (Quantengeneratoren), den Lasern.

Die elektrooptischen Erscheinungen (Effekte) in Kristallen werden erst seit relativ kurzer Zeit intensiv untersucht. Die grundlegende Theorie des linearen elektrooptischen Effektes wurde von POCKELS im Jahre 1894 aufgestellt. Er führte schon in den 90iger Jahren des vergangenen Jahrhunderts erste experimentelle Untersuchungen dieser Erscheinung durch. Lange Zeit jedoch wurde der elektrooptische Effekt wenig untersucht und wurde nur ganz begrenzt angewendet. Hauptursache dafür war, daß sehr hohe elektrische Spannungen (einige zehn bis einige hundert Kilovolt) nötig sind, um einen deutlich spürbaren Effekt zu erhalten. Die elektrooptischen Erscheinungen in Kristallen bilden ein spezielles Wissensgebiet, das schon ziemlich weit ausgearbeitet ist. Hier werden wir nur die wichtigsten Erkenntnisse auf diesem Gebiet betrachten und dabei unser Hauptaugenmerk auf die physikalische Interpretation der elektrooptischen Erscheinungen richten.

6.1. Allgemeines zu den elektrooptischen Erscheinungen

Der Charakter der Wechselwirkung zwischen den elektromagnetischen Lichtwellen und einem Dielektrikum (Brechung des Lichtes, Reflexion, Durchdringungsgeschwindigkeit u. ä.) wird durch die Wechselwirkung zwischen dem Licht und den geladenen Teilchen des Dielektrikums bestimmt. Diese Teilchen werden durch das elektrische Feld der Lichtwelle verschoben und zu Schwingungen angeregt. Der Grad der Verschiebung dieser Teilchen wird selbstverständlich durch die Polarisierbarkeit des Stoffes charakterisiert, die durch die Größen α (Polarisierbarkeit) oder ε (Dielektrizitätskonstante) beschrieben wird. Durch eine Polarisation in einem äußeren Feld ändert sich die Bewegungsfreiheit der Teilchen, und damit ändern sich auch die elektrooptischen Eigenschaften des Stoffes. Wenn man von den optischen Eigenschaften spricht, denkt man vor allem an den Brechungsindex n für Licht. Im sichtbaren Teil des Spektrums wird die Wechselwirkung zwischen Licht und Materie hauptsächlich durch die Elektronen bestimmt. Deshalb ist der Zusammenhang zwischen den Größen ε (oder α) und n in Substanzen, die nur durch Elektronenverschiebung polarisiert werden (wie Diamantkristalle, Glas, Plexiglas u. a.), für diesen Teil des Spektrums verhältnismäßig einfach. In diesem Fall hat die Beziehung zwischen ε und n die Gestalt

$$n^2 = \varepsilon . \qquad (6.1)$$

Die Eigenschaft der Kristalle, daß sie unter der Wirkung eines elektrischen Feldes ihren Brechungsindex (d. h. ihre Dielektrizitätskonstante) ändern können, nennt man also elektrooptischen Effekt. Dabei ist es zweckmäßig zu sagen, daß ein Kristall einen starken elektrooptischen Effekt zeigt, wenn sich die Größe seines Brechungsindexes unter der Wirkung eines Feldes stark ändert.

Die optischen Eigenschaften eines Kristalles beschreibt man am günstigsten durch den sog. Brechungsindexellipsoid. Dieser ist eine Fläche, deren Hauptpole gleich den Brechungsindizes sind. Für isotrope Medien entartet der Ellipsoid zur Kugel (Abb. 78a), denn in diesem Fall ist n für alle Richtungen gleich. Die Kugel beschreibt die optischen Eigenschaften aller kubischen Kristalle, kubische Kristalle sind optisch isotrop. Für Kristalle der mittleren Systeme (tetragonale, hexagonale und rhomboedrische) ist der Brechungsindexellipsoid ein Rotationsellipsoid. Dieser Ellipsoid kann längs der Drehachse sowohl auseinandergezogen (Abb. 78b) als auch gestaucht sein. Die Drehachse des Ellipsoids fällt mit der Achse der höchsten Ordnung im Kristall (4, $\bar{4}$, 6, $\bar{6}$, 3, $\bar{4}$)

zusammen. Für die Kristalle der niederen Systeme (rhombische, monokline und trikline) ist der Brechungsindexellipsoid ein Ellipsoid allgemeiner Form (Abb. 78c), ein

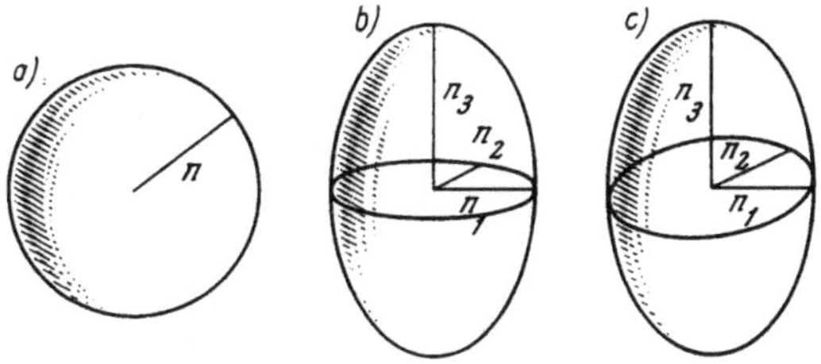

Abb. 78. Brechungsindexellipsoid in Kristallen

a — Kugel für kubische Kristalle und andere isotrope Medien; *b* — Rotationsellipsoid für Kristalle der mittleren Systeme $n_1 = n_2$; *c* — dreiachsiger Ellipsoid für Kristalle der niederen Systeme

dreiachsiger Ellipsoid. Die optischen Eigenschaften der Kristalle der mittleren Systeme werden durch zwei Hauptwerte des Brechungsindexes beschrieben (einer in Richtung der Drehachse, der andere in einer dazu senkrechten Richtung). Die Kristalle der niederen Systeme werden durch drei Hauptwerte des Brechungsindexes charakterisiert (in den drei zueinander senkrechten Richtungen des Hauptachsensystems für den Tensor ε).

Das Anlegen eines elektrischen Feldes führt dazu, daß sich ε (und damit auch n) für den Kristall ändert. Die Änderung kann man sich anschaulich als eine „Deformation" des Brechungsindexellipsoids vorstellen. So wird zum Beispiel ein kubischer Kristall, der vorher optisch isotrop war, durch Anlegen eines elektrischen Feldes optisch einachsig; die Kugel wird dabei zum Rotationsellipsoid. Legt man an einen Kristall der mittleren Systeme ein Feld an, das nicht in Richtung der Drehachse zeigt, wird aus dem optisch einachsigen Kristall ein optisch zweiachsiger (aus dem zweiachsigen Ellipsoid wird ein dreiachsiger).

Aus dem eben Gesagten wird eine der wichtigsten Anwendungen der Elektrooptik klar, die Verwendung isotroper Medien als optischer Verschluß. Das klassische Beispiel ist die KERR-Zelle. Ein Verschluß mit einer KERR-Zelle ist in Abb. 79 schematisch dargestellt. Liegt an der Zelle

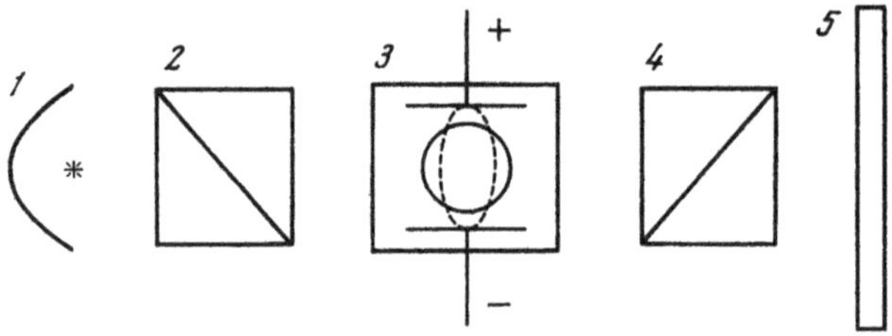

Abb. 79. Schematische Darstellung einer KERR-Zelle

1 – Lichtquelle; 2 – erster Polarisator; 3 – Zelle mit Nitrobenzol; 4 – zweiter Polarisator; 5 – Schirm. Die Deformation des Brechungsindexellipsoids von Nitrobenzol nach dem Anlegen des Feldes ist punktiert eingezeichnet.

(einem kleinen mit Nitrobenzol gefüllten Gefäß) kein elektrisches Feld an, durchdringt das Licht auf seinem Weg von der Lichtquelle zum Schirm zwei gekreuzte Polarisatoren. In diesem Fall steht die Schwingungsebene des elektrischen Vektors, der von dem einem Polarisator durchgelassen wird, senkrecht auf der Ebene, in der der zweite Polarisator das Licht durchläßt. Legt man ein elektrisches Feld an, wird aus dem isotropen Nitrobenzol ein optisch einachsiges Medium, in dem sich jetzt zwei Wellen ausbreiten (entsprechend den beiden Brechungsindizes in dem neuen Zustand). Diese beiden Wellen sind senkrecht zueinander polarisiert. Daraus folgt, daß in diesem Fall das Licht den zweiten Polarisator (wenn auch nur teilweise) durchdringen und auf den Schirm gelangen kann. Es ist interessant, daß genau auf diesem Prinzip einer der ersten Tonfilmapparate aufgebaut war. Flüssigkeits-(Nitrobenzol-)verschlüsse werden selten verwendet; sie sind durch Kristallmodulatoren ersetzt worden.

Die Gleichungen für den linearen elektrooptischen Effekt. Zur Beschreibung des elektrooptischen Effekts stellt man eine analytische Beziehung zwischen dem Feld und der sogenannten Polarisationskonstanten a auf und nicht zwischen dem Brechungsindex und dem Feld. Die Größen a und n sind durch folgende Beziehung miteinander verknüpft:

$$a = 1/n^2. \tag{6.2}$$

Aus (6.1) ist ersichtlich, daß für Substanzen, in denen für die Polarisierung Elektronen bestimmend sind,

$$a = 1/\varepsilon \tag{6.3}$$

gilt.

Für isotrope Medien (dazu gehören auch die kubischen Kristalle) ist die Größe a für alle Richtungen gleich, d. h. sie ist ein Skalar. Für anisotrope Medien (dazu gehören die Kristalle der mittleren und niederen Systeme) ist a (wie auch ε, s. (6.3)) ein Tensor zweiten Ranges. Der Zuwachs der Polarisationskonstanten Δa_{ij} unter der Wirkung eines elektrischen Feldes E_m kann linear oder quadratisch sein. Das heißt, daß Δa_{ij} dem Feld oder dem Quadrat des Feldes proportional ist.

Im allgemeinen Fall gelten für die Kristalle der niederen Systeme im Hauptachsensystem die Beziehungen

$$\begin{aligned} a_1^0 &= \frac{1}{n_1^2}, & a_2^0 &= \frac{1}{n_2^2}, & a_3^0 &= \frac{1}{n_3^2}, \\ a_4^0 &= 0, & a_5^0 &= 0, & a_6^0 &= 0, \end{aligned} \tag{6.4}$$

wobei der Index „0" bedeutet, daß kein äußeres Feld anliegt. Wir bezeichnen mit a_i die Größe der Polarisationskonstanten bezüglich des ursprünglichen, alten Koordinatensystems.[1]) Dann erhalten wir nach dem Anlegen

---

[1]) Im allgemeinen Fall kann sich der ursprüngliche Brechungsindexellipsoid infolge des Feldes so „deformieren", daß das neue Hauptachsensystem nicht mehr mit dem alten zusammenfällt.

des Feldes folgende Beziehungen zwischen a_i^0, a_i und Δa_i:

$$\begin{aligned} a_1 - a_1^0 &= \Delta a_1, \quad & a_4 &= \Delta a_4, \\ a_2 = a_2^0 &= \Delta a_2, \quad & a_5 &= \Delta a_5, \\ a_3 - a_3^0 &= \Delta a_3, \quad & a_6 &= \Delta a_6. \end{aligned} \tag{6.5}$$

Der Übergang von einem Index zu zwei Indizes geht nach folgender Regel vor sich: $a_1 = a_{11}$; $a_2 = a_{22}$; $a_3 = a_{33}$; $a_4 = a_{23}$; $a_5 = a_{31}$; $a_6 = a_{32}$. Analoge Beziehungen gelten auch für a_i und Δa_i.

In den Fällen, in denen der Zuwachs der Polarisationskonstanten der ersten Potenz des Feldes proportional ist, sagt man, daß der Kristall einen linearen elektrooptischen Effekt zeigt. Die Gleichung dieses Effektes hat die Form

$$\Delta a_{ij} = r_{ijm} E_m. \tag{6.6}$$

Der Tensor r_{ij} ist ein Tensor dritten Ranges, der (in der Form der Matrizen) völlig den Tensoren der piezoelektrischen Koeffizienten entspricht. Die Größe r heißt Koeffizient des linearen elektrooptischen Effektes. Verwendet man den Tensor r in der Matrixschreibweise mit zwei Indizes anstelle von drei (was der Symmetrie des Tensors $\Delta a_{ij} = \Delta a_{ji}$ entspricht), sieht Gleichung (6.6) so aus:

	E_1	E_2	E_3
$a_1 - a_1^0$	r_{11}	r_{12}	r_{13}
$a_2 - a_2^0$	r_{21}	r_{22}	r_{23}
$a_3 - a_3^0$	r_{31}	r_{32}	r_{33}
a_4	r_{41}	r_{42}	r_{43}
a_5	r_{51}	r_{52}	r_{53}
a_6	r_{61}	r_{62}	r_{63}.

(6.7)

Den linearen elektrooptischen Effekt kann man auch beschreiben, indem man den Zusammenhang zwischen der Polarisationskonstanten und der elektrischen Verschiebung D betrachtet und nicht den zwischen a und dem Feld E. Verwendet man für diesen Fall die Bezeichnung

$$\frac{D}{4\pi} = P, \tag{6.8}$$

erhält man

$$\Delta a_{ij} = m_{ijk} P_k, \tag{6.9}$$

wobei m ein anderer Koeffizient des linearen elektrooptischen Effektes ist. Die Matrixformen der Koeffizienten r und m sind einander gleich (siehe (6.7)).

Aus den Regeln für den Übergang von der Form mit zwei Indizes für Δa_{ij} zu der Form mit einem Index folgt, daß die Matrizen der Koeffizienten r und m mit denen der piezoelektrischen Koeffizienten d und g, die in Tab. 5 (Abschn. 4) angegeben sind, völlig übereinstimmen. Daraus folgt speziell, daß genau die gleichen Kristalle den linearen elektrooptischen Effekt zeigen, die auch piezoelektrisch sind. Solche Kristalle gehören zu einer der 20 Klassen

$1, 2, m, mm2, 222, 4, \bar{4}, 422, 4mm,$
$\bar{4}2m, 3, 3/2, 3m, 6, \bar{6}, 622, 6mm, \bar{6}2,$
$23, \bar{4}3m.$

Daraus, daß der lineare elektrooptische Effekt nur in piezoelektrischen Kristallen möglich ist, folgt, daß der lineare elektrooptische Effekt und der reziproke piezoelektrische Effekt im Kristall stets gleichzeitig auftreten. Dieser Umstand macht es erforderlich, bei der Beschreibung des elektrooptischen Effektes den piezooptischen Effekt zu berücksichtigen. Durch die Deformation auf Grund des reziproken piezoelektrischen Effektes können sich nämlich auch die optischen Eigenschaften ändern. Die Änderung der Polarisationskonstanten beim Anlegen eines elektrischen Feldes an den Kristall, die nicht mit dem reiziproken piezoelektrischen Effekt (d. h. mit dem piezooptischen Effekt) zusammenhängt, macht den eigentlichen linearen elektrooptischen Effekt aus. Damit ist der eigentliche lineare elektrooptische Effekt allein das Ergebnis der Wirkung des äußeren elektrischen Feldes auf die Ladungen im Dielektrikum. Er entsteht infolge einer Umverteilung der Dichte der Elektronenschalen von den Teilchen, aus denen der Kristall aufgebaut ist. Unter falschem linearen elektrooptischen Effekt wollen wir die Änderung der Polarisationskonstanten verstehen, die durch den reziproken piezoelektrischen Effekt (den piezooptischen Effekt) hervorgerufen wird.

Die Gleichungen des elektrooptischen Effektes haben (wenn man sowohl den eigentlichen als auch den falschen Effekt berücksichtigt) die Form

$$\begin{aligned} \Delta\alpha_{ij} &= r_{ijk}E_k = r^*_{ijk}E_k + p_{ijlm}r_{lm}, \\ \Delta\alpha_{ij} &= m_{ijk}P_k = m^*_{ijk}P_k + p_{ijlm}r_{lm}, \end{aligned} \qquad (6.10)$$

wobei r^*_{ijk} und m^*_{ijk} die Koeffizienten des eigentlichen elektrooptischen Effektes sind. r_{lm} ist der Deformationstensor (ein Tensor zweiten Ranges) und p_{ijlm} ist der Tensor der elastooptischen Koeffizienten (ein Tensor vierten Ranges).

Im Experiment mißt man den Gesamteffekt, die Summe aus eigentlichem und falschen elektrooptischen Effekt. Der Anteil des falschen Effektes wird durch das zweite Glied auf der rechten Seite der Gleichungen (6.10) beschrieben. Man kann jedoch den falschen elektrooptischen Effekt als eine Korrektur zum eigentlichen elektrooptischen Effekt ansehen. Dazu verwenden wir die Gleichungen für den piezoelektrischen Effekt (4.14)

$$\begin{aligned} r_{lm} &= d_{klm}E_k, \\ r_{lm} &= g_{klm}P_k, \end{aligned}$$

wobei d_{klm} und g_{klm} die piezoelektrischen Koeffizienten sind. Dann können wir die Gleichungen (6.10) umschreiben:

$$\begin{aligned} \Delta a_{ij} &= (r^*_{ijk} + p_{ijlm} \cdot d_{klm})\, E_k\,, \\ \Delta a_{ij} &= (m^*_{ijk} + p_{ijlm} \cdot g_{klm})\, P_k. \end{aligned} \tag{6.11}$$

Die Produkte *pd* und *pg* in den letzten Gleichungen sehen tatsächlich wie Korrekturen zu den Koeffizienten des eigentlichen elektrooptischen Effektes r^* und m^* aus.

Manchmal wird der eigentliche elektrooptische Effekt *Primäreffekt* und der falsche *Sekundäreffekt* genannt. Den Primäreffekt beobachtet man also in Kristallen dann, wenn man deren Deformation beim Anlegen des Feldes vollständig unterbindet; den Gesamteffekt aber beobachtet man, wenn sich der Kristall beim Anlegen des Feldes (in Folge des piezoelektrischen Effektes) deformieren kann. Daraus folgt, daß der Sekundäreffekt gleich der Differenz zwischen Gesamteffekt und Primäreffekt ist:

$$r^* = r^r, \quad r = r^t, \quad r_{\text{sek}} = r - r^* = r^t - r^r. \tag{6.12}$$

Die Gleichungen des quadratischen elektrooptischen Effekts. Neben dem linearen elektrooptischen Effekt, den wir nur in piezoelektrischen Kristallen finden, zeigen alle kristallinen Dielektrika den quadratischen elektrooptischen Effekt. Hierbei ist die Änderung der Polarisationskonstanten des Kristalls dem Quadrat der elektrischen Feldstärke (E^2) oder dem Quadrat der Polarisation (P^2) proportional[1]):

$$\begin{aligned} \Delta a_{ij} &= L_{ijkl} E_k E_l\,, \\ \Delta a_{ij} &= M_{ijkl} P_k P_l. \end{aligned} \tag{6.13}$$

Dabei sind die Größen L und M die Koeffizienten des quadratischen elektrooptischen Effektes. Sie sind Tensoren vierten Ranges. Wir verwenden in diesem Abschnitt wieder die übliche Bezeichnung für die Größen

---

[1]) Die Bedeutung von P ist aus (6.8) klar.

Δa_{ij} mit einem Index und führen folgende Bezeichnungen ein: $E_1E_1 = E_1^2$; $E_2E_2 = E_2^2$; $E_3E_3 = E_3^2$; $E_3E_2, E_2E_3 = E_4^2$; $E_1E_3, E_3E_1 = E_5^2$; $E_1E_2, E_2E_1 = E_6^2$. Dann erhalten wir für die erste der Gleichungen (6.13) die Matrixdarstellung

	E_1^2	E_2^2	E_3^2	E_4^2	E_5^2	E_6^2
Δa_1	L_{11}	L_{12}	L_{13}	L_{14}	L_{15}	L_{16}
Δa_2	L_{21}	L_{22}	L_{23}	L_{24}	L_{25}	L_{26}
Δa_3	L_{31}	L_{32}	L_{33}	L_{34}	L_{35}	L_{36}
Δa_4	L_{41}	L_{42}	L_{43}	L_{44}	L_{45}	L_{46}
Δa_5	L_{51}	L_{52}	L_{53}	L_{54}	L_{55}	L_{56}
Δa_6	L_{61}	L_{62}	L_{63}	L_{64}	L_{65}	L_{66}

(6.14)

Die zweite der Gleichungen (6.13) kann man analog schreiben. Es zeigt sich, daß bei den hier verwendeten Bezeichnungen für Δa_{ij} die Koeffizientenmatrizen L_{pq} und M_{pq} mit den Matrizen für die Koeffizienten der Elektrostriktion G und H völlig übereinstimmen.

Es ist nicht schwer zu sehen, daß man auch den quadratischen elektrooptischen Effekt in einen eigentlichen und einen falschen Effekt zerlegen kann. Der eigentliche Effekt besteht in der dem Quadrat des angelegten Feldes (der Polarisation) proportionalen Änderung der Polarisationskonstanten infolge der unmittelbaren Wirkung des elektrischen Feldes (der Polarisation) auf die Ladungen des Dielektrikums. Der eigentliche Effekt hängt nicht mit der Deformation des Kristalls zusammen, die beim Anlegen eines Feldes (Ändern der Polarisation) stets infolge der Elektrostriktion auftritt. Unter falschem quadratischen elektrooptischen Effekt werden wir eine Änderung der Polarisationskonstanten verstehen, die dem Quadrat des elektrischen Feldes (der Polarisation) proportional ist und durch eine elektrostriktive Deformation des Kristalls hervorgerufen wird.

Gleichzeitig berücksichtigt werden der eigentliche und

der falsche Effekt in den Beziehungen

$$\begin{aligned} \Delta a_{ij} &= L^*_{ijkl} E_k E_l + p_{ijmn} r_{mn}, \\ \Delta a_{ij} &= M^*_{ijkl} P_k P_l + p_{ijmn} r_{mn}, \end{aligned} \tag{6.15}$$

die man mit Hilfe von (4.46)

$$\begin{aligned} r_{mn} &= K_{mnkl} E_k E_l, \\ r_{mn} &= Q_{mnkl} P_k P_l \end{aligned}$$

(wobei K_{mnkl}, Q_{mnkl} die Koeffizienten der Elektrostriktion sind) folgendermaßen schreiben kann:

$$\begin{aligned} \Delta a_{ij} &= (L^*_{ijkl} + p_{ijmn} K_{mnkl})\, E_k E_l, \\ \Delta a_{ij} &= (M^*_{ijkl} + p_{ijmn} Q_{mnkl})\, P_k P_l. \end{aligned} \tag{6.16}$$

In der letzten Form kann man den falschen quadratischen elektrooptischen Effekt, der durch die Produkte $p \cdot Q$ und $p \cdot K$ beschrieben wird, als Korrektur zu den Koeffizienten des eigentlichen quadratischen elektrooptischen Effektes L^* und M^* ansehen.

Der quadratische elektrooptische Effekt ist (wie zum Beispiel auch die Elektrostriktion) ein Effekt zweiter Ordnung. Er ergibt im allgemeinen (im Vergleich mit dem linearen elektrooptischen Effekt) kleine Änderungen der optischen Eigenschaften der Dielektrika. Im Zusammenhang damit kann dieser Effekt für polare Flüssigkeiten (der quadratische elektrooptische Effekt trägt wie bereits gesagt in diesem Falle die Bezeichnung KERR-Effekt) und für Ferroelektrika (wie auch die Elektrostriktion) beträchtlich sein. In Kristallen linearer Dielektrika, die außerdem piezoelektrisch sind, ist der quadratische elektrooptische Effekt im Vergleich zum linearen vernachlässigbar. Es sei noch darauf hingewiesen, daß sich die optischen Eigenschaften eines Kristalls, der sich in einem elektrischen Wechselfeld der Frequenz f befindet, in Folge des quadratischen elektrooptischen Effektes mit der Frequenz $2f$ ändern.

6.2. Elektrooptische Eigenschaften der Kristalle

Die Untersuchung der elektrooptischen Eigenschaften der Kristalle läuft letzten Endes darauf hinaus, die Änderung der Polarisationskonstanten eines Kristalls unter der Wirkung eines elektrischen Feldes (der Polarisation) zu bestimmen. Die Änderung der Polarisationskonstanten ist am einfachsten aus dem Zuwachs des Brechungsindexes n und dem Drehwinkel der optischen Indikatrix χ zu bestimmen.

Die Größen Δn und χ kann man nach verschiedenen Methoden (refraktometrisch, interferometrisch u. ä.) messen. Es kann vorkommen, daß man in konkreten Kristallen diese Größen nicht unmittelbar mißt, sondern andere, die mit ihnen zusammenhängen und aus denen man die elektrooptischen Koeffizienten berechnen kann. Bei derartigen Messungen verwendet man in der Regel linear oder zirkular polarisiertes Licht und mißt die Änderung der Lichtintensität beim Anlegen eines elektrischen Feldes an den Kristall visuell oder elektrooptisch. Dabei kann man die elektrooptischen Koeffizienten berechnen: aus der Größe der Spannung, die erforderlich ist, um einen Gangunterschied von $\lambda/2$ zu erhalten; aus dem Drehwinkel der optischen Indikatrix im elektrischen Feld; aus dem Kompensationswinkel, wenn man verschiedene doppelbrechende Kompensatoren verwendet. Man kann auch die Veränderung des Interferenzbildes im elektrischen Feld verwenden (Messung des Winkels zwischen den optischen Achsen, Bestimmen der Verschiebung der Interferenzstreifen) (Abb. 80). Man kann auch spektrale Methoden zur Bestimmung der elektrooptischen Koeffizieten verwenden. Sie bestehen darin, daß man ausmißt, wie sich die Interferenzstreifen im kontinuierlichen Spektrum beim Durchgang des Lichtes durch den zu untersuchenden Kristall verschieben.

Zur Messung der elektrooptischen Koeffizienten verwendet man optische Systeme, die denen ähnlich sind, die man zur Lichtmodulation und -unterbrechung nimmt. Den einfachsten Fall eines solchen Systems zeigt Abb. 79. In visuellen Meßgeräten werden vor allem noch zusätzliche „$\lambda/4$-Plättchen“ (die einen Gangunterschied von

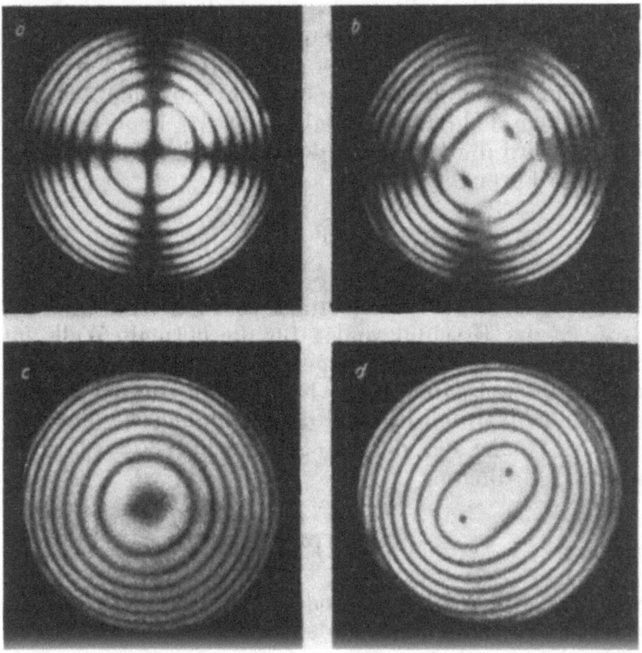

Abb. 80. Interferenzringbilder, die beim Durchgang von Licht durch Z-Schnittplatten aus ADP entstehen

Linear polarisiertes Licht, gekreuzte Polarisatoren: *a* – ohne Feld; *b* – bei einem Feld von $V = 9$ kV. Zirkular polarisiertes Licht; die dunklen Punkte entsprechen den Austrittspunkten der optischen Achsen. *c* – ohne Feld; *d* – bei einem Feld von 9 kV.

$\lambda/4$ erzeugen) und Meßkompensatoren eingesetzt. Wir wollen einen besonders einfachen Fall betrachten. Gemessen werden soll der Koeffizient r_{63} in einem KDP-

Kristall (KH_2PO_4). Legt man an diesen Kristall ein elektrisches Feld entlang der Z-Achse an, ändert sich seine Symmetrie. Er ist zunächst optisch einachsig (Gruppe $\bar{4}m$) und wird dann optisch zweiachsig (Gruppe $mm2$).[1]) Ein kreisförmiger Schnitt der optischen Indikatrix wird dabei elliptisch. Die Halbachsen sind um $\pm 45°$ gegen die kristallographischen Achsen geneigt. Verwendet man die in Abb. 79 dargestellte Versuchsanordnung, dann gelangt kein Licht auf den Schirm, solange kein Feld am Kristall anliegt.[2]) Legt man ein Feld an, wird die Intensität des durchgelassenen Lichtes durch die Formel

$$J = \frac{I}{I_0} = \sin^2 \frac{\pi V n_0^3 r_{63}}{\lambda} \tag{6.17}$$

beschrieben, wobei V die angelegte Potentialdifferenz ist. n_0 ist der Brechungsindex für die normale Welle im Kristall, λ ist die Wellenlänge des verwendeten Lichtes und r_{63} ist der elektrooptische Koeffizient. Aus der Formel folgt, daß die Intensität bei der Spannung V' maximal ist ($J = 1$), bei der der Gangunterschied $\lambda/2$ ist, d. h. unter der Bedingung

$$r_{63} = \frac{\lambda}{2V' n_0^3}. \tag{6.18}$$

Das ist auch der Ausdruck, nach dem der Koeffizient r_{63} berechnet werden kann.

Die elektrooptischen Eigenschaften der linearen Kristalle. Wie bereits bemerkt wurde, müssen im Prinzip alle piezoelektrischen Kristalle auch elektrooptische Eigenschaften haben. Es muß jedoch darauf hingewiesen werden, daß aus verschiedenen Gründen nur bei einer

---

[1]) Die Symmetrieänderung ist in diesem Falle analog der Symmetrieänderung beim Entstehen der spontanen Polarisation beim Phasenübergang im KDP (s. Abschn. 2).

[2]) Damit das Licht den Kristall durchdringen kann, verwendet man transparente oder gitterförmige Elektroden.

ganz geringen Anzahl von Kristallen (weniger als zwanzig) die elektrooptischen Eigenschaften untersucht wurden. Gründe dafür sind zum Beispiel, daß der Effekt klein ist, daß er schwer zu beobachten und zu messen ist und auch, daß die elektrooptischen Eigenschaften der Kristalle nur wenig Anwendung fanden (was bis vor kurzem noch der Fall war). Außerdem wurden bei den meisten Kristallen die elektrooptischen Eigenschaften nicht vollständig untersucht.

Quarz und Turmalin waren die ersten Kristalle, in denen der elektrooptische Effekt gefunden wurde. Für Turmalin wurde nur ein elektrooptischer Koeffizient r_{22} (Tab. 9) bestimmt. Für Quarz sind beide elektrooptischen Koeffizienten r_{11} und r_{14} gemessen worden.

Tabelle 9
Die elektrooptischen Koeffizienten einiger linearer Dielektrika

Kristall	Symmetrie	$r \cdot 10^8$ CGS-Einheiten	Spannung*) in kV
Quarz	3/2	$r_{11} = 0{,}59$	~33
		$r_{41} = 1{,}4$	
Turmalin	3*m*	$r_{22} = 0{,}9$	
$NaClO_3$	23	$r_{41} = 1{,}19$	200
ZnS	$\bar{4}3m$	$r_{41} = 5{,}0$	~10
CuCl	$\bar{4}3m$	$r_{41} = 18{,}4$	6,2
Pentaerythren	$\bar{4}(2)$	$r_{52} = 4{,}38$	
		$r_{33} - r_{13} = 2{,}09$	
CdS	6*mm*	$r_{51} = 11{,}1$	
Urotropin	$\bar{4}3m$	$r_{41} = 5{,}1$	~15
GaAs	$\bar{4}3m$	$r_{41} = 12{,}5$	
$K_2S_2O_6$	3/2	$r_{11} = 0{,}79$	
$Cs_2C_2H_4O_6$	3/2	$r_{11} = 3{,}00$	
$(C_6H_{12}O_6)_2 \cdot NaBr \cdot H_2O$	3/2	$r_{11} = 0{,}30$	
$LiKSO_4$	6	$r_{11} - r_{33} = 4{,}80$	
$(NH_4)_2Cd_2(SO_4)_3$	$\bar{4}3m$	$n_0^3 r_{41} = 8{,}70$	
$(NH_4)_2Mn_2(SO_4)_3$	43*m*	$n_0^3 r_{41} = 6{,}30$	
$Na_3SbS_4 \cdot 9H_2O$	23	$n_0^3 r_{41} = 16{,}32$	
ZnSe	$\bar{4}3m$	$r_{41} = 4{,}82$	
$Na_8(AlSiO_4)(OHCl)_2$	$\bar{4}3m$	$r_{41} = 5{,}0$	

*) Spannung, die zur Erzeugung eines Gangunterschiedes von $\lambda/2$ ($\lambda = 5461$ Å) nötig ist.

Für die Verwendung von Quarz zur Modulation, speziell in optischen Entfernungsmessern, wurden die elektrooptischen Eigenschaften von AT- und BT-Schnitten untersucht. Am BT-Schnitt wurde gefunden, daß die Änderung des normalen Brechungsindexes bei einer Änderung der Feldstärke um eine CGS-Einheit in einem konstanten Feld $E = E \cdot \sin 49°$ gleich $\Delta n/\Delta E_y = 3{,}3 \cdot 10^{-8}$ ist. In einem Wechselfeld mit der Resonanzfrequenz dagegen ist diese Änderung gleich $3{,}3 \cdot 10^{-5}$. Damit erzeugt ein Wechselfeld im Resonanzfall in Übereinstimmung mit der hohen Güte des Quarzes eine 1000mal größere Änderung des Brechungsindexes als ein gleich großes konstantes Feld. Es muß jedoch noch bemerkt werden, daß man mit Quarzplatten keine 100%ige Lichtmodulation erreicht, wenn man bei der Resonanzfrequenz arbeitet, denn die dafür erforderlichen Felder sind größer als jene, bei denen der Quarz infolge der sehr großen Deformation zerstört wird.

Die in Tab. 9 angegebenen Werte für die elektrooptischen Koeffizienten von Quarz entsprechen dem Gesamteffekt, der Summe aus eigentlichem und falschem. Es ist jedoch nicht schwer, den Anteil des falschen Effektes abzuschätzen, wenn man die Beziehung (6.11) verwendet. Die Rechnung zeigt, daß 80% des Koeffizienten r_{11} durch den eigentlichen Effekt entstehen und 20% durch den falschen.

In letzter Zeit wurden die elektrooptischen Eigenschaften einer Reihe von Kristallen untersucht. Dazu gehören die trigonalen Kristalle $K_2S_2O_2$, $Cs_2C_4H_4O_6$, $(C_6H_{12}O_6) \cdot NaBrH_2O$, das hexagonale $LiKSO_4$, die kubischen linearen Dielektrika Natriumchlorat $NaClO_3$, Sphalerit ZnS, Kupferchlorid CuCl, Galliumarsenid GaAs, Urotropin $(C_6H_{12}N_4)$, Langbeinit $[(NH_4)_2Cd_2 \cdot (SO_4)_3, (NH_4)_2Mn_2(SO_4)_3]$ sowie Sodalith $[Na_8(AlSiO_4) \times (OHCl)_2]$, ZnSe und einige andere. Die kubischen Kristalle sind im allgemeinen von besonderem Interesse, denn bei der Arbeit mit diesen Kristallen kann man Lichtquellen mit großer Winkelapertur verwenden. In

CuCl ist der elektrooptische Koeffizient r_{41} im Vergleich zu den anderen linearen Dielektrika groß. Leider ist es schwer, diese Kristalle in guter Qualität künstlich herzustellen.

Ganz eigenartige elektrooptische Eigenschaften haben die tetragonalen Pentaerythren-Kristalle, die in Folge mechanischer Spannungen, die beim Wachsen entstehen, eine monokline Symmetrie (Klasse 2) zu haben scheinen.

Vor kurzem wurden an CdS-Kristallen (Klasse $6mm$) elektrooptische Eigenschaften gefunden. Die Größe des elektrooptischen Koeffizienten r_{52} für diesen Kristall ist auch in Tab. 9 angegeben. Das Auftreten von elektrooptischen Eigenschaften in CdS-Kristallen ist von beträchtlichem Interesse. Man kann nämlich, verwendet man diese Kristalle, Ultraschall mit Hilfe von Leitungselektronen verstärken, die auf Grund des inneren Photoeffektes angeregt wurden.

Der quadratische elektrooptische Effekt in den linearen Kristallen ist praktisch nicht untersucht worden, und es gibt in der Literatur nur sehr wenig Angaben darüber.

Die elektrooptischen Eigenschaften der Ferroelektrika. Bei den Ferroelektrika muß man zwischen dem erzwungenen und dem spontanen elektrooptischen Effekt unterscheiden. Unter dem ersteren versteht man den Effekt in einem äußeren elektrischen Feld, unter dem zweiten aber den Effekt, der durch das Entstehen oder durch eine Änderung der spontanen Polarisation P_{sp} hervorgerufen wird. Im Prinzip unterscheidet sich der erzwungene lineare elektrooptische Effekt in den Ferroelektrika nur wenig von dem der linearen Dielektrika. Im Zusammenhang damit sind die Koeffizienten r (vergleiche Tab. 9 und 10) bei den Ferroelektrika in der Regel größer als bei den linearen Dielektrika. Relativ groß ist der elektrooptische Effekt in den KDP-Kristallen und allgemein in den Kristallen dieser Gruppe. Der große Effekt gerade dieser Kristalle gab seinerzeit (vor mehr als 10 Jahren) den Anstoß zur Untersuchung und Anwendung der elektrooptischen Kristalle. In der modernen Quantenelektronik werden die Kristalle aus der Gruppe des KDP immer häufiger in elektrooptischen Konstruktionen angewendet.

Den spontanen elektrooptischen Effekt der Ferroelektrika beschreibt man besser durch den Tensor m und nicht durch den Tensor r. Die Gründe dafür sind die gleichen, aus denen man den spontanen piezoelektrischen Effekt besser durch die Tensoren g und h als durch d und e beschreibt (s. Abschn. 4). Der Tensor m spiegelt den direkten Zusammenhang zwischen der Größe der spontanen Polarisation P_{sp} und der Polarisationskonstanten wider und hängt im Bereich des Phasenüberganges praktisch nicht von der Temperatur ab. Mißt man jedoch den Tensor r, muß man von der Größe P_{sp} zur Größe E übergehen und dabei die Änderung der Dielektrizitätskonstanten im Bereich des Phasenüberganges berücksichtigen. Der Tensor r wächst in diesem Bereich schnell an. Mit anderen Worten: Die elektrooptischen Eigenschaften des Kristalles als solchen beschreibt man besser durch den Tensor m, aber die besonderen Eigenschaften im Bereich des Phasenüberganges durch den Tensor r.

In Tab. 10 sind Werte für die Koeffizienten m angegeben, die aus dem spontanen elektrooptischen Effekt berechnet wurden. Für KDP-Kristalle (und andere Kristalle dieser Gruppe) hat die Gleichung dieses Effektes die Form (siehe 6.11)

$$a_6 = (m_{63}^* + p_{66}g_{36})\, P_{sp}, \tag{6.19}$$

die bei Verwendung der Brechungsindizes die Gestalt

$$\frac{1}{n_1'^2} - \frac{1}{n_1^2} (m_{63}^* + p_{66}g_{36})\, P_{sp} \tag{6.20}$$

annimmt. Der Brechungsindex mit dem Strich entspricht dessen neuem Wert nach dem Phasenübergang. Verwendet man die bekannten Werte für KDP $n_1 = 1{,}5095$, $n_1' = 1{,}5155$, $p_{66} = -2 \cdot 10^{-2}$ ESE und $g_{36} = 5 \cdot 10^{-7}$ ESE,

Tabelle 10
Die elektrooptischen Koeffizienten einiger Ferroelektrika

Kristall	Symmetrie	$r \cdot 10^8$ CGS-Einheiten	$m \cdot 10^8$ CGS-Einheiten	Spannung*) in kV
KH_2PO_4(KDP)	$\bar{4}2m$	$r_{63} = -30$	$m_{63} = -24{,}3$	~8
		$r_{41} = 26$	–	–
KD_2PO_4	$\bar{4}2m$	$r_{63} = -70$	–	3,4
KH_2AsO_4	$\bar{4}2m$	$r_{63} = -39$	–	6,2
RbH_2PO_4	$\bar{4}2m$	$r_{63} = -33$	–	7,3
$KNaC_4H_4O_6 \cdot 4H_2O$	222	$r_{41} = -6{,}0$	$m_{41} = 2{,}24$	–
(Seignettesalz)		$r_{52} = -5{,}1$	–	–
		$r_{63} = 0{,}95$	–	–
$BaTiO_3$ (tetragonale)	$4mm$	–	$m_{33} = 18{,}7$	–
Modifikation)				
$NH_4H_2PO_4$(ADP)	$\bar{4}2m$	$r_{63} = -25$	–	10
		$r_{41} = 62$	–	
$NH_4H_2AsO_4$	$\bar{4}2m$	$r_{63} = -19$	–	13
$LiNbO_3$	$3m$	$r_{22} = -19$	–	2,8
$Ba_2NaNb_5O_{15}$	mm_2	$r_{33} \cong 180$	–	1,7
$Sr_{0./5}Ba_{0.25}Nb_2O_6$	$4mm$	$r_{33} \cong 4000$	–	$5 \cdot 10^{-2}$
$Sr_2KNb_5O_{15}$	$4mm$ oder 4	$r_{11} = 400$	–	

*) Spannung, die zur Erzeugung eines Gangunterschiedes von $\lambda/2$ (λ = 5461 Å) nötig ist.

erhält man aus (6.20) $m_{63} = -24{,}3 \cdot 10^{-8}$ ESE. Damit macht der falsche elektrooptische Effekt im KDP etwa 4% des Gesamteffektes aus. In $NH_4H_2PO_4$-(ADP)-Kristallen ist der falsche elektrooptische Effekt wesentlich stärker und macht etwa 20% des Gesamteffektes aus. Der lineare elektrooptische Effekt in den Kristallen aus der Gruppe des KDP hängt im gesamten sichtbaren Bereich des Spektrums nur schwach von der Wellenlänge ab. Bis zu Frequenzen von 10^{10} Hz hängt in diesen Kristallen ε (das heißt auch die Koeffizienten r) praktisch nicht von der Frequenz des äußeren Feldes ab.

Im $BaTiO_3$ ändert sich in Folge des sprunghaften Entstehens der spontanen Polarisation auch der Brechungsindex sprunghaft. Aber im tetragonalen Bereich, wo das $BaTiO_3$ ähnliche Eigenschaften wie ein linearer elektrooptischer Kristall annimmt, ändert sich der

Brechungsindex allmählich mit zunehmender spontaner Polarisation. Einem Zuwachs von $P_{sp} = 8 \cdot 10^{-6}$ Coulomb/cm² entspricht ein Zuwachs von $\Delta n = -0{,}03$. Durch Vergleich dieser Größen ergibt sich für $BaTiO_3$ ein Wert für den Koeffizienten $m = -18{,}7 \cdot 10^{-8}$ ESE. Ungefähr 5% davon entfallen auf den falschen elektrooptischen Effekt.

Seignettesalz ist oberhalb des oberen CURIE-Punktes (+24 °C) und unterhalb des unteren (—18 °C) rhombisch, dazwischen aber monoklin. Der Drehwinkel des optischen Indikatrix α liegt bei Seignettesalz zwischen den CURIE-Punkten im Intervall 0—0,8°. An den CURIE-Punkten ist dieser Winkel gleich Null, das Maximum entspricht etwa +5 °C. Die Kurve der Funktion $\alpha = \alpha(T)$ sieht kuppelförmig aus, ähnlich wie $P_{sp} = P_{sp}(T)$ für Seignettesalz (siehe Abb. 39). Der Koeffizient des spontanen elektrooptischen Effektes m_{41} ist um eine Größenordnung kleiner als der entsprechende Koeffizient für KDP.

In zentrosymmetrischen Kristallen gibt es keinen linearen elektrooptischen Effekt, und der quadratische Effekt tritt in reiner Form auf. Die Ferroelektrika vom Strukturtyp mit Sauerstoff-Oktaedern zeigen in ihrer paraelektrischen Modifikation den quadratischen elektrooptischen Effekt.

Oben hatten wir schon Werte zur Änderung des Brechungsindexes $n_c = n_3$ für $BaTiO_3$ im Bereich des Phasenüberganges angegeben. Der Brechungsindex ändert sich am CURIE-Punkt sprunghaft. Während er in der kubischen Modifikation etwa gleich 2,42 ist, ist er plötzlich nach dem Phasenübergang etwa gleich 2,38. Bei Zimmertemperatur ist $n_c = 2{,}35$, und damit ist die tetragonale Modifikation des $BaTiO_3$ optisch negativ ($\Delta n = n_c - n_a < 0$). Die Änderung des Brechungsindexes beim Entstehen der spontanen Polarisation kann man als quadratischen elektrooptischen Effekt ansehen. Entsprechend Gl. (6.16) wird der Zuwachs der Polarisationskonstanten Δa_3 beim Entstehen der Polarisation in Richtung der c-Achse (der Index der Achse ist 3) gegeben durch

$$\Delta a_3 = (M_{33}^* + P_{3m} Q_{m3}) P_{sp}^2 . \qquad (6.21)$$

Berücksichtigen wir die Beziehung

$$a_3 = \frac{1}{n_3'^2} - \frac{1}{n_3^2},$$

und nehmen wir die Werte

$$n_3' = 2{,}38, \qquad n_3 = 2{,}42,$$
$$P_{sp} = 54 \cdot 10^3 \text{ ESE}, \qquad Q_{33} = 1{,}17 \cdot 10^{-12} \text{ ESE},$$
$$Q_{13} = 0{,}53 \cdot 10^{-12} \text{ ESE}, \qquad p_{3m} = 10^{-1},$$

erhalten wir

$$M_{33} = 1{,}88 \text{ ESE}.$$

99% dieses Wertes entfallen auf den eigentlichen elektrooptischen Effekt und 1% auf den falschen.

Da der Koeffizient M_{33} mit der Polarisation zusammenhängt, hängt er praktisch nicht von der Temperatur ab und ist im paraelektrischen und im ferroelektrischen Bereich annähernd gleich groß. Der Koeffizient L jedoch hängt mit der Feldstärke E zusammen und wächst nach dem Curie-Weissschen-Gesetz mit ε bei Annäherung an den Curie-Punkt. Der der Literatur entnommene Wert für die Differenz $M_{33} - M_{12}$ ($M_{33} = M_{11} = M_{22}$) für $BaTiO_3$ ist in Tab. 11 angegeben.

Große Werte nimmt der Koeffizient des quadratischen elektrooptischen Effektes M_{pq} in der paraelektrischen Modifikation des $KTaO_3$ ($T_k = 1$ K) im Temperaturintervall 2—77 K an, sowie bei $SrTiO_3$ im Bereich 4—300 K, bei $KTa_{0,65}Nb_{0,35}O_3$ (KTN) im Bereich 285—310 K ($T_k = 283$ K). Werte für diese Koeffizienten sind in Tab. 11 angegeben.

Die Deformation der optischen Indikatrix im KDP in der Richtung, in der die spontane Polarisation ent-

Tabelle 11
Die Koeffizienten des quadratischen elektrooptischen Effektes für einige Ferroelektrika

Kristall	Symmetrie	Brechungsindex	$M \cdot 10^{12}$ CGS-Einheiten
$BaTiO_3$	$m3m$	2,42	$M_{33} = 1,88$
			$M_{11} - M_{12} - 1,44$
$SrTiO_3$	$m3m$	2,38	$M_{11} - M_{12} = 1,55$
$KTaO_3$	$m3m$	2,24	$M_{11} = M_{12} = 1,77$
			$M_{44} = 1,33$
$KTa_{0,65}Nb_{0,35}O_3$	$m3m$	2,29	$M_{11} - M_{12} = 1,93$
			$M_{11} = 1,5$
			$m_{12} = 0,43$
			$M_{44} = 1,83$
KH_2PO_4	$\bar{4}2m$		$M_{33} = -2,86$
$KNaC_4H_4O_6 \cdot 4\,H_2O$ Seignettesalz)	222		$M_{11} = -1500$

steht, kann nur durch den quadratischen elektrooptischen Effekt hervorgerufen werden (der elektrooptische Koeffizient m_{33} ist für Kristalle der Klasse $\bar{4}2m$ gleich Null; s. Tab. 5). Die Größe des Koeffizienten des spontanen quadratischen elektrooptischen Effektes für die gegebene Richtung kann nach folgender Gleichung abgeschätzt werden:

$$\frac{1}{n_3'^2} - \frac{1}{n_3^2} = (M_{33}^* + p_{3m}Q_{m3})\, P_{sp}^* . \qquad (6.22)$$

Nimmt man die Werte $P_{sp} = 14 \cdot 10^3$ CGS-Einheiten ($T = 100$ K); $n_3' = 1,4694$; $n_3 = 1,4684$; $p = -2,0 \cdot 10^{-2}$ und $Q = 4,3 \cdot 10^{-12}$ CGS-Einheiten, erhält man $M_{33} = -2,86 \cdot 10^{-12}$ ESE; 97% davon entfallen auf den eigentlichen Effekt und 3% auf den falschen.

Wie im KH_2PO_4 ist der elektrooptische Effekt in Richtung der spontanen Polarisation für Seignettesalz quadratisch. Die Größe des Koeffizienten M_{11} für diesen Effekt finden wir mittels der Gleichung

$$\frac{1}{n_1'^2} - \frac{1}{n_1^2}\, (M_{11} = + P_{1m}Q_{m1})\, P_{sp}^* . \qquad (6.23)$$

Es ist bekannt, daß der Brechungsindex für Seignettesalz in dem betrachteten Temperaturbereich (0—30 °C) mit steigender Temperatur linear abnimmt, etwa um 0,0014 (0,8°). Damit kann man abschätzen $M_{11} = 1{,}5 \times 10^{-9}$. Der Anteil des falschen elektrooptischen Effektes im Seignettesalz ist dabei vernachlässigbar klein. Der Koeffizient M_{11} ist um drei Größenordnungen größer als die Koeffizienten für $BaTiO_3$ und KH_2PO_4. Das zeugt davon, daß die Polarisierbarkeit der Elektronen in Seignettesalzkristallen in Richtung der ferroelektrischen Achse außergewöhnlich stark „ungesättigt" ist.

Es sind auch Arbeiten zu Untersuchungen über den „erzwungenen" quadratischen elektrooptischen Effekt in Ferroelektrika bekannt. Diese Dinge gehen jedoch über den Rahmen einer allgemeinen Betrachtung der elektrooptischen Erscheinungen in Kristallen hinaus.

6.3. Anwendung von elektrooptischen Kristallen

Elektrooptische Kristalle werden in der Praxis vielfach angewendet. Aus ihnen stellt man optische Verschlüsse und Modulatoren her, die zur Informationsübertragung mittels Laserstrahlen und zur Erzeugung sehr starker Strahlungsimpulse dienen. Lichtmodulatoren verwendet man zum Beispiel in optischen Nachrichtenverbindungen, in optischen Entfernungsmessern, in Schallaufzeichnungsgeräten für den Tonfilm, beim Farbfernsehen, in automatischen Polarimetern und in schnellen photographischen Aufzeichnungsgeräten. Elektrooptische Wandler benutzt man in steuerbaren schmalbandigen Interferenz-Polarisations-Lichtfiltern, in Geräten zur Messung hoher Spannungen und in optischen Elementen von Rechnersystemen. Erzeugt man im elektrooptischen Kristall ein inhomogenes elektrisches Feld, kann man die Richtung eines den Kristall durchdringenden Lichtstrahles ändern. Jetzt wollen wir einige der aufgezählten Anwendungsmöglichkeiten näher betrachten.

Elektrooptische Verschlüsse und Modulatoren. Das Wirkungsprinzip eines elektrooptischen Verschlusses ist nach Abb. 79 klar. Ein elektrooptischer Kristall ersetzt in den Kristallmodulatoren die KERR-Zelle mit der Flüssigkeit.

In letzter Zeit begann man, elektrooptische Kristalle in Geräten zur Erzeugung starker Laserimpulse zur Modulation der Güte von Quantengeneratoren einzusetzen. Das Prinzip einer solchen Anordnung ist in Abb. 81 schematisch dargestellt. In einem Rubinkristall

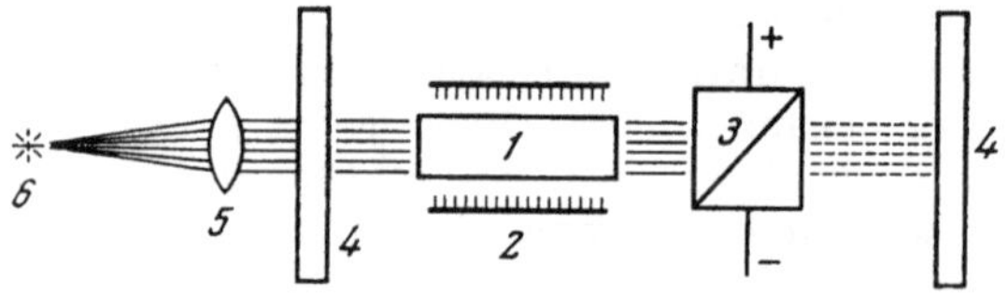

Abb. 81. Prinzip einer Anlage zur Erzeugung sehr starker Laserimpulse
1 – Rubinkristall; 2 – Beleuchtungseinrichtung; 3 – Polarisator; 4 – 4′ – Spiegel; 5 – Kondensor; 6 – Brennpunkt, in dem die Luft ionisiert wird

1 werde durch die Lichtquelle 2 die Voraussetzung für optische Übergänge zwischen bestimmten Energieniveaus von Farbzentren geschaffen und damit die Voraussetzung für die Ausstrahlung eines monochromatischen Impulses erfüllt. Unter normalen Bedingungen laufen die umgekehrten Übergänge, die den Impuls versorgen, in einem gewissen Zeitabschnitt ab, durch dessen Dauer die Leistung des Impulses bestimmt wird. Durch einen elektrooptischen Verschluß kann man diesen Zeitabschnitt verkürzen, und die Impulse werden stärker.

Im Ausgangszustand, solange am elektrooptischen Kristall kein elektrisches Feld anliegt, ist der Rubinkristall mit dem Spiegel 4 optisch nicht verbunden. Ein Feld am elektrooptischen Kristall 3 öffnet den Verschluß. Dadurch kann schwache (durch Phononen erzeugte) Laserstrahlung vom Spiegel reflektiert werden und in der erforderlichen Phasenlage in den Laserkristall zurückgelangen. Das führt zu einer starken Wechselwirkung zwischen der Strahlung und dem Rubinkristall in dem System Rubin — Spiegel 4 — Spiegel 4′ und zu einer außerordentlich schnellen (etwa 10^{-8} s dauernden) Abstrahlung aller Farbzentren. Auch bei relativ kleiner Strahlungsenergie (einige Joule) erreicht man unter solchen Bedingungen sehr hohe Leistungen (hunderte und sogar tausende Megawatt). Fokussiert kann eine solche Strahlung Luft ionisieren. Im Brennpunkt der Anordnung 6 entsteht ein Plasmafunken.

Die Perspektiven für die Anwendung von Laserstrahlen (die eine Frequenz von etwa 10^{14}—10^{15} Hz haben) in Nachrichtenverbindungen (zum Beispiel für das Mehrkanalfernsehen) hängen vor allem davon ab, wie wirkungsvoll man eine so hochfrequente Strahlung modulieren kann. Gegenwärtig verwendet man dazu vor allem Kristalle aus den Gruppen des KDP, des Quarzes und des Bariumtitanats. Messungen zeigen, daß KDP-Kristalle zur Lichtmodulation bei Frequenzen von 10^{10} Hz und ein wenig darüber geeignet sind. Quarzmodulatoren arbeiten im Resonanzbereich wirkungsvoll und werden besonders in optischen Entfernungsmessern benutzt. Ferroelektrika vom Sauerstoff-Oktaeder-Typ ($BaTiO_3$, $LiNbO_3$ u. a.) können im paraelektrischen Bereich, in der Nähe der Temperatur des Phasenüberganges, wo der quadratische elektrooptische Effekt groß ist, effektiv eingesetzt werden.

Schmalbandige Interferenz-Polarisations-Lichtfilter. Die Wirkung von Interferenz-Polarisations-Lichtfiltern beruht auf der Interferenz von polarisiertem Licht beim Durchgang durch einen anisotropen Kristall. In diesem Fall wird linear polarisiertes Licht, dessen Polarisationsebene zu den Hauptachsen der optischen Indikatrix um 45° geneigt ist, in zwei Strahlen zerlegt, die aus dem Kristall mit einem bestimmten Gangunterschied austreten. Durchdringt das Licht jetzt einen Analysator, der zu dem Polarisator parallel liegt, werden die zwei

Komponenten miteinander interferieren. Schickt man durch ein solches System weißes Licht, wird das Spektrum des durchgelassenen Lichtes aus hellen und dunklen Streifen bestehen, die regelmäßig aufeinander folgen.

Der Abstand zwischen benachbarten hellen Streifen ist der Dicke der Platte umgekehrt proportional. Stellt man ein System aus einer Reihe von Platten her, deren Dicken sich wie 1:2:4 usw. verhalten, werden sich die Spektren der einzelnen Platten überlagern. Man erhält ein Gesamtspektrum, das aus einer Reihe schmaler, weit auseinanderliegender Streifen besteht, von denen man einen mittels eines gewöhnlichen Filters aussondern kann. Der Abstand zwischen den Streifen ist gleich dem Abstand zwischen den Durchlaßmaxima des dünnsten Kristalls, die Breite des Streifens jedoch ist halb so groß wie die Breite des Durchlaßmaximums der dünnsten Schicht.

Das Prinzip der steuerbaren Filter beruht auch darauf, daß sich die Dicken der Platten wie 1:2:4 verhalten, d. h. darauf, daß sich die Gangunterschiede ändern, aber dieses Verhältnis beibehalten. Das erreicht man in steuerbaren Lichtfiltern, indem man die Spannung an elektrooptischen Kristallen regelt. Baut man in ein System Scheiben aus ADP ein, kann man durch ein elektrisches Feld die Durchlaßbreite des Filters von Bruchteilen eines Angströms bis zu einigen hundert Angström ändern. Darüber hinaus kann man das durchgelassene Band in einen beliebigen Bereich verlagern. Durch gesteuerte Lichtfilter kann man also offensichtlich die Frequenzmodulation von Licht realisieren.

Oberwellenerzeugung. Die zur Zeit existierenden Quantengeneratoren strahlen vorwiegend im infraroten Spektralbereich. So beträgt die Wellenlänge der Strahlung eines Rubinlasers 6973 Å, die eines Neodymglaslasers 10600 Å und die eines He—Ne-Gaslasers 11526 Å. Für viele Zwecke jedoch ist eine monochromatische Strahlung im sichtbaren Spektralbereich erwünscht. Dieser Umstand stimulierte Untersuchungen über die Erzeugung von harmonischen Oberwellen der Grundstrahlung von Quantengeneratoren. Darüber hinaus erschließt die Oberwellenerzeugung Möglichkeiten, optische Nachweise durchzuführen, Summen- und Differenzfrequenzen zu erzeugen und in der Quantenradioelektronik eine parametrische Verstärkung zu realisieren.

Der nichtlineare Zusammenhang zwischen der Polarisation P und dem Feld E liegt der Oberwellenerzeugung in einer auf den Kristall fallenden Strahlung zugrunde.[1]) Bis vor kurzem jedoch konnte man mit Kristallen bei optischen Frequenzen keine Oberwellen erzeugen, denn nur bei hinreichend großer Intensität der Grundstrahlung erreicht man eine spürbare Intensität der Oberwellenstrahlung. Solche Möglichkeiten wurden durch die Entwicklung der Quantengeneratoren — kohärenten monochromatischen Lichtquellen — erschlossen.

Offensichtlich hat die zweite Harmonische die größte Intensität. Ihre Intensität am Ausgang kann man über die Polarisation P mit der Frequenz 2ω abschätzen, die durch eine einfallende Welle mit der Frequenz ω $[E^\omega = E_0^\omega \sin(\omega t - kr)]$ erzeugt wird,

$$P_{ij}^{2\omega} = d_{ijk} E_{0j}^{\omega} E_{0k}^{\omega} \cos 2\omega t. \qquad (6.24)$$

d_{ijk} ist in diesem Ausdruck ein Tensor, der die Intensität der zweiten Harmonischen am Ausgang charakterisiert. Er verknüpft den polaren Vektor P mit dem Quadrat des polaren Vektors E und ist ein Tensor dritten Ranges.[2])

Der Tensor d_{ijk} hat wie auch die Tensoren der piezoelektrischen Koeffizienten g, h, e und d für die 20 Klassen ohne Symmetriezentrum (s. Tab. 5) von Null verschiedene Komponenten. Im allgemeinen Fall ist der Tensor nur

[1]) Der lineare und der quadratische elektrooptische Effekt sind auch eine Folge des nichtlinearen Zusammenhangs zwischen P und E, denn die Änderung des Brechungsindexes kann durch die Änderung von ε (s. (6.1)) ausgedrückt werden.

[2]) Der Tensor, der die zweite Harmonische charakterisiert, wird gewöhnlich ebenso wie der Tensor des piezoelektrischen Moduls mit d_{ijk} (s. Abschn. 4) bezeichnet.

im zweiten und dritten Index symmetrisch $d_{ijk} = d_{ikj}$. Wie man aber zeigen kann, ist der Tensor d_{ijk} in allen drei Indizes symmetrisch ($d_{ijk} = d_{ikj} = d_{jki}$), falls nur die Elektronen zur Polarisation beitragen. Unter diesen Bedingungen hat die Koeffizientenmatrix, die die Erzeugung der zweiten Harmonischen beschreibt, im allgemeinen Fall für die Klasse 1 die Form

$$\begin{pmatrix} d_{11} & d_{12} & d_{13} & d_{14} & d_{15} & d_{16} \\ d_{16} & d_{22} & d_{23} & d_{24} & d_{14} & d_{12} \\ d_{15} & d_{24} & d_{33} & d_{23} & d_{13} & d_{14} \end{pmatrix} \tag{6.25}$$

mit zehn voneinander unabhängigen Koeffizienten. Für Kristalle der Klassen 422 und 622 hat der Tensor d, wenn er in drei Indizes symmetrisch ist, keine von Null verschiedenen Komponenten. In den Klassen 222 (Seignettesalz), 3/2 (Quarz) und $\bar{4}2m$ (KDP) ist die Anzahl der unabhängigen Koeffizienten der Matrix (6.25) gleich Eins.

Die Polarisationswelle $P^{2\omega}$, die durch die einfallende Welle E^{ω} erzeugt wird, regt selbstverständlich im Kristall eine elektromagnetische Strahlung mit der Frequenz 2ω an, die (beim Fehlen einer Dämpfung) mit der Polarisationswelle in Phase ist. Diese Strahlung mit der Frequenz 2ω nennt man üblicherweise erzwungene Strahlung. Die Phasengeschwindigkeit der erzwungenen Welle muß nicht mit der Phasengeschwindigkeit der Welle zusammenfallen, die sich im Kristall beim Fehlen der Polarisationswelle ausbreiten kann. Fallen jedoch die Phasengeschwindigkeiten von erzwungener und freier Welle zusammen, wächst die Amplitude der erzwungenen Welle in dem Maße an, wie die erregende Welle in die Tiefe des Kristalls eindringt, und die zweite Harmonische wird kohärent angeregt.

Die Bedingung, daß die Phasengeschwindigkeiten V der erzwungenen und der freien Welle gleich sind, hat die Form

$$v^{\omega} = v^{2\omega}\,, \qquad n^{\omega} = n^{2\omega}\,. \tag{6.26}$$

Für isotrope Medien mit normaler Dispersion ist stets $v^{2\omega} < v^{\omega}$, und die Bedingung (6.26) kann nicht erfüllt werden. In anisotropen Medien hängt jedoch v von der Richtung ab. Falls nun die Dispersion $(n^{2\omega} - n^{\omega})$ kleiner ist als die Doppelbrechung $(n_0 - n_{a0})$, kann die Bedingung (6.26) erfüllt werden. Im einfachsten Fall ist sie erfüllt, wenn der Brechungsindex für den ordentlichen Strahl mit der Grundfrequenz $n_0{}^{\omega}$ mit dem Brechungsindex des außerordentlichen Strahles bei der Frequenz der zweiten Harmonischen $n_{a0}^{2\omega}$ übereinstimmt.[1]) Das kann in optisch positiven Kristallen ($n_c > n_a$, wobei c die Richtung der Rotationsachse des Brechungsindexellipsoids ist) der Fall sein, und speziell im KH_2PO_4.

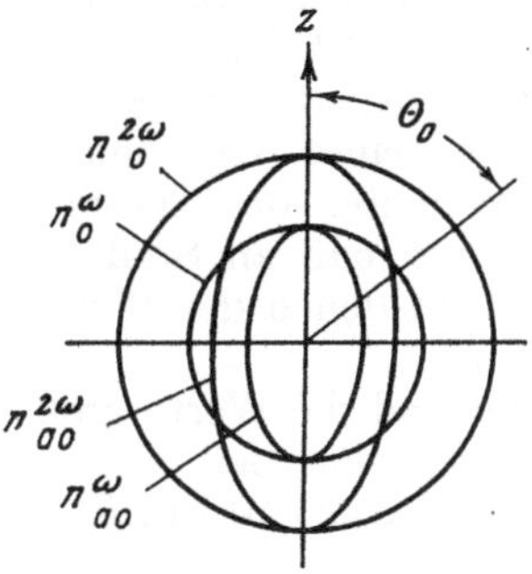

Abb. 82. Schnitt durch den Brechungsindexellipsoid für den ordentlichen und den außerordentlichen Strahl in KDP-Kristallen für die Frequenzen ω und 2ω

Der geschilderte Fall ist in Abb. 82 graphisch dargestellt. Die Richtung im Kristall, die mit der Z-Achse den Winkel θ_0 einschließt, heißt Richtung des Synchronismus. Eine Platte, die senkrecht zur Richtung des Synchronismus geschnitten ist, wird die Energie aus dem Feld mit der Grundfrequenz wirkungsvoll in die zweite Harmonische „hinüberpumpen", wenn der Strahl senk-

---

[1]) In anisotropen Medien entsprechen jeder Richtung zwei Wellen, die sich mit unterschiedlichen Geschwindigkeiten V_0 und V_{ao} ausbreiten und die Brechungsindizes n_0 und n_{ao} haben.

recht auf die Plattenebene fällt. Für KDP-Kristalle wird die Richtung des Synchronismus bei einer Wellenlänge von $\lambda = 6972$ Å durch die Winkel $\theta = 52°$ und $\varphi = 45°$ (den Winkel, den die Hauptebene mit der ZY-Ebene bildet) bestimmt.

Bisher wurde die Erzeugung der zweiten Harmonischen in einer Reihe von Kristallen untersucht. Als für diese Zwecke wirkungsvoll erwiesen sich KDP- und ADP-Kristalle (KH_2PO_4 und $NH_4H_2PO_4$). KDP-Kristalle wurden im parallelen und gebündelten Licht untersucht. Die höchste Intensität am Ausgang (ein Anwachsen auf etwa das 300-fache) wurde in der Richtung des Synchronismus beobachtet.

Für einige Kristalle wurden die Komponenten des Tensors d_{ij} gemessen. Bei Verwendung eines Rubinlasers sind die Werte für KDP $d_{36} = 1{,}00 \cdot 10^{-9}$ ESE, $d_{14} = 0{,}95 \times 10^{-9}$ ESE. In der Nähe dieser Werte liegen auch die Werte für ADP, die man bei Verwendung eines Neodymlasers erhält. Die Werte für die Komponenten des Tensors d ändern sich nicht wesentlich, wenn man an Stelle der normalen Kristalle solche nimmt, in denen der Wasserstoff durch Deuterium ersetzt wurde.

Für CdS- und $BaTiO_3$-Kristalle sind die Werte größer als für ADP und KDP. Für CdS gilt (bei Neodymstrahlung) $d_{15} = 35 \cdot 10^{-9}$ ESE, $d_{31} = 32 \cdot 10^{-9}$ ESE, $d_{33} = 63 \cdot 10^{-9}$ ESE.

Für $BaTiO_3$ ist (bei Neodymstrahlung) $d_{15} = 35 \times 10^{-9}$ ESE, $d_{31} = 37 \cdot 10^{-9}$ ESE, $d_{33} = 14 \cdot 10^{-9}$ ESE.

Die Genauigkeit bei der Bestimmung der Komponenten des Tensors d_{ij} hängt wesentlich davon ab, wie genau die Laserstrahlung parallel und monochromatisch ist. Deshalb sind die Werte, die man mit Hilfe von Gaslasern erhält, zuverlässiger. Die kohärente Weglänge kann in diesem Fall 20 cm erreichen.[1]) Bei Verwendung eines

---

[1]) Der Strahl eines Rubinlasers erfüllt die Bedingungen für die kohärente Anregung infolge der Divergenz bei KDP-Kristallen nur bis zu einer Dicke von etwa 5 mm.

He—Ne-Lasers mit einer Wellenlänge von 1,526 μm erhielt man für KDP den Wert $d_{36} = 3 \cdot 10^{-9}$ CGS-Einheiten.

Literaturverzeichnis

[1] Желудев, И. С., Физика кристаллических диэлектриков. «Наука», Москва 1968.
[2] Иона, Ф., Ширане, Д., Сегнетоэлектрические кристаллы. «Мир», Москва 1965.
[3] Кэди, У., Пьезоэлектричество и его практические применения. ИЛ, 1949.
[3] Мэзон, У., Пьезоэлектрические кристаллы и их применения в ультраакустике. ИЛ, 1952.
[4] Най, Дж., Физические свойства кристаллов. ИЛ, 1960.
[5] Шубников, А. В., и др. Исследование пьезоэлектрических текстур. Изд-во АН СССР, 1955.
[6] Фридкин, В. И., Желудев, И. С., Фотоэлектреты и электрофотографический процесс. Изд-во АН СССР, 1960.
[7] Губкин, А. Н., Электреты. Изд-во АН СССР, 1961.
[8] Пархоменко, Э. И., Электрические свойства горных пород. «Наука», Москва 1965.
[9] Баженов, В. А., Пьезоэффект в древесине. Изд-во АН СССР, 1960.
[10] Зорокий, П. М., Архитектуры кристаллов. «Наука», Москва 1968.
[11] Kleber, W., Einführung in die Kristallographie. VEB Verlag Technik, Berlin 1956.
[12] Handbuch der Physik, ed. S. Flügge Band XVII, Dielektrika. Springer-Verlag, Berlin, Göttingen, Heidelberg 1956.
[13] Smolenski, G. A., Krajkin, N. N., Ferroelektrika und Antiferroelektrika. Teubner-Verlag, Leipzig 1972 (Übersetzung aus dem Russischen).
[14] Martin, H.-J., Die Ferroelektrika. Teubner-Verlag, Leipzig 1964.
[15] Барфут, Дж. Введение в физику сегнетоэлектрических явлений. «Мир», Москва 1970 (Übersetzung aus dem Englischen).

[16] Sonin, A. S., Strukow, B. A., Einführung in die Ferroelektrizität. Reihe Wissenschaftliche Taschenbücher, Akademie-Verlag, Berlin 1974 (Übersetzung aus dem Russischen).
[17] Вакс, В. Г., Введение в микроскопическую теорию сегнетоэлектриков. «Наука», Москва 1973.
[18] Pillai, P. K. C., Goel, Malti, Photoelectrets and Their Applications, Physica Status Solidi (a) **6**, p. 9 (1971) (Übersichtsartikel).
[19] Pillai, P. K. C., Jain, K., Jain, V. K., Thermoelectrets and Their Applications, Physica Status Solidi (a) **13**, p. 341 (1972) (Übersichtsartikel).

Der Autor

- **gibt eine Einführung in die Grundlagen der Kristallographie**
- **behandelt die pyroelektrischen, piezoelektrischen, ferroelektrischen und elektrooptischen Erscheinungen**
- **legt bei einer leicht verständlichen Darstellung besonderen Wert auf das physikalische Verständnis**
- **führt eine Fülle von Anwendungsmöglichkeiten an**
- **wendet sich an interessierte Naturwissenschaftler und Techniker aller Fachrichtungen**

WISSENSCHAFTLICHE TASCHENBÜCHER

Bei Fragen zur Produktsicherheit wenden Sie sich bitte an:
If you have any questions regarding product safety,
please contact:

Walter de Gruyter GmbH
Genthiner Straße 13
10785 Berlin
productsafety@degruyterbrill.com